不可一日無茶

中國茶文化史

東方人的生存必需品是什麼？
是養分、水、陽光、空氣……還有茶。
講到西方就會想到咖啡，講到東方必定少不了茶。
漫漫中國史三千年，不管是異族統治還是漢人天下，
只有茶笑看世事，儼然才是永不動搖的文化霸主。

王玲——著

目錄

序言

緒論

中國茶文化的含義、範疇與研究方法

  一、從茶之源、茶之用到茶文化學　　15
  二、中國茶文化的內容、範疇與特點　　20
  三、茶文化的研究方法和我們的任務　　27

第一編　中國茶文化形成發展的概況

第一章　兩晉南北朝士大夫飲茶之風與茶文化的出現　　33
  一、漢代文人與茶結緣　　33
  二、兩晉南北朝的奢靡之風與「以茶養廉」　　35
  三、兩晉清談家的飲茶風氣　　38
  四、南北朝的宗教、玄學與飲茶風尚　　39

目錄

第二章　唐人陸羽的《茶經》與中國茶文化的形成　43
　　一、唐代茶文化得以形成的社會原因　44
　　二、茶聖陸羽　48
　　三、陸羽的《茶經》及唐人對茶文化學的貢獻　54

第三章　宋遼金時期茶文化的發展　59
　　一、五代繼唐開宋，文士茗飲別出新格　60
　　二、宋代貢茶與宮廷茶文化的形成　63
　　三、宋人鬥茶之風及對茶藝的貢獻　69
　　四、宋代市民茶文化的興起　73
　　五、遼金少數民族對茶文化的貢獻　75

第四章　元明清三代茶文化的曲折發展　78
　　一、元代茶藝的簡約化是對宋代「敗筆」的批判　79
　　二、明人以茶雅志，別有一番懷抱　83
　　三、晚明清初士人茶文化走向纖弱　86
　　四、清末民初茶文化走向倫常日用　88

第二編　中國茶藝與茶道精神

第五章　中國茶藝（上）——藝茶、論水　95
　　一、藝茶　97
　　二、論水　101

第六章　中國茶藝（下）
　　——茶器、烹製、品飲與品茗意境　107
　　一、茶器　107
　　二、紫砂陶壺與製壺專家　112
　　三、烹製與品飲　116

四、品飲環境　　　　　　　　　　　　　　　　　　118

第七章　儒家思想與中國茶道精神　　　　　　　　　122
　　一、中庸、和諧與茶道　　　　　　　　　　　　　123
　　二、中國茶道與樂感文化　　　　　　　　　　　　126
　　三、養廉、雅志、勵志與積極入世　　　　　　　　130
　　四、禮儀之邦說茶禮　　　　　　　　　　　　　　135

第八章　老莊思想對茶文化的影響及道家所做的貢獻　139
　　一、天人合一與中國茶文化中包含的宇宙觀　　　　140
　　二、道家茶人與服食祛疾　　　　　　　　　　　　144
　　三、老莊思想與茶人氣質　　　　　　　　　　　　147

第九章　佛教中國化及其在茶文化中的作用　　　　　152
　　一、佛道混同、佛玄結合時期的「佛茶」與養生、清思　152
　　二、中國化的佛教禪宗的出現使佛學精華與茶文化結合　156
　　三、《百丈清規》是佛教茶儀與儒家茶禮結合的標誌　161

第三編　茶文化與各族人民生活

第十章　民間茶藝古道擷英　　　　　　　　　　　　167
　　一、《茶經》誕生地，湖州覓古風　　　　　　　　167
　　二、「功夫茶」中說功夫　　　　　　　　　　　　171
　　三、茶樹王國尋古道　　　　　　　　　　　　　　175

第十一章　從民俗學角度看民間飲茶習俗的思想內涵　180
　　一、「以茶表敬意」與禮儀之邦　　　　　　　　　181
　　二、漢民族的婚俗與茶禮　　　　　　　　　　　　183
　　三、少數民族婚俗中的茶　　　　　　　　　　　　186

目錄

  四、喪俗、祭俗與茶儀 189
  五、飲茶與「家禮」 192

第十二章 區域文化與茶館文明 194
  一、唐宋城市經濟的繁榮與市民茶文化的興起 195
  二、巴蜀文化與四川茶館 199
  三、吳越文化與杭州茶室 202
  四、天津茶社、上海孵茶館與廣東茶樓 207

第十三章 北京人與茶文化 211
  一、紫禁城裡話茶事 212
  二、北京茶館文化 219
  三、從北京的茶園、茶社看傳統文化向現代文明的演進 225

第十四章 邊疆民族茶文化 228
  一、雲貴巴蜀茶故鄉，古風寶地問茗俗 229
  二、歷史悠久、內容豐富的藏族茶文化 233
  三、高山草原話奶茶 237
  四、滿族對茶文化的貢獻 240

第四編 茶與相關文化

第十五章 茶與詩 245
  一、從酒領詩陣到茶為詩魂——從漢至唐茶酒地位的變化 245
  二、宋人的茶詩、茶詞、茶賦 251
  三、元明清及當代茶詩 255

第十六章 茶畫、茶書法 260
  一、歷代茶畫代表作 260

二、中國茶畫中蘊涵的哲理　　269
　　三、茶書法　　273

第十七章　茶的謠諺、傳說與茶歌、茶舞、茶戲　　277
　　一、茶的故事與傳說　　277
　　二、茶諺　　282
　　三、茶歌、茶舞、茶戲　　285

第五編　中國茶文化走向世界

第十八章　茶在東方的傳播與亞洲茶文化圈　　291
　　一、中國茶早期外傳與調飲文化及乳飲文化體系　　291
　　二、中國茶向日本、朝鮮的傳播　　294
　　三、中國茶傳入南亞諸國　　297
　　四、亞洲茶文化圈的形成及其重大意義　　299

第十九章　日本茶道、朝鮮茶禮與中國茶文化之比較　　301
　　一、日本茶道的形成與演變　　301
　　二、中國茶文化與日本茶道對比　　307
　　三、朝鮮茶禮與中國儒家思想　　311

第二十章　中國茶向西方的傳播與歐美非飲茶習俗　　314
　　一、茶向西方的傳播與茶之路的形成　　314
　　二、英法諸國飲茶習俗　　319
　　三、蘇聯各民族飲茶習俗　　321
　　四、美洲、非洲國家飲茶習俗　　323

君不可一日無茶
中國茶文化史

序言

　　《中國茶文化》一書自首次出版，經五次印刷，又經再次出版和印刷，至今已面世28個年頭。一本較為通俗的學術性文化專著，受到讀者如此熱情的支持，令我十分感動。我覺得，出現這種情況，與其說本人下了點功夫，此書確有可讀之處，毋寧說主要是廣大讀者對中國傳統文化深深的熱愛。特別是中國茶文化的寧靜致遠，禮敬包容，清雅高潔，普潤眾生等理念，更符合中華兒女的優秀品格，因而更為珍重。

　　不過，作為一本歷史文化書籍，僅靠文字的述說與描寫，畢竟還有許多難以理解之處。特別是對歷朝歷代不同時期，各類茶人，茶事，茶環境，讀者更希望有一個直觀的瞭解，這就需要新的版本。於是，出版社便重新設計了一種有圖、有畫的彩色版《中國茶文化》。在這裡，我們可以看到古人的茶具、飲茶的方式，宮廷之內、山水之間、鬧市之中、文人茶室等不同人群、不同環境的飲茶方式和多彩繽紛的廣闊意境，不僅增加知識，更是一種美的享受，使這本書「活起來」。

　　感謝出版社的朋友們費了如此大的功夫，找到這麼多的圖片，並儘量與文字內容相配合、協調，使拙作增色不少。如今，各行各業都在設想如何從大格局著眼提升自己的事業，出版界自然人同此心。此書這次的改版，正是這種奮進之舉。

王玲

君不可一日無茶
中國茶文化史

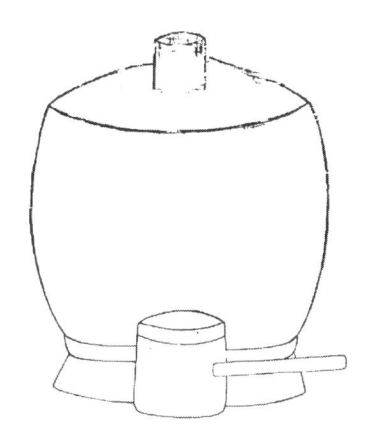

緒論

中國茶文化的含義、範疇與研究方法

緒論

「中國茶文化」自然是個新時代的名詞，而它的內容卻是久遠的客觀存在，並非是現在才發明的。但是，它又要求我們用現代的科學方法對古老的中國茶文化內容加以整理。從這個意義上說，建立中國茶文化學，又是建立一門嶄新的學問。這樣一來，我們便必須界定它的科學範疇，瞭解它的內容、特點、科學內涵及特殊的研究方法。所以，在我們展開具體的章目之前，便要首先討論這些問題。

我們面前擺著一個十分新鮮而又有趣的課題：中國茶文化。

中國是茶的故鄉，是茶的原產地，這一點已是無可置疑的。無論最早發現茶的用途，還是最早飲茶、種茶，都是從中國開始。所以，中國人對茶真是再熟悉不過的了。古代，上至帝王將相，文人墨客，儒、道、釋各家，下至挑夫販夫，平頭百姓，無不以茶為好。人們常說：「早晨開門七件事，柴米油鹽醬醋茶。」茶，已深入各階層人民的生活。不僅中原如此，邊疆民族同樣好茶。北方遊牧民族好用奶茶，西藏人用酥油茶，南方少數民族愛飲鹽巴茶。茶之用，可為飲、為藥、為菜肴；茶之禮，上至宮廷茶儀，中至文人茶會、禪院茶宴，下至民間婚俗、節俗，無處不在。茶之法，自唐以降，代代完善，以至成為中央政權控制邊疆民族的一大方略，曰「茶馬互市」。

茶從中國漂洋過海，走向世界，香溢五洲。在中外文化交流中，絲綢之路曾起過重大作用。而今，人們發現，「茶之路」在聯結華夏神州與海外世界的作用上，比絲綢之路毫不遜色。中國人若不知茶，就如同美國人不知奶油、麵包，俄國人不知馬鈴薯、牛肉一般。然而，茶又不可與奶油、麵包、馬鈴薯、牛肉的品位相比較。在中國這個古老的文明國家，許多平常的物質生活都深深溶注入高深的文化內容，茶文化便是最典型的代表。中國歷史上茶藝之精美，茶道之高深，是人所共知的。然而，近代以來，中國古老的文化傳統遇到了挑戰。西方人把中國傳統文化說得一錢不值，中國人自己也常常自暴自棄，把中國的文化傳統視為沉渣、污水。於是，好的與壞的、頑石與美玉，恨不得一下子都拋了出去。加之百多年來，天災人禍，戰火不已，中國百姓食不果腹，衣不蔽體，品茶論茗之事只好先放在一邊。

君不可一日無茶
中國茶文化史

　　近幾年，世界已經格局大變。近代以來西方人創造了巨大的物質財富，但肚子裡脂肪太多了，就又想起了粗茶淡飯。人們物質上豐富了，精神上卻空前貧瘠。於是，一場世界性的文化熱潮蜂擁而來，生產講文化，管理講文化，穿鞋戴帽、舉手投足，都講文化。到底有文化沒文化，文化內容是好是壞，是高是低，大概也說不太清，反正皆以談文化為時髦。在這種浪潮中，「茶文化」同樣湧現出來。談茶文化，自然要追溯到茶的老家——中國。然而，誠如上述，中國古老的茶文化已在近代的硝煙與貧困中遭受百般摧折。

　　中國茶文化何存？古老的茶藝、茶道是什麼模樣？現今大部分中國人已說不出個究竟。宋元以來，中國茶藝、茶道隨禪學東渡日本。中國茶文化在本土被摧折，在日本卻保留了下來。

　　應該承認，日本是一個非常善於學習、吸收的民族，日本人又比中國人善機變，會巧飾。比如說「道」，中國人把「道」看作事物的本源、本質或規律，形式末節是不能輕易言「道」的。日本人卻不然，凡有形有術者皆命之為道。於是，插花之技稱花道，摔跤之術稱柔道，劍術稱劍道。飲茶之藝，久渡東瀛，又如禪理和儀範，自然更被稱為「茶道」了。於是，日本的女仕們大顯風采，茶道表演團頻頻訪華。翠綠的末茶（抹茶在古代被稱為「末茶」），古樸的小碗，打茶的竹刷，加上和服飄逸，步態迷人，使人眼花繚亂，於是有人說「日本文化深奧」。更有甚者，說什麼「某某年代，日本茶道傳到中國」。所謂「衰於此，興於彼」，哪是源，哪是流竟攪了個糊塗。至於何者為「道」，大多數人也不再深究。筆者這樣說絕無貶低日本茶道之意，日本茶道畢竟比花道之類要高深得多。單說日本茶道室的結構和茶道儀式中貫徹的「和、敬、清、寂」精神，便充滿了禪宗哲理和返璞歸真的思想。但是，您可知道，日本茶道只是中國茶文化的一支，而中國的茶道精神至大至深，包含著儒、道、佛諸家的精華，包含著無數的玄機和中國傳統的宇宙觀？一枝紅杏出牆來，東鄰風光添春色，而那棵大樹何在？幹呢？根呢？這便要涉及整個中國茶文化學了。

茶馬古道

君不可一日無茶
中國茶文化史

一、從茶之源、茶之用到茶文化學

　　文化有廣義、狹義之分。從廣義說，一切由人類所創造的物質和精神現象均可稱文化。狹義而言，則專指意識形態以及與之相適應的社會組織與制度等。目前，人們愛談精神文明與物質文明，常把二者截然分開。但很少有人注意，有不少介乎物質與精神之間的文明。它既不像思想、觀念、文學、藝術、法律、制度等完全屬於精神範疇，也不像物質生產那樣完全以物質形式來出現，而是以物質為載體，或在物質生活中滲透著明顯的精神內容。我們可以把這種文明稱為「仲介文明」或「仲介文化」。中國的茶文化，就是一種典型的「仲介文化」。茶，對於人來說，首先是以物質形式出現，並以其實用價值發生作用的。但在中國，當它發展到一定時期便被注入深刻的文化內容，產生精神和社會功用。飲茶藝術化，使人得到精神享受，產生一種美妙的境界，是為茶藝。茶藝中貫徹著儒、道、佛諸家的深刻哲理和高深的思想，不僅是人們相互交往的手段，而且是增進修養，助人內省，使人明心見性的功夫。當此之時，茶之為用，其解渴醒腦的作用已被放到次要地位，這就是我們所說的茶文化。大千世界，被人類利用的物質已無可計數，但並非均能介入精神領域而被稱為文化。稻粱瓜蔬，獸肉禽卵，皆人類生存所用，卻不見有人說「菠菜文化」「牛肉文化」。在中國人常說的開門七件事中，亦僅僅是茶受到格外的青睞而被納入文化行列。在中國，類似的「仲介文化」還有不少，但並非處處可以濫用。就飲食而言，除了茶文化之外，最能享受此譽的莫過於酒文化與菜肴文化體系。然而，若論其高雅深沉，形神兼備以及體現中國傳統文化精神的深度，皆不及茶。有人說，酒是火的性格，更接近西方文化的率直；茶是水的性格，更適於東方文化的柔韌幽深。這很有一些道理。

　　不過，茶文化既然是一種「仲介文化」，當然仍離不開其自然屬性。所以，我們仍要從它的一般狀況談起，從其自然發展入手，探討其如何從物質昇華到精神。

　　中國能形成茶文化，有自然條件和社會條件。關於後者，以下有專章論述，

緒論

一、從茶之源、茶之用到茶文化學

在此先談自然條件。

中國是茶之故鄉，不僅是原產地，最早發現茶的用途、飲茶、人工種茶和製茶，也都是從中國開始。本來，這已是世界早有定論的問題。不過，關於茶的原產地卻出現了一些爭論。

某種樹木原產地的確定，一般來說有三條根據：一是文獻記載何地最早，二是原生樹的發現，三是語音學的源流考證。從這三條看，茶的原產地在中國無可爭議。

然而，在世界進入近代以來，中國的古老文明在現代科學面前已明顯地相形見絀，什麼物種原理、語音學等，很晚才為知識界所瞭解。不知原理，自然無從論證。西方人正想貶低中國，有的西方學者甚至把伏羲、神農、女媧都說成是古埃及、巴比倫或印度的部落酋長。中國人的祖宗都被說成了外國人，一葉茶、一棵樹何足道哉！但中國的茶畢竟在世界上名聲太大了，這不能不引起西方人的注意，想說中國不是茶的原產地畢竟要找點根據。1824 年，英國軍人勃魯氏在印度東北的阿薩姆發現了大茶樹，從此，便有人以此孤證為據，說茶的原產地不在中國，如英國植物學家勃來克、勃朗、葉葡生和日本加藤繁等人皆追隨此說。他們說判斷原產地的唯一標準是大茶樹，中國沒有大茶樹的報告，印度發現了大茶樹，原產地唯一可能在印度。茶學界稱這種觀點為「原產地 印度一元論」。可是，當中國早已知茶、用茶時，印度尚不知茶為何物。中國用茶已幾千年，印度卻是從 18 世紀 80 年代以後才開始輸入中國茶種；因此，不考慮中國畢竟難以服人。於是，又出現了「原產地二元說」，其代表是荷蘭的科恩·司徒。他認為，大葉茶原種在印度，小葉茶原種在中國。然而，不論印度和中國都是東方，對一向傲氣十足的西方人來說可能還不滿足，於是又出現一種「多元說」，其代表是美國的威廉·烏克斯，他主張「凡自然條件有利於茶樹生長的地區都是原產地」。

這種說法，好比說有條件生孩子的女人都生過孩子一樣可笑。理由呢，還是說中國沒有大茶樹的報告。作為現代科學意義上的原生茶樹報告，中國的確出現很晚。

君不可一日無茶
中國茶文化史

　　但中國古籍中關於大茶樹的記載卻很早就有。《神異記》說：東漢永嘉年間餘姚人盧洪進山採茶，遇到傳說中的神仙丹丘子，指示給他一棵大茶樹。唐人陸羽在《茶經》中則記載：「茶者南方之嘉木也，一尺、二尺乃至數十尺，其巴山陝川有兩人合抱者，伐而掇之。」如果說，丹丘子指示大茶樹還是傳說，被稱為「茶聖」的陸羽，則是長期對各地產茶情況進行過許多調查研究的，他的記述，應該說也屬於「報告」之類了。宋人所著《東溪試茶錄》也曾說，建茶皆喬木，樹高丈餘。此類記述在其他古籍中還多得很。

　　20世紀以來，關於中國大茶樹的正式調查報告便更多了。不僅南方有大茶樹，甚至北方也有發現。20世紀30年代，孟安俊在河北晉縣發現二十多株大茶樹，同時期山西浮山縣也發現大茶樹。1940年，日本人在北緯三十六度的膠濟鐵路附近發現一棵大茶樹，粗達三抱，當地人稱之為「茶樹爺」。1949年後，在雲南、貴州、四川等地發現許多更大的茶樹。雲南猛海大茶樹有高達三十二米的，一般也在十米以上。貴州大茶樹最高者達十三米，十米以下的更常見。四川大茶樹四五米者為多。其他如廣西、廣東、湖南、福建、江西等地均有發現。據此，植物學家又結合地質變遷考古論證，確定中國雲貴高原為茶的原產地無疑。

　　中國不僅最早發現茶，而且最早使用茶。

　　在中國浩繁的古籍中，茶的記載不可勝數。當中國人發現茶並開始使用時，西方許多國家尚無史冊可談。《神農本草經》載：「神農嘗百草，日遇七十二毒，得茶而解之。」古代「茶」與「茶」字通，是說神農氏為考察對人有用的植物親嘗百草，以致多次中毒，得茶方得解救。傳說的時代固不可當作信史，但它說明中國發現茶確實很早。《神農本草經》從戰國開始寫作，到漢代正式成書。這則記載說明，起碼在戰國之前人們就已對茶相當熟悉。《爾雅》載：「檟，苦荼。」《爾雅》據說為周武王之輔臣周公旦所作，果如此，周初便正式用茶了。《華陽國志》亦載，周初巴蜀給武王的貢品中有「方蒻」「香茗」，也是把中原用茶時間定於周初。茶原產於以大婁山為中心的雲貴高原，後隨江河交通流入四川。武王伐紂，西南諸夷從征，其中有蜀，蜀人將茶帶入中原，周公知茶，當有所據。

緒論

一、從茶之源、茶之用到茶文化學

以此而論,川蜀知茶當上推至商。此時,茶主要是作藥用。有人根據《晏子春秋》記載,說晏嬰為齊相時生活簡樸,每餐不過吃些米飯,最多有「三弋五卵,茗菜而已」,由此而認為戰國時曾有過以茶為菜用的階段。但有人考證,此處之「茗菜」非指茶,而是另一種野菜。所以,「菜用」說暫可置而不論。

茶的最大實用價值是作為飲料。中國飲茶最早起於西南產茶盛地。周初巴蜀向武王貢茶作何用途無可稽考,從道理上說,滇川之地飲茶當然應早於中原。飲茶的正式記載見於漢代。《華陽國志》載:「自西漢至晉,二百年間,涪陵、什邡、南安(今劍閣)、武陽(今彭山)皆出名茶。」茶在這一時期被大量飲用有兩個條件。第一,是由於秦統一全國,隨著交通發展,滇蜀之茶已北向秦嶺,東入兩湖之地,從西南而走向中原。這一點首先由考古發現得到證明。眾所周知,著名的湖南長沙馬王堆漢墓中曾有一箱茶葉被發現。另外,湖北江陵之馬山曾發現西漢墓群,168號漢墓中曾出土一具古屍,同時也發現一箱茶葉。墓主人為西漢文帝時人,比馬王堆漢墓又早了許多年。

由此證明,西漢初貴族中就有以茶為隨葬品的風氣。倘若江漢之地不產茶,便不可能大量隨葬。

第二,此時茶已從由原生樹採摘發展到大量人工種植。我國自何時開始人工植茶尚有爭議。莊晚芳先生根據《華陽國志》中的《巴志》「園有方蒻、香茗」的記載,認為周武王封宗室於巴,巴王苑囿中已有茶,說明人工植茶可始於周初,距今已有兩千七百多年的歷史。(莊晚芳《中國茶史散論》,科學出版社,1988年版。)對此,有人認為尚可商榷。但到漢代許多地方已開始人工種茶,則已為茶學界所公認。宋人王象之《輿地紀勝》說:「西漢有僧從表嶺來,以茶實蒙山。」《四川通志》載,蒙山茶為「漢代甘露祖師姓吳名理真者手植,至今不長不滅,共八小株」,這都是說的蒙山自西漢植茶,不過還不是大面積種植。而到東漢,便有了漢王至茗嶺「課僮藝茶」的記述,同時有了漢朝名士葛玄在天台山設「茶之圃」的記載,種植想必不少。

漢代,茶已開始買賣,漢人王褒寫的《僮約》即有「武陽買茶」「烹茶盡具」

君不可一日無茶
中國茶文化史

雲南勐庫大雪山古茶樹

的記載。至於卓文君與司馬相如的故事,更是人所共知。文君當壚,賣的是茶是酒眾說不一。不過,司馬相如的《凡將篇》確實已把茶列入藥品。

從語音學考察,更說明茶原產於中國。世界各國對茶的讀音,基本由我國廣東方言、福建廈門方言和現代普通話的「茶」字三種語音所構成。這也證明茶是由中國向其他國家傳播的。

我們談茶的自然發展史已很多,好像離開了「中國茶文化」這個本題。其實,這只是想說明:在茶的故鄉,最早發現茶、使用茶、製茶、飲茶,所以有形成茶文化的自然條件。

然而這還不夠。中國的特產很多,為什麼只有茶形成這樣獨特的文化形式?我想其中有個重要的奧秘,就是茶的自然功能與中國傳統文化中的天人合一、師法自然、五行協調,以及儒家的情景合一、中庸、內省的大道理相吻合了。茶生

於名山秀水之間，其性中平而味苦。茶能醒腦，且對益智清神、升清降濁、疏通經絡有特殊作用。於是，文人用以激發文思，道家用以修身養性，佛家用以解睡助禪。中國最早的「茶癖」，不是文人，便是道士、隱士，或釋家弟子。人們從飲茶中與山水自然結為一體，接受天地雨露的恩惠，調和人間的紛解，澆開胸中的塊壘，求得明心見性，回歸自然的特殊情趣。這樣一來，茶的自然屬性便與中國古老文化的精華相結合了。所以，中國人一開始飲茶便把它提到很高的品位。

在中國，茶之為用，絕不像西方人喝咖啡、吃罐頭那樣簡單，不瞭解東方文化的特點，不瞭解中國文明的真諦，就不可能瞭解中國茶文化的精髓，而只能求得形式和皮毛。茶與中國的人文精神一旦結合，它的功用便遠遠超出其自然使用價值。只有從這個立足點出發，我們才可能深入到中國茶文化的內部。因此，在我們正式研究中國茶文化的具體內容之前，便要開宗明義，直接切入這種文化的本質。

二、中國茶文化的內容、範疇與特點

中國茶文化的產生有特殊的環境與土壤。它不僅有悠久的歷史，完美的形式，而且滲透著中華民族傳統文化的精華，是中國人的一種特殊創造。

談起茶文化，有人把中國茶葉發展史等同於茶文化史，以為加上了人文的歷史條件，茶葉學便變成茶文化。有的則以為，凡是與茶沾上邊的文化湊到一起，便可稱為茶文化。比如吟茶詩，作茶畫，唱茶歌，一段採茶撲蝶的舞蹈，一幅各種變體的「茶」字書法作品，這些東西加在一起，便稱為「茶文化」。頂多再加上些飲茶的習俗和方法，便認為是「文化學」了。不可否認，以上內容與茶文化關係很大，甚至也可以包含在「中國茶文化」這個概念之內，但它們並不是中國茶文化的全體，甚至可以說還沒有接觸到茶文化的核心內容。之所以產生這種片

君不可一日無茶
中國茶文化史

面性的看法，主要由於近代以來中國傳統的茶藝、茶道形式失傳太多，至於滲入民間的茶文化精神，又未來得及做一番鉤沉、拾遺和研究的工作。加之目前以「文化」標榜者又太多，尤其是在商品經濟的衝擊下，每一件商品都恨不得插上文化的翅膀，以便十倍、百倍地提高自己的身價。服裝上加幾個外國字便說「這是學習西方文化」；加一條龍紋，又說「這表示東方文化」；至於古老的中國竹編、漆器、陶瓷等當然更理所當然地被加以「文化」的冠冕。於是，人們很自然地把「茶文化」也歸入此類。其實，哪一種人類的物質創造能說沒有一點人文精神的痕跡？都稱為「文化」，便有浮泛之弊了。

我們所說的中國茶文化完全不同於以上的各種理解。在中國的歷史上，茶不僅以歷史悠久、文人愛好、詩人吟詠而與文化「結親」，它本身就存在一種從形式到內容、從物態到精神、從人與物的直接關係到茶成為人際關係的媒介，這樣一整套地地道道的「文化」。所以，研究茶文化，不是研究茶的生長、培植、製作、化學成分、藥學原理、衛生保健作用等自然現象，這是自然科學家的工作，也不是簡單把茶葉學加上茶葉考古和茶的發展史。我們的任務，是研究茶在被應用過程中所產生的文化和社會現象。

在當代的大多數華人看來，飲茶主要是為消食、解渴、提神。或沖，或泡，或煮；一壺，一杯，一碗；一氣飲下，確實體會不出有別於咖啡、可樂之類的「文化味道」。難怪有位日本先生公然宣稱：「日本飲茶講精神，中國人飲茶是功利主義的。」我不想怪罪這位日本朋友對中國歷史知識的貧乏，我們中國人自己都忘掉了自己的茶文化和茶道精神，怎能去苛求別人！但是，當我們本著科學研究的態度來對待這個問題時，就必然應以嚴謹的態度慎重對待「中國茶文化」這幾個字了。

歷史上，中國人飲茶並不像現在這樣簡單。我們的祖先用他們的智慧創造了一套完整的茶文化體系，飲茶有道，藝茶有術，中國人是最講精神的。尤其是中國茶文化中所體現的儒、道、佛各家的思想精髓，物質形式與意念、情操、道德、禮儀結合之巧妙，確實讓人歎為觀止。我們研究茶文化，就是要重新發掘這

緒論

二、中國茶文化的內容、範疇與特點

古老的文化傳統，而且加以科學的闡釋與概括。中國人不喜歡把人與自然、精神與物質截然分開。白天把自己變成一架機器，晚間再尋找純精神的享受；韭菜、肉餡、麵包，半生不熟吃進肚去了事，講營養而不論品味，中國人是不習慣的。在中國傳統中，物質生活中滲透文化精神是很常見的事。但是，像茶文化這般完整而又深沉的內容與形式，也並非很多。所以說，中國茶文化是一枝奇葩，它是中國人民的寶貴財富，也是世界人民的財富。

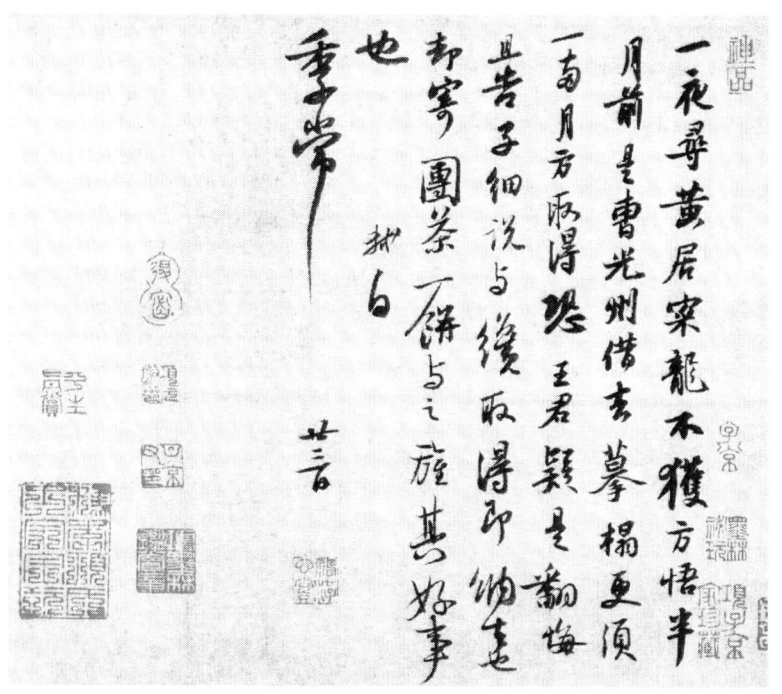

宋 蘇軾 《一夜帖》

具體來說，中國茶文化包括哪些內容呢？

首先，是要研究中國的茶藝。所謂茶藝，不僅僅只是點茶技法，而是包括整個飲茶過程的美學意境。中國歷史上，真的茶人是很懂品飲藝術的，講究選茗、蓄水、備具、烹煮、品飲，整個過程不是簡單的程式，而是包含著藝術精神。茶，要求名山之茶，清明前茶。茶芽不僅要鮮嫩，而且根據形狀起上許多美妙的名稱，

君不可一日無茶
中國茶文化史

引起人美的想像。一芽為「蓮蕊」，二芽稱「旗槍」，三芽叫「雀舌」。其中既包含著自然科學的道理，又有人們對天地、山水等大自然的情感和美學的意境。水，講究泉水、江水、井水，甚至直接取天然雨露，稱「無根水」，同樣要求自然與精神的和諧一致。茶具，不僅工藝化，而且包含著許多文化含義。烹茶的過程也被藝術化了，人們觀其色，嗅其味，從水火相濟、物質變換中體味五行協調、相互轉化的微妙玄機。至於品飲過程，便更有講究，如何點茶，行何禮儀，賓主之情，茶朋之誼，要盡在其中玩味。因此，對飲茶環境，是十分講究的。或是江畔松石之下，或是清幽茶寮之中，或是朝廷文事茶宴，或是市中茶坊、路旁茶肆等，不同環境飲茶會產生不同的意境和效果。這個過程，被稱為「茶藝」。也就是說，要從美學角度上來對待飲茶。

中國人飲茶，不僅要追求美的享受，還要以茶培養、修煉自己的精神道德，在各種飲茶活動中去協調人際關係，求得自己思想的自潔、自省，也溝通彼此的情感。以茶雅志，以茶交友，以茶敬賓等，都屬於這個範疇。透過飲茶，佛家的禪機，道家的清寂，儒家的中庸與和諧，都能逐漸滲透其中。通過長期實踐，人們把這些思悟過程用一定的儀式來表現，這便是茶儀、茶禮。

茶藝與飲茶的精神內容、

明陳洪綬《品茶圖軸》

23

緒論
二、中國茶文化的內容、範疇與特點

禮儀形式交融結合，使茶人得其道，悟其理，求得主觀與客觀，精神與物質，個人與群體，人類與自然、宇宙和諧統一的大道，這便是中國人所說的「茶道」了。中國人不輕易言道，飲茶而稱之為「道」，這就是說，已悟到它的機理、真諦。讀至此，也許人們會說：「你把茶說玄了，哪有這樣高深的東西？」但如果你能認真讀這本書去，真正領會中國歷史上的茶文化精神，就會感到筆者此論並不為過。

茶道既行，便又深入到各階層人民的生活之中，於是產生宮廷茶文化，文人士大夫茶文化，道家茶文化，佛家茶文化，市民茶文化，民間各種茶的禮俗、習慣。表現形式儘管不同，但都包含著中國茶道的基本精神。

茶又與其他文化相結合，派生出許多與茶相關的文化。茶的交易中出現茶法、茶權、茶馬互市，既包括法律，又涉及經濟。文人飲茶、吟詩、作畫，民間採茶出現茶歌、茶舞，茶的故事、傳說也應運而生。於是茶又與文學、藝術相結合，出現茶文學、茶藝術。隨著各種茶肆、茶坊、茶樓、茶館的出現，茶建築也成為一門特殊的學問。而各種茶儀、茶禮又與禮制，甚至政治相關聯。茶，成為中國人社會交往的重要手段，你又可以從心理學、社會學角度去看待飲茶。茶走向世界，又是國際經濟、文化交流中的重要內容。

綜合以上各種內容，才是完整的中國茶文化。它包括茶藝，茶道，茶的禮儀、精神以及在各階層人民中的表現和與茶相關的眾多文化現象。從這些內容中，我們可以看出，中國茶文化與一般意義上的文化門類不同，它有自己鮮明的特點：

第一，它不是單純的物質文化，也不是單純的精神文化，而是二者巧妙的結合。比如，中國人講「天人合一」「五行相生相剋」。這種高深的道理，在哲學家那裡，是靠純粹的思辨，在道家而言，要透過練功、靜坐中用頭腦的意念來體會。但到茶聖陸羽那裡，卻是用一隻風爐，一隻茶釜。不僅在爐上築了代表水、火、風的坎卦、離卦、巽卦八卦圖樣，而且透過爐中的火、地下的風、釜中的水和整個煮茶過程，讓你感受五行相生、相互協調的道理。細緻地觀察茶在烹煮過程中的微妙變化，透過那沫餑的形狀，茶與水的交融，以及茶的波滾浪湧與昇華

君不可一日無茶
中國茶文化史

蒸騰,能體會天地宇宙的自然變化和那神奇的造化之功。又如文學家、政治家是透過讀書、作詩、思想論辯來增進自己的修養,而茶人們則要求在飲茶過程中,透過茶對精神的作用,求得內心的沉靜。即使在民間,親朋至,獻上一杯好茶,也比說無數恭維的話語更顯得真誠。所以,中國茶文化是以物質為媒介來達到精神目的。

第二,中國茶文化是一定社會條件下的產物,又隨著歷史發展不斷變化著內容,它是一門不斷發展的科學。兩晉南北朝時,茶人把這種文化當作對抗奢靡之風的手段,以茶養廉。盛唐之世,朝廷科舉把茶叫作「麒麟草」,用以助文興,發文思。宋代城市市民階層進一步興起,又出現反映市民精神的市民茶文化。明清封建制度走向衰落,文人士大夫的茶風也走向狹小的茶寮、書室。而當封建社會徹底瓦解之後,中國茶文化又廣泛走向民間,走向人民大眾之中。因此,中國茶文化研究不應該是簡單的「翻古董」,而應該在吸取傳統茶文化精華的基礎上推陳出新,不斷有所創造。近年來,無論在大陸還是海外華人中間,茶事頻興,這是好兆頭。中國茶文化應該與時代的脈搏、世界的潮流相合相應,使老樹開出新花,這才符合這門學科固有的特徵。

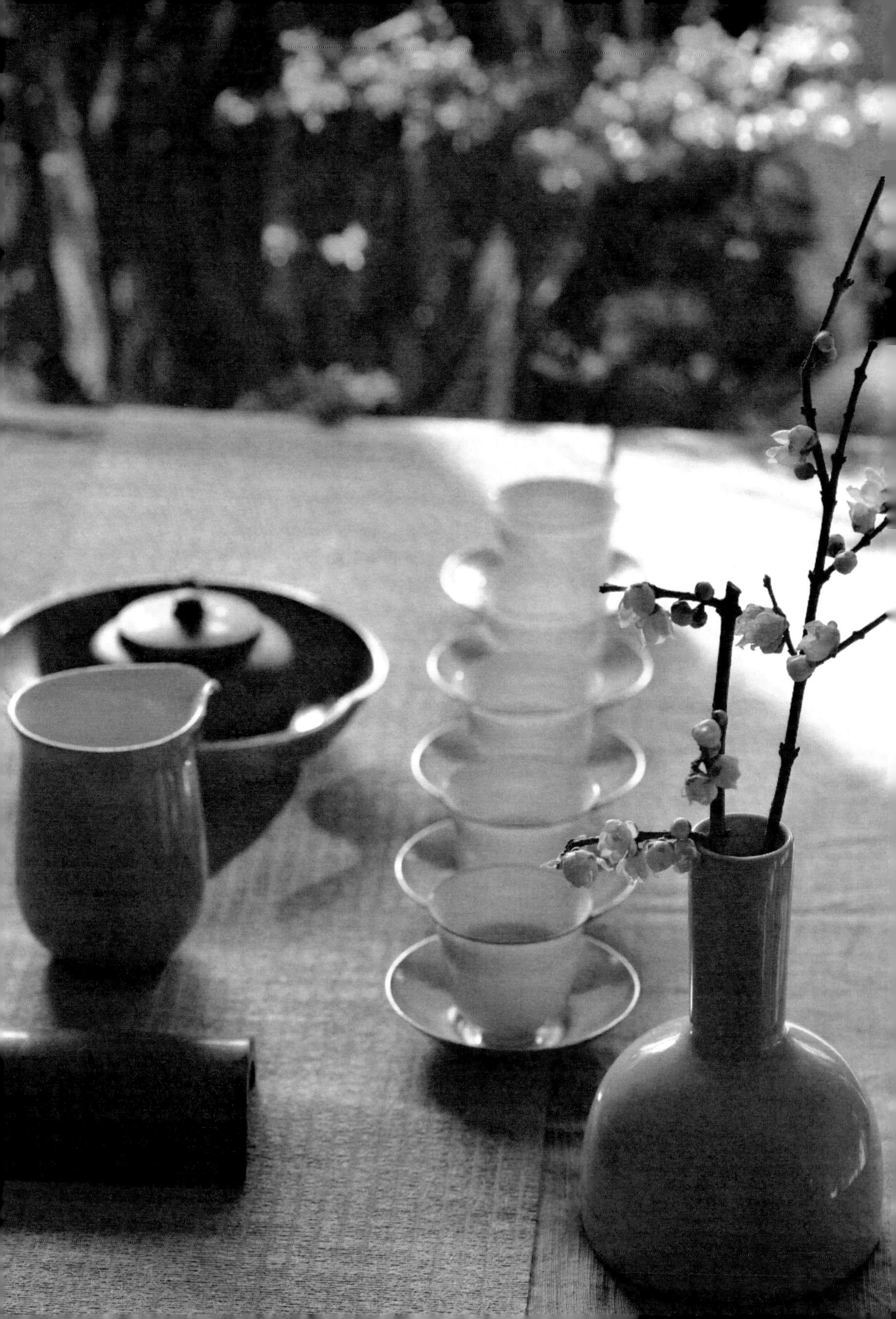

三、茶文化的研究方法和我們的任務

　　中國茶文化的特殊內容，決定了它特殊的研究方法。

　　茶文化是典型的物質文明與精神文明相結合的產物。現在人們愛談「邊緣科學」，是說一些新型學科常常是不同門類科學的結合，或各學科之間相互跨界。茶文化學還不僅是「跨界」的問題，而且使許多看來相距很遠的學問真正交融為一體。中國歷史文化的重要特點之一，是強調物質與精神的統一。但儒學發展到後來，過分強調倫理、道德，對人和自然的客觀屬性經常忽略，而近代西方科學又更造成精神與物質的分離或對立。研究中國茶文化學或許可以使我們得到一些啟示，使我們能正確地理解人與自然、物質與精神的關係。因此，在研究方法上，既不能離開茶的物態形式，又不能僅僅停留在物態之中，而要經常注意在茶的使用過程中所產生的精神作用。唐代自陸羽著《茶經》開始，為我們提供了很好的範例。陸羽在這部著作中，不僅從自然現象方面講茶之源、之出、之造、之具，而且總結了歷史上的茶事活動和文化現象，在談茶葉的生長、茶的烹煮時又融進辯證思維，提出許多哲理。故唐人關於茶的學術論著多效其法，注重飲茶之道。盧仝描寫飲茶的詩句，曾生動地敘述茶對人體發生作用後，人在精神上的不斷昇華和微妙的變化。著名宦官劉貞亮總結茶的「十德」，既包括養生、健身的功能，又特別強調「以茶可雅志」「以茶可修身」「以茶可交友」等精神力量和社會功能。所以，中國歷史上許多茶學著作，尤其是關於飲茶的著述，既給我們許多具體知識，又可以看作進行思想修養的教材。但它不是理學家空洞的說教，而是透過優美的茶藝、茶人的心得給你許多啟發。研究中國茶文化，首先要繼承這種優良傳統，要從物質與精神的結合上多下功夫，從多學科的結合中去研究。

　　中國茶文化又是一門實踐的科學。人們常說，不吃梨子，不知梨子味道。飲茶更是如此。研究茶文化，就要有茶文化的實踐。從這個意義上說，各種茶展、茶節、茶會和茶樓茶坊的興起，是茶文化學的重要組成部分。中國的文人愛坐在書齋裡做學問。書齋固然必要，但僅從書中是無論如何也體味不到中國茶道的真

緒論
三、茶文化的研究方法和我們的任務

實意境的。陸羽一生致力於茶學，他不僅終日攀登崇山峻嶺，與茶農為友，而且親自創制烹茶的鼎，完善「二十四具」，當一名真正的「茶博士」。陸羽又不僅僅研究茶，而且研究佛學、儒學、道學、輿地學、地方誌、建築學、藝術、書法。他自幼被老和尚收養，從寺院中體會茶禪一味的道理；他執著於儒學研究，把儒家的中庸、和諧貫徹於茶道之中。他的朋友，有詩人、僧人、女道士，也有顏真卿這樣的政治家和書法家。正因為有這樣許多學識，並直接進行茶藝的實踐，才能悟到茶中之大道。中國的許多帝王好飲茶，最典型的是宋徽宗，他曾作《大觀茶論》，達二千八百餘言，詳述茶的產地、天時、採樣、蒸壓等，列為二十目。宋徽宗政治上的得失成敗且不去論，單就茶文化學而言，一個封建皇帝能對生產狀況瞭解如此之詳，也算難能可貴了。封建帝王尚能如此，我們現代的茶文化研究者總該高上一籌。所以，茶業工作者該向文化界靠上一步；而文化和學術研究人員應該向實踐更多靠攏。茶文化研究是側重於文化、社會現象，但這門學問的研究卻要兩者的緊密配合。有位彭華女士，留學日本專攻日本茶道，但研究來研究去，發現茶文化的本源還是在自己的家鄉。於是她從日本茶室中走出來，回到茶的故鄉，在大江南北遍訪茶的芳蹤，領略茶鄉的天地與人情。而今，已建起一個茶道室。我想，這種理論與實踐緊密結合，執著於事業的精神，正是茶文化研究者和一切茶人應有的品德。

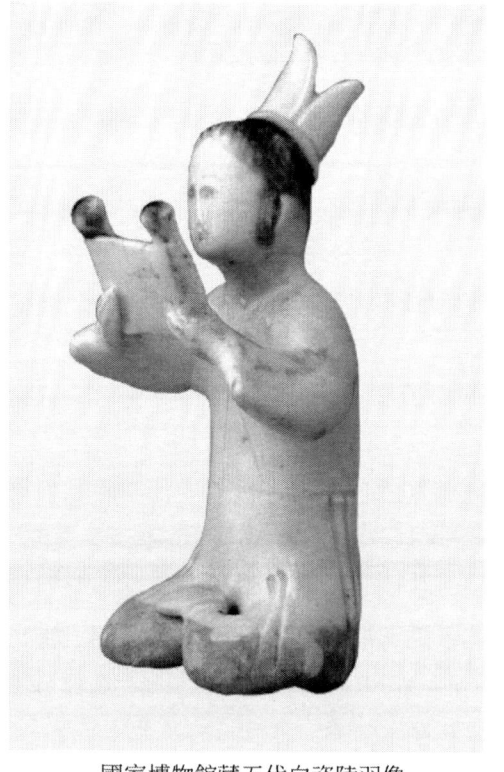

國家博物館藏五代白瓷陸羽像

君不可一日無茶
中國茶文化史

　　中國茶文化是歷史的產物。但目前傳統的茶文化形式已保留不多。所幸者，中國向來古籍豐富，其中留下了不少關於茶文化的寶貴材料。尤其是野史和筆記，這些不入正經的著作一向以廣、博、雜而著稱。而正是在這些著作中，保留了有關茶的許多資料。在歷代文人的詩歌和小說中，也有許多描寫飲茶的內容。《水滸傳》中關於王婆茶肆的描寫，使我們看到封建時代市民茶文化的一角。而曹雪芹筆下的賈寶玉品茶櫳翠庵，無論對水質、茶色、器具和不同人物飲茶的心理感受的描寫，真稱得上是茶道專家了。我們現在進行茶文化研究，就必須首先對這些歷史遺產做一番拾遺和鉤沉的工作。對傳統文化，不繼承就談不到發揚。繼承中有所選擇、汰棄，同時又加以完善、改進，這就是發揚。茶文化是中國傳統文化中相當優秀的一支，但也並不是沒有一點瑕疵。即使當時是優秀的，現在也不一定適合於時代的潮流。比如，明清以後，中國茶文化出現了離世超群和纖弱的趨向，一些茶人自以為清高，自恨無緣補天，終日以茶寮、小童、香茗為事，作為一種避世的手段，更多滲入道家「清靜無為」的思想，這與當前火熱的生活就不大協調。唐代的陸羽在茶爐上還鑄下「大唐滅胡明年造」，身在江南，還時刻關注著中原平定安史之亂的國家大事。相比之下，明清的一些茶人便大不如陸羽了。又如，茶文化的出現本來是從對抗兩晉奢靡之風開始的。而後代的帝王貴冑，貢茶日奢，金玉其器，也可以說失掉了茶人應有的清行儉德。總之，茶文化的研究應特別注意歷史感，要從不斷的吸取與汰棄間下一些特別功夫。

　　民國以後，中國茶文化的一個重要特點是從上層走向民間。中國茶藝、茶道的高深道理和內容，目前大多數民眾知之甚少。但是，在中國各地區、各民族的飲茶習俗中，還保留了許多中國茶文化的精髓和優良傳統。比如福建、廣西、雲南的許多飲茶習俗，還大有唐宋古風。如何深入向民眾學習，深入到民間調查，就成為茶文化研究者一項十分重要的任務。

　　我們要繼承傳統，同時又要有世界眼光，中國茶文化研究，還肩負著弘揚民族精神，把中國優秀的茶文化思想推向世界的任務。

　　總之，茶文化研究是一項長期的、重大的任務。茶文化作為社會文化現象

緒論
三、茶文化的研究方法和我們的任務

來說，是早已形成的事實；但作為一門現代意義上的科學門類，則可以說是尚待開拓的處女地。作為拓荒者之一，我獻給讀者的這本小書，可能是一朵小花，也可能只是一把野草。縱然是野草，有總勝於無，比光禿禿的黃土坡可能強些。抱著這種觀念，我把幾年來學習茶文化的心得寫出來，算是向茶學先輩和廣大茶人學習的作業吧。

君不可一日無茶
中國茶文化史

第一編

中國茶文化形成發展的概況

中國發現茶的用途，已經很早很早，可追溯到我們傳說中的先祖神農氏之時。但是，發現了茶，會用茶，還不能算產生了茶文化。茶的發展歷史不等於茶文化的歷史。茶被人們長期使用，發展到一定階段，人們把飲茶當作一種精神享受，產生了各種文化現象和社會功能，才開始出現茶文化，它是一定歷史條件下的特殊產物。我把中國茶文化的萌芽時期斷在兩晉南北朝之際，而唐代則正是它形成的時期。後經歷代發展，不斷補充完善，才形成中國茶文化的整個格局。本編正是要敘述茶文化的這一發展過程。因此，對於茶的自然法則和生產、經營、交流的歷史，便都略而不論了。

君不可一日無茶
中國茶文化史

第一章　兩晉南北朝士大夫飲茶之風與茶文化的出現

一、漢代文人與茶結緣

　　茶以文化面貌出現，是在兩晉南北朝。但若論其緣起還要追溯到漢代。

　　茶成為文化，是從它被當作飲料，被發現對人有益神、清思的特殊作用才開始的。中國人從何時開始飲茶眾說不一。有的說自春秋，有的說自秦朝，有的說自漢代。目前，大多數人認為，自漢代開始比較可考。根據有三：第一，有正式文獻記載。這從漢人王褒所寫《僮約》可以得到證明。這則文獻記載了一個飲茶、買茶的故事。說西漢時蜀人王子淵去成都應試，在雙江鎮亡友之妻楊惠家中暫住。楊惠熱情招待，命家僮便了去為子淵沽酒。便了對此十分不滿，跑到亡故的主人墳上大哭，並說：「當初主人買我來，只讓我看家，並未要我為他人男子沽酒。」楊氏與王子淵對此十分惱火，便商議以一萬五千錢將便了賣給王子淵為奴，並寫下契約。契約中規定了便了每天應做的工作，其中有兩項是「武陽買茶」和「烹茶淨具」。就是說，每天不僅要到武陽市上去買茶葉，還要煮茶和洗刷器皿。這張《僮約》寫作的時間是漢宣帝神爵三年（西元前 59 年），是西漢中期之事。中國茶原生地在雲貴高原，後傳入蜀，四川逐漸成為產茶盛地。這裡既有適於茶葉生長的土壤和氣候，又富灌溉之利，漢代四川各種種植業本來就很發達，人工種茶從這裡開始很有可能。《僮約》證明，當時在成都一帶已有茶的買賣，如果不是大量人工種植，市場便不會形成經營交易。漢代考古證明，此時

第一章 兩晉南北朝士大夫飲茶之風與茶文化的出現
一、漢代文人與茶結緣

不僅巴蜀之地有飲茶之風，兩湖之地的上層人物亦把飲茶當作時尚。

值得注意的是，最早開始喜好飲茶的大多是文化人。王子淵就是一個應試的文人，寫《凡將篇》講茶藥理的司馬相如更是漢代的大文學家。在中國文學史上，楚辭、漢賦、唐詩都是光輝的時代。提起漢賦，首推司馬相如與揚雄，常並稱「揚馬」。恰巧，這兩位大漢賦家都是中國早期的著名茶人。司馬相如作《凡將篇》、揚雄作《方言》，一個從藥物角度，一個從文字語言角度，都談到茶。有人說，著作中談到茶，不一定飲茶。如果說漢代的北方人談茶而不懂茶、未見茶、未飲茶尚有可能，這兩位大文學家則不然。揚雄和司馬相如皆為蜀人，王子淵在成都附近買茶喝，司馬相如曾久住成都，焉不知好茶？況且，《凡將篇》講的是茶作藥用，其實，藥用、飲用亦無大界限。可以說會喝茶者不一定懂其藥理，而知茶之藥理者無不會飲茶。司馬相如是當時的大文人，常出入於宮廷。有材料表明漢代宮廷可能已用茶。宋人秦醇說他在一位姓李的書生家裡發現一篇叫《趙后遺事》的小說，其中記載漢成帝妃趙飛燕的故事。說趙飛燕夢中見成帝，遵命獻茶，左右的人說：趙飛燕平生事帝不謹，這樣的人獻茶不能喝。飛燕夢中大哭，以致驚醒侍者。小說自然不能作信史，《趙后遺事》亦不知何人所作，但人們作小說也總要有些蹤影。當時產茶不多，名茶更只能獻帝王，這個故事亦可備考。

司馬相如以名臣事皇帝，怎知不會在宮中喝過茶？況且，他又是產茶勝地之人。相如還曾奉天子命出使西南夷，進一步深入到茶的老家，對西南物產及風土、民情皆瞭解很多。揚雄同樣對茶的各種發音都清楚，足見不是人云亦云。所以，歷代談到中國最早的飲茶名家，均列漢之司馬、揚雄。晉代張載曾寫《登成都樓詩》云：「借問揚子舍，想見長卿廬」，「芳茶冠六情，溢味播九區」。故陸羽寫《茶經》時亦說，歷代飲茶之家，「漢有揚雄、司馬相如」。其實，從歷史文獻和漢代考古看，西漢時，貴族飲茶已成時尚，東漢可能更普遍些。東漢名士葛玄曾在宜興「植茶之圃」，漢王亦曾「課僮藝茶」。所以，到三國之時，宮廷飲茶便更經常了。《三國志·吳書·韋曜傳》載：吳主孫皓昏庸，每與大臣宴，竟日不息，不管你會不會喝，都要灌你七大升。韋曜自幼好學，能文，但不善酒，

孫皓暗地賜以茶水，用以代酒。

蜀相諸葛亮與茶有何關係史無明載，但吳國宮廷還飲茶，蜀為產茶之地，當更熟悉飲茶。所以，中國西南地區有許多諸葛亮與茶的傳說。滇南六大茶山及西雙版納南糯山有許多大茶樹，當地百姓相傳為孔明南征時所栽，稱之為「孔明樹」。據傣文記載，早在一千七百多年前傣族已會人工栽培茶樹，這與諸葛亮南征的時間也大體相當。可見，孔明也是個茶的知己。

飲茶為文人所好，這對茶來說真是在人間找到了最好的知音。如司馬相如、揚雄、韋曜、孔明之類，以文學家、學問家、政治家的氣質來看待茶，喝起來自然別是一種滋味。這就為茶走向文化領域打下了基礎。儘管此時茶文化尚未產生，但已露出了好苗頭。

二、兩晉南北朝的奢靡之風與「以茶養廉」

中國茶文化確實是中國傳統文化的精華，它一開始出現就不同凡響。現在一提起茶文化，有人立即想起明清文人在茶室、山林消閒避世之舉，或者清末茶館裡鬥蛐蛐的八旗子弟、遺老遺少。其實，茶文化產生之初便是由儒家積極入世的思想開始的。兩晉南北朝時，一些有眼光的政治家提出「以茶養廉」，以對抗奢侈之風，便是一個明顯的佐證。

中國兩漢崇尚節儉，西漢初，皇帝還乘牛車。東漢國家已富，但人際交往和道德標準，仍崇尚孝養、友愛、清廉、守正，士人皆以儉樸為美德。東漢人宋弘家無資產，所得租俸分贍九族，時以清行著稱。宣秉分田地於貧者，以俸祿收養親族，而自己無石米之儲。王良為官恭儉，妻子不入官舍，司徒吏鮑恢過其家，見王良之妻布衣背柴自田中歸。儘管在封建社會中這樣的官吏是少數，王公貴族也很奢侈，但整個社會風氣仍以清儉為美。漢末與三國雖門閥日顯，但尚未盡失

第一章 兩晉南北朝士大夫飲茶之風與茶文化的出現
二、兩晉南北朝的奢靡之風與「以茶養廉」

兩漢之風。故曹操雖有銅雀歌舞,仍要做出點節儉的姿態,「親耕籍田」,並臨逝遺言:以時服入殮,墓中不藏珍寶。

兩晉南北朝時尚大變。此時門閥制度業已形成,不僅帝王、貴族聚斂成風,一般官吏乃至士人皆以誇豪鬥富為美,多效膏粱厚味。晉初三公世胄之家,有所謂石、何、裴、衛、荀、王諸族,都是以奢侈著名。《晉書》卷三十三載,何曾性奢,「帷帳車服,窮極綺麗,廚膳滋味,過於王者」,每天的飲費可達一萬錢,還說沒什麼可吃的,無法下筷子。何曾之子何劭更勝乃父,一天的膳費達兩萬。石崇為巨富庖膳必窮水陸之珍,以錦為障,以蠟為薪,廁所都要站十幾個侍女,上一趟廁所就要換一套衣服。貴族子弟,閒得無可奈何,以賭博為事,一擲百萬為輸贏。玩夠了又大吃大嚼,乃至「買豎皆厭粱肉」。東晉南北朝繼承了這種風氣。南朝梁武帝號稱「節儉」,其弟蕭弘卻奢侈無度。有人告發蕭弘藏著武器,梁武帝怕他作亂,親自去檢查,看到庫內皆珍寶綺羅,還有三十間專門用來儲存錢幣,共有錢三億以上。

東晉帶托盞

君不可一日無茶
中國茶文化史

　　在這種情況下，一些有識之士提出「養廉」的問題。於是，出現了陸納、桓溫以茶代酒的故事。

　　《茶經》和《晉書》都曾記載了這樣一個故事：東晉時，陸納任吳興太守，將軍謝安常欲到陸府拜訪。陸納的侄子陸俶見叔叔無所準備，便自作主張準備了一桌十來個人的酒饌。謝安到來，陸納僅以幾盤果品和茶水招待。陸俶怕慢怠了貴客，忙命人把早已備下的酒饌搬上來。當侄子的本來想叔叔會誇他會辦事，誰知客人走後，陸納大怒，說：「你不能為我增添什麼光彩也就罷了，怎麼還這樣講奢侈，玷污我清操絕俗的素業！」於是當下把侄兒打了四十大板。陸納，字祖言，《晉書》有傳。其父陸玩即以蔑視權貴著稱，號稱「雅量宏遠」，雖登公輔，而交友多布衣。陸納繼承乃父之風，他做吳興太守時不肯受俸祿，後拜左尚書，朝廷召還，家人問要裝幾船東西走，陸納讓家奴裝點路上吃的糧食即可。及船發，「止有被袱而已，其餘並封以還官」。可見，陸納反對侄子擺酒請客，用茶水招待謝安並非吝嗇，亦非清高簡慢，而是要表示提倡清操節儉。這在當時崇尚奢侈的情況下很難得。

　　與陸納同時代還有個桓溫也主張以茶代酒。桓溫既是個很有政治、軍事才幹的人，又是個很有野心的人物。他曾率兵伐蜀，滅成漢，因而威名大振，欲窺視朝廷。不過，在提倡節儉這一點上，也算有眼光。他常以簡樸示人，「每宴惟下七奠拌茶果而已」。他問陸納能飲多少酒，陸納說只可飲二升。桓溫說：我也不過三升酒，十來塊肉罷了。桓溫的飲茶也是為表示節儉的。

　　南北朝時，有的皇帝也以茶表示儉樸。南齊世祖武皇帝，是個比較開明的帝王，他在位十年，朝廷無大的戰事，使百姓得以休養生息。齊武帝不喜遊宴，死前下遺詔，說他死後喪禮要儘量節儉，不要多麻煩百姓，靈位上千萬不要以三牲為祭品，只放些乾飯、果餅和茶飲便可以。並要「天下貴賤，咸同此制」，想帶頭提倡儉樸的好風氣。這在帝王中也算難得。以茶為祭品大約正是從此時開始的。

　　我們看到，在陸納、桓溫、齊武帝那裡，飲茶已不是僅僅為提神、解渴，

第一章 兩晉南北朝士大夫飲茶之風與茶文化的出現
三、兩晉清談家的飲茶風氣

它開始產生社會功能，成為以茶待客、用以祭祀並表示一種精神、情操的手段。當此之時，飲茶已不完全是以其自然使用價值為人所用，而且已進入精神領域。茶的「文化功能」開始表現出來。此後，「以茶代酒」「以茶養廉」，一直成為中國茶人的優良傳統。

三、兩晉清談家的飲茶風氣

飲茶之風與晉代清談家有很大關係。

魏晉以來，天下騷亂，文人無以匡世，漸興清談之風。到東晉，南朝又偏安一隅，江南的富庶使士人得到暫時的滿足，愛聲色歌舞，終日流連於青山秀水之間，清談之風繼續發展，以至出現許多清談家，這些人終日高談闊論，必有助興之物，於是多飲宴之風。所以，最初的清談家多酒徒。竹林七賢之類，如阮籍、劉伶等，皆為中國歷史上著名的好酒之人。後來，清談之風漸漸發展到一般文人，對這些人來說，整天與酒肉打交道，一來經濟條件有限，二來也覺得不雅。況且，能豪飲終日而不醉的畢竟是少數。酒能使人興奮，但醉了便會舉止失措，胡言亂語。而茶則可竟日長飲而始終清醒，於是清談家們從好酒轉向好茶。所以後期的清談家出現許多茶人，以茶助清談之興。《世說新語》載：清談家王濛好飲茶，每有客至必以茶待客，有的士大夫以為苦，每欲往王濛家去便云「今日有水厄」，把飲茶看作遭受水災之苦。後來，「水厄」二字便成為南方茶人常用的戲語。梁武帝之子蕭正德降魏，魏人元義欲為其設茶，先問：「卿於水厄多少？」是說你能喝多少茶。誰想，蕭正德不懂茶，便說：「下官雖生在水鄉，卻並未遭受過什麼水災之難。」引起周圍人一陣大笑。此事見於《洛陽伽藍記》。當時，魏定都洛陽，為獎勵南人歸魏，於洛陽城南伊洛二水之濱設歸正里，又稱「吳人里」。於是，南方的飲茶之風也傳到中州之地。有位叫劉鎬的人效仿南人飲茶風氣，專

習茗飲。彭城人王肅對他說：「卿好蒼頭之厄，是逐臭之夫效顰之婦也。」說他是附庸風雅，東施效顰。《洛陽伽藍記》說，自此朝貴雖設茗茶而眾人皆不復食。可見當時的飲茶之風仍是南方文人的好尚，北朝尚未形成習慣。

今人鄧子琴先生著《中國風俗史》，把魏晉清談之風分為四個時期，認為前兩個時期的清談家多好飲酒，而第三、第四時期的清談家多以飲茶為助談的手段，故認為「如王衍之終日清談，必與水漿有關，中國飲茶之嗜好，亦當盛於此時，而清談家當尤倡之」。這種推斷與我們所看到的文獻材料恰好一致。

如果說陸納、桓溫以茶待客是為表示節儉，只不過擺擺樣子，而清談家們終日飲茶則更容易培養出真正的茶人，他們對於茶的好處會體會更多。在清談家那裡，飲茶已經被當作精神現象來對待。

四、南北朝的宗教、玄學與飲茶風尚

南北朝是各種文化思想交融碰撞的時期。尤其是南朝，自西晉末年社會動亂，許多士族遷移到南方，江南生活優裕，重視文化，黃河文化移植到長江流域，而且有很大發展。中國古代文化極盛時期首推漢唐，而南朝卻處於繼漢開唐的階段，無論詩賦、散文、文學理論都很有成就，尤其是玄學相當流行。玄學是魏晉時期一種哲學思潮，主要是以老莊思想揉合儒家經義。玄學家大都是所謂名士，所以非常重視門第、容貌儀止，愛好虛無玄遠的清談。這樣，儒學、道學、清談家便往往都與玄學有關，連作詩也有玄詩。玄學家的思想特點一是崇尚清談高雅，二是喜歡作自由自在的玄想，天上地下，剖析社會自然的深刻道理。這些人還喜歡登臺講演，所聽的人多至千餘，或數十百人。終日談說，會口乾舌燥，演講學問又不比酒會上可以隨心所欲，談吐舉止都要恰當，思路還要清楚。解決這些問題，茶又有了大用處。它不僅能提神益思，還能保持人平和的心境，所以

第一章 兩晉南北朝士大夫飲茶之風與茶文化的出現
四、南北朝的宗教、玄學與飲茶風尚

玄學家也愛喝茶。茶進一步與文人結交。范文瀾先生在考察東晉南朝時期瓷器生產時曾經談到，早在西晉，文人作賦，茶、酒便與瓷器關聯起來。而到東晉南朝近三百年間，士人把飲茶看作一種享受，開始進一步研究茶具，從而進一步推動了越瓷的發展。所以後來陸羽在《茶經》中才能比較邢瓷與越瓷的高下說：「盌，越州上，……或者以邢州處越州上，殊為不然。若邢瓷類銀，越瓷類玉，邢不如越一也；若邢瓷類雪，則越瓷類冰，邢不如越二也；邢瓷白而茶色丹，越瓷青而茶色綠，邢不如越三也。」陸羽對茶具的分析自然是後來才有的，但在東晉和南朝，越瓷因飲茶而被推動起來這卻是事實。范老的判斷是很對的。

　　南朝時，古代的神仙家們開始創立道教。道家修行長生不老之術，煉「內丹」，實際就是做氣功。茶不僅能使人不眠，而且能升清降濁，疏通經絡，所以道人們也愛喝茶。佛教在這時正處於一個與漢文化進一步結合，艱難發展的時期，儒、道、佛經常大論戰，可是念佛的人也愛喝茶。各種思想常常爭得你死我活，水火不容，但是對茶都不反對。於是，除文人之外，和尚、道士、神仙，都與茶關聯起來。南北朝時許多神怪故事中有飲茶的故事便是一個很好的證明。南朝劉敬叔著《異苑》，說剡縣陳務妻年輕守寡，房宅下多古墓，陳務妻好飲茶，常以茶祭地下亡魂。一日鬼魂在夢中相謝，次日陳務妻得錢十萬養活自己的三個孩子。《廣陵耆老傳》記載，晉元帝時有位老太婆在市上賣茶，從早到晚壺中茶也不見少，所得錢皆送乞丐和窮人。後州官以為有傷「風化」，將老太婆捕入獄，夜間老婆婆自窗中帶著茶具飛走了，證明她是一個神仙。《釋道該說續名僧傳》說，南朝法瑤和尚好飲茶，活到九十九歲。《宋錄》則云，有人到八公山訪曇濟道人，道士總是以茶待客。南朝著名的道教思想家、醫學家陶弘景曾隱居於江蘇句容縣之曲山，梁武帝請他下山他不出，武帝每遇國家大事便派人入山請教，號稱「山中宰相」。陶弘景就是個愛茶、懂茶的人，他在《雜錄》中記載：「苦茶輕身換骨，昔丹丘子、黃山君服之。」丹丘子、黃山君都是傳說中的神仙。從這些記載我們看到，在東晉和南朝之時，飲茶已與和尚、神仙、道士以及地下的鬼魂都關聯起來。茶已進入宗教領域。儘管此時還沒有形成後來完整的宗教飲茶儀式和闡明茶的思想原理，但它已經脫離作為飲食的一般物態形式。

君不可一日無茶
中國茶文化史

　　總之，漢代文人倡飲茶之舉為茶進入文化領域開了個頭。而到南北朝之時，幾乎每一個文化、思想領域都與茶套上了交情。在政治家那裡，茶是提倡廉潔、對抗貴族奢侈之風的工具；在詞賦家那裡，它是引發文思以助清興的手段；在道家看來，它是幫助煉「內丹」，輕身換骨，修成長生不老之體的好辦法；在佛家看來，又是禪定入靜的必備之物。甚至茶可通「鬼神」，人活著要喝茶，變成鬼也要喝茶，茶用於祭祀，是一種溝通人鬼關係的資訊物。這樣一來，茶的文化、社會功能已遠遠超出了它的自然使用功能。儘管還沒有形成完整的茶藝和茶道，對這些精神現象也沒有系統總結，還不能稱為一門專門的學問，但中國茶文化已現端倪。所以，我們把中國茶文化的發端斷在兩晉南北朝時期。一般說來，某種文化總是先由有閒階級創立的。中國飲茶、植茶技術自然首先由民間開始，但形成茶文化卻要有必要的文化社會條件。西晉，特別是東晉與南朝，是中國各種思想文化在戰國之後又一個大碰撞的時期，南朝經濟的發展又為文化發展創造了條件。北方文化多雄渾、粗獷，南方文化多精深、儒雅。茶的個性正適合了南朝的文化特點，加之南朝皆為產茶勝地，又有名山秀水以佐文人雅興，茶文化在南朝興起便是很自然的事了。

　　但是，當此之時，我們還只能說茶走入文化圈，發揮著文化、社會作用，它本身還沒有形成一個正式的學問體系。

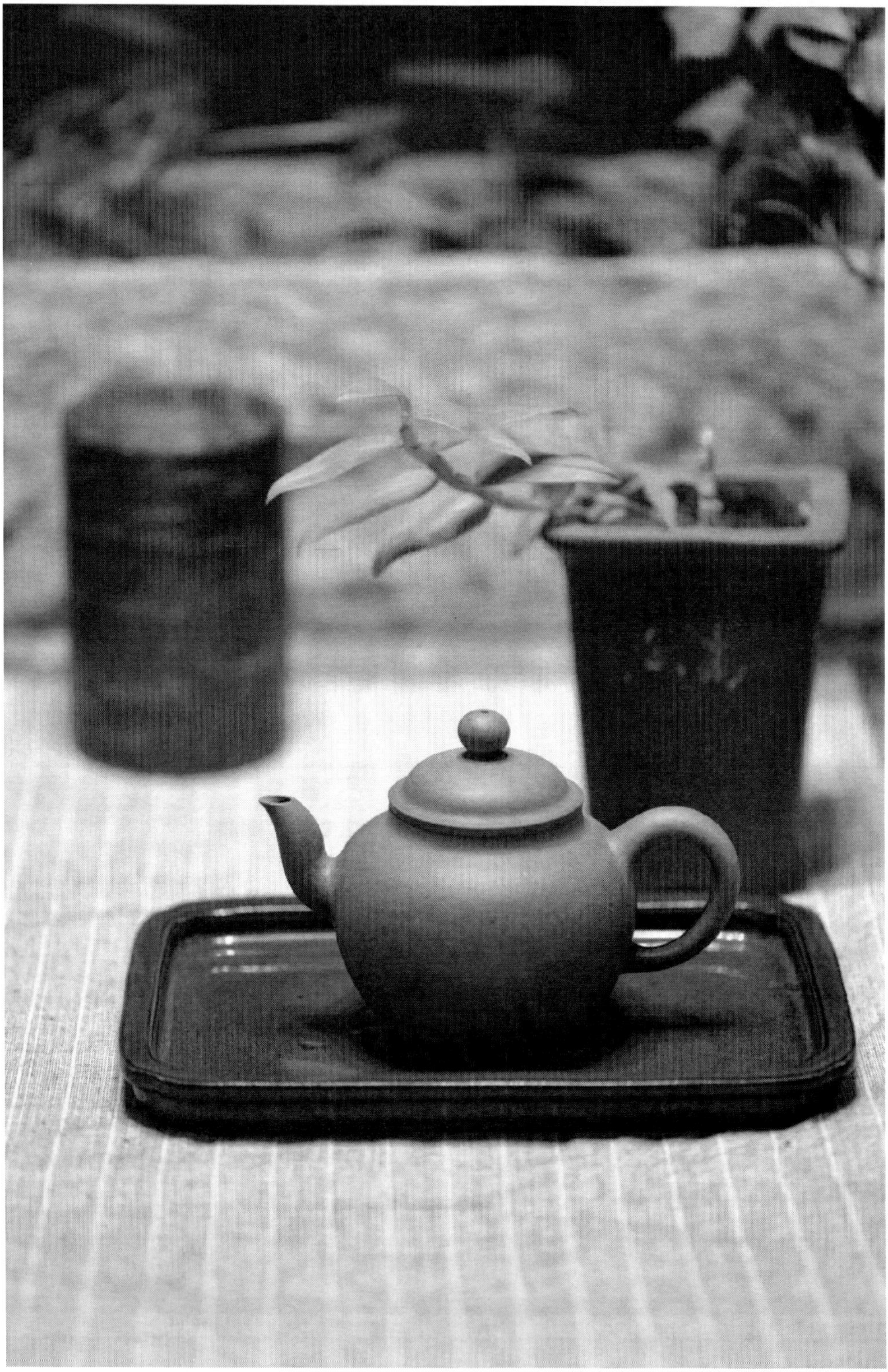

第二章　唐人陸羽的《茶經》與中國茶文化的形成

　　談到中國茶文化的形成，不能不注意中國封建社會一個光輝的時期——唐王朝。而說起唐代茶文化，更必須注意一個光輝的人物：陸羽。對陸羽為茶學所作的巨大貢獻，人們一直給予很高的評價。民間稱他為「茶神」「茶聖」「茶仙」。舊時陶瓷業賣茶具附有一些精製的陸羽瓷像，必購成套上等茶具方能請得一枚「茶神」的尊像。中國歷史上的茶人，無論文人、釋道、達官貴胄，乃至皇帝，凡好茶者無不知陸羽之名，就是現代的茶學家也對其成就給予充分肯定。但是，對陸羽在文化學方面所作的貢獻卻認識得很不夠。即使談到文化，一般只是從茶藝角度加以討論，對陸羽在構建整個茶文化學，特別是他在茶學中所滲透的理論思想和哲理的研究則更少。事實上，中國茶文化的基本架構是由陸羽搭設的。陸羽的《茶經》一出，中國茶文化的基本輪廓方成定局。我們不能僅從茶葉學或飲茶學問上去理解《茶經》。《茶經》是一種別具心裁的文化創造，它把精神與物質融為一體，突出反映了中國傳統文化的特點，創造了一種自成格局而又清新無比的新的文化形式。

　　陸羽的茶文化思想有著深刻的社會背景，是一個光輝的時代創造了他光輝的思想。因此，在我們具體研究陸羽和他的《茶經》之前，不能不首先討論這些重要的社會條件。

第二章 唐人陸羽的《茶經》與中國茶文化的形成
一、唐代茶文化得以形成的社會原因

一、唐代茶文化得以形成的社會原因

唐代，中國茶的生產進一步擴大，飲茶風尚也從南方擴大到不產茶的北方，同時進一步傳到邊疆各地。正如《封氏聞見記》所說，中原地區自鄒、齊、滄、棣以至京師，無不賣茶、飲茶。但是，僅僅是生產的擴大和飲茶之風的盛行，還不足以形成茶文化。唐代茶文化的形成與整個唐代經濟、文化的昌盛、發展相關。唐代是中國封建社會最興盛的時期，尤其是中唐以前，國家富強，天下安寧，形成各種文化發展的條件。「安史之亂」後，雖然社會出現動亂，經濟也出現衰退，但文化事業並未因此而停止發展。唐朝疆域闊大，又注重對外交往，當時的長安不僅是國內的政治、文化中心，也是國際經濟、文化交流中心。中國茶文化正是在這種大氣候下形成的。具體說來，茶文化所以在唐代形成，還有以下幾個特殊條件及社會原因。

1. 茶文化的形成與佛教的大發展有關

佛教自漢代傳入中國，逐漸向全國傳播開來，為社會各階層所接受。尤其在隋唐之際，由於朝廷的提倡，佛教得到特殊發展，使僧居佛刹遍於全國各地。許多寺院不僅是傳播佛學思想的地方，也是經濟單位，許多高級僧人都是大地主。唐武宗時，由於寺院經濟威脅到朝廷和世俗地主的經濟利益，滅佛運動大興，會

唐 周昉 《調琴啜茗圖》

君不可一日無茶
中國茶文化史

昌五年（845年），僅還俗僧尼即達二十六萬，加上未還俗的自然更多。當年全國戶籍統計為四百九十五萬戶，這就是說，不到二十戶就有一個和尚，和尚中的上層人士不僅享受世俗地主高堂錦衣的優裕生活，而且比世俗地主更加閒適。飲茶需要耐心和工夫，把茶變為藝術又需要一定物質條件。寺院常建於名山秀水之間，氣候常宜植茶，所以唐代許多大寺院都有種茶的習慣。僧人們是專門進行精神修養的，把茶與精神結合，僧道都是最好的人選。

唐佚名《弈棋侍女圖》（局部）

茶文化的興起與禪宗關係極大。禪宗主張佛在內心，提倡靜心、自悟，所以要坐禪。坐禪對老和尚來說或許較為容易，年輕僧人諸多塵念未絕，既不許吃晚飯，又不讓睡覺，便十分困難了。禪宗本來是在南方興起的，南方多產茶，或許南禪宗早已以茶助功。但正式把飲茶與禪宗功夫關聯起來的記載卻是在北方。唐人所著《封氏聞見記》載：「開元中，泰山靈岩寺有降魔師，大興禪教。學禪務於不寐，又不夕食，皆許其飲茶，人自懷挾，到處煮飲，從此轉相仿效，遂成風俗。」晚間不食不睡，茶既解渴，又能驅趕睡神，真是幫了僧人們的大忙。正如唐代詩人李咸用《謝僧寄茶》詩所說：「空門少年初志堅，摘芳為藥除睡眠。」茶之成為佛門良友有其內在道理。僧人飲茶既已成風，民間信佛者自然爭相效仿。古代文獻中有許多唐代僧人種茶、採茶、飲茶的記載，茶聖陸羽本人就出身佛門，做過十來年的小和尚，他的師父積公大師也有茶癖。陸羽的好友、著名詩僧皎然也極愛茶，他曾作詩曰：

第二章 唐人陸羽的《茶經》與中國茶文化的形成

一、唐代茶文化得以形成的社會原因

「九日山僧院，東籬菊也黃。俗人多泛酒，誰解助茶香。」詩中道出了僧人與茶的特殊關係，故唐代名茶多出於佛區大刹。

2. 茶文化的形成與唐代科舉制度有關

唐朝採取嚴格的科舉制度，以進士科取仕，以致非科第出身者不能為宰相。每當會試，不僅應考舉子像被關進雞籠一般困於場屋，就是值班監考的翰林官們亦終日勞乏，疲憊難挨。於是，朝廷特命以茶果送到試場。唐人韓偓所撰《金鑾密記》說：「金鑾故例，翰林當直學士，春晚人困，則日賜成象殿茶果。」《鳳翔退耕傳》亦載：「元和時，館客湯飲侍學士者，煎麒麟草。」這裡的「麒麟草」也是指送會試舉子的茶。舉子們來自四面八方，朝廷一提倡，飲茶之風在士人群中當然傳效更快。

3. 茶文化的形成與唐代詩風大盛有關

唐代科舉把作詩列入主要考試科目。其他科目，如帖經等，被視為等而下之。傳說詩人李賀與元稹不投機，元稹來訪，李賀說：「元稹 不過是明經及第，不見他！」且不論這故事的真假，說明以詩中第確實是士人心中的理想目標。利祿所在，使文人無不攻詩。於是吟詠成風，出現詩歌的極盛時期，成為中國文學史上光輝的一頁。詩人要激發文思，要有提神之物助興。像李白、李賀那種好喝酒的詩人不少，但茶卻適於更多不會酒的詩人。所以盧仝讚茶的好處：「三碗搜枯腸，唯有文字五千卷。」人們說李白鬥酒詩百篇，而盧仝卻說三碗茶便有五千卷文字，茶比酒助文興的功效更大了。飲茶必有好水，好水連著好山，詩人們遊歷山水，品茶作詩，茶與山水自然、文學藝術關聯起來，茶之藝術化成為必然。

4. 茶文化的形成與唐代貢茶的興起有關

封建皇帝終日生活在花柳粉黛和肥脆甘濃的環境中，難免患昏沉積食之症。為提神、為消食、為治病，每日飲茶，因而向民間廣為搜求名茶，各地要定時、

定量、定質向朝廷納貢,稱為「貢茶」。如陽羨茶、顧渚茶,都是有名的貢品。王室飲茶與一般僧侶、士人又不同,不僅要名茶、名水,還要金玉其器,茶具藝術必然得到發展。

5·茶文化的形成與中唐以後唐王朝禁酒措施有關

酒在中國是許多人愛好的傳統飲料,它的作用主要是興奮神經。但酒的原料主要是糧食,倘若國無餘糧便很難提倡飲酒。唐朝自貞觀初年至開元二十八年(740年),一百一十年間人口由三百萬戶增長到八百四十一萬餘戶,而由於「安史之亂」造成的農民逃亡又使總糧食產量下降。大量造酒與糧食的緊缺形成矛盾,於是,自肅宗乾元元年(758年)開始在長安「禁酒」,規定除朝廷祭祀饗燕外,任何人不得飲酒。這造成長安酒價騰躍高昂。杜甫有「街頭酒價常苦貴」的詩句,並說:「速宜相就飲一斗,恰有三百青銅錢。」有人計算,當時這一「斗」酒的價錢,可買茶葉六斤。民間禁酒,價又極貴,文人無提神之物,茶又有益健康,不好喝茶的也改成喝茶。故《封氏聞見記》說:「按古人亦飲茶耳,但不如今溺之甚,窮日盡夜,殆成風俗,始於中地,流於塞外。」唐代疆域廣大,許多邊疆民族都進貢稱藩,朝廷以茶待使節,並加以賞賜,從此茶和中原茶文化又傳入邊疆。

我們看到,唐代飲茶不僅已深入社會各階層,而且更進一步與文人詩會、僧人修禪、朝廷文事、對外交流關聯起來。這一切都成為茶文化正式形成的社會機緣。

第二章 唐人陸羽的《茶經》與中國茶文化的形成

二、茶聖陸羽

二、茶聖陸羽

在中國茶文化史上，陸羽所創造的一套茶學、茶藝、茶道思想，以及他所著的《茶經》，是一個劃時代的代表。

在中國封建社會裡，研究經學墳典被視為士人正途。像茶學、茶藝這類學問，只被認為是難入正統的「雜學」。陸羽與其他士人一樣，對於傳統的中國儒家學說十分熟悉並悉心鑽研，深有造詣。但他又不像一般文人被儒家學說所拘泥，而能入乎其中，出乎其外，把深刻的學術原理融於茶這種物質生活之中，從而創造了茶文化。是什麼原因使陸羽走上研究茶學的道路而對茶文化有這種創造性的構建精神呢？要瞭解這一點，就必須研究陸羽的生平及品格，找到他的思想源流。

1. 坎坷的經歷

陸羽，字鴻漸；一名疾，字季疵；自號桑苧翁，又號竟陵子。生於唐玄宗開元年間，複州竟陵郡（今湖北天門）人。唐代的竟陵是一個河渠縱橫、風景秀麗的魚米之鄉，正如詩人皮日休所寫：「處處路傍千頃稻，家家門外一渠蓮。」開元、天寶號稱唐朝盛世，國家富強，域內安寧，但陸羽卻一出生便面臨著種種不幸。據《新唐書·陸羽傳》和《唐才子傳》記載，陸羽是個棄兒，自幼無父母撫養，被籠蓋寺和尚積公大師所收養。積公為唐代名僧，據《紀異錄》載，唐代

唐花崗岩石茶具一組十二件

君不可一日無茶
中國茶文化史

宗曾召積公入宮，給予特殊禮遇，可見也是個飽學之士。陸羽自幼得其教誨，必深明佛理。積公好茶，所以陸羽很小便得藝茶之術。據說陸羽離開積公很久之後，積公還深念陸羽所煎茶味，其他再好的茶博士煮的茶都覺得不好，足見陸羽在寺院期間已學會一手好茶藝。不過，晨鐘暮鼓對一個孩子來說畢竟過於枯燥，況且陸羽自幼志不在佛，而有志於儒學研究，故在其十一二歲時終於逃離寺院。此後曾在一個戲班子學戲。陸羽口吃，但很有表演才能，經常扮演戲中丑角，正好掩蓋了生理上的缺陷。陸羽還會寫劇本，曾「作詼諧數千言」。

天寶五載（746年），李齊物到竟陵為太守，成為陸羽一生中的重要轉捩點。李齊物為淮南王李神通之重孫，係王室後裔，為人正直，多政績，曾開三門砥柱以通黃河漕運。後遭李林甫陷害，由河南府長官貶為竟陵太守。在一次宴會中，陸羽隨伶人做戲，為李齊物所賞識，遂助其離戲班，到竟陵城外火門山從鄒氏夫子讀書，研習儒學。天寶十一載（752年），禮部員外郎崔國輔又因被貶官至竟陵。此時陸羽正精研經史，潛心詩賦。崔國輔和李齊物一樣十分愛惜人才，與陸羽結為忘年之交，並贈以「白顱烏犎」（即白頭黑身的大牛）和「文槐書函」。崔國輔長於五言小詩，並與杜甫相善。陸羽得這樣的名人指點，學問又大增一步。

天寶十四年（755年），「安史之亂」爆發，所謂開元、天寶盛世結束，唐朝進入一個動亂不安的時期。二十四五歲的陸羽隨著流亡的難民離開故鄉，流落湖州（今浙江湖州市）。湖州較北方相對安寧。陸羽自幼隨積公大師在寺院採茶、煮茶，對茶學早就發生濃厚興趣。湖州又是名茶產地，陸羽在這一帶搜集了不少有關茶的生產、製作的材料。這一時期他結識了著名詩僧皎然。皎然既是詩僧，又是茶僧，對茶有濃厚興趣。陸羽又與詩人皇甫冉、皇甫曾兄弟過往甚密，皇甫兄弟同樣對茶有特殊愛好。陸羽在茶鄉生活，所交又多詩人，藝術的薰陶和江南明麗的山水，使陸羽自然地把茶與藝術結為一體，構成後來《茶經》中幽深清麗的思想與格調。

第二章 唐人陸羽的《茶經》與中國茶文化的形成
二、茶聖陸羽

自唐初以來，各地飲茶之風漸盛。但飲茶者並不一定都能體味飲茶的要旨與妙趣。於是，陸羽決心總結自己半生的飲茶實踐和茶學知識，寫出一部茶學專著。

為潛心研究和寫作，陸羽終於結束了多年的流浪生活，於上元初結廬於湖州之苕溪。經過

唐洪州窯蓮花瓣紋碗及托

一年多努力，終於寫出了中國第一部茶學專著，也是中國第一部茶文化專著──《茶經》的初稿，陸羽時年二十八歲。西元763年，持續八年的「安史之亂」終於平定，陸羽又對《茶經》作了一次修訂。他還親自設計了煮茶的風爐，把平定「安史之亂」的事鑄在鼎上，標明「聖唐滅胡明年造」，以表明茶人以天下之樂為樂的闊大胸懷。大曆九年（774年），湖州刺史顏真卿修《韻海鏡源》，陸羽參與其事，乘機搜集歷代茶事，又補充《七之事》，從而完成《茶經》的全部著作任務，前後歷時十幾年。

《茶經》問世，不僅使「世人益知茶」，陸羽之名亦因而傳佈。以此為朝廷所知，曾受召任「太子文學」，又「徙太常寺太祝」。但陸羽無心於仕途，竟不就職。

陸羽晚年，由浙江經湖南而移居江西上饒。孟郊有《題陸鴻漸上饒新開山舍》詩云：

驚彼武陵狀，移歸此岩邊。

開亭擬貯雲，鑿石先得泉。

嘯竹引清吹，吟花新成篇。

乃知高潔情，擺落區中緣。

君不可一日無茶
中國茶文化史

武陵為陶淵明寫《桃花源記》的地方，詩人盛讚陸羽把桃源景色再現於此。至今上饒有「陸羽井」，人稱陸羽所建故居遺址。

陸羽大約卒於貞元二十年冬或次年春，活了七十多歲。陸羽逝於何地，史家多有爭議，有的說在上饒，有的說在湖州。孟郊有《送陸暢歸湖州因憑題故人皎然、陸羽墳》詩，詳細描述了湖州杼山陸羽墳的情況，故以逝於湖州為確。

陸羽一生坎坷，然而誠如孟子所言，承擔天降大任之人，「必先勞其筋骨，餓其體膚」，坎坷的經歷對陸羽是一種意志與思想的磨煉。無此種種艱苦，也許不可能有《茶經》的出現。

2·友人交往

要想瞭解陸羽的茶文化精神，僅知其生平還不夠，還要從其與友人交往中瞭解其思想脈絡。

陸羽為人重友誼。《新唐書》本傳說他「聞人善，若在己；見有過者，規切至忤人。……與人期，雨雪虎狼不避也」。陸羽無心仕宦、富貴，生平不畏權貴，一生所交者多詩人、僧侶、隱士與高賢。

中國茶文化與佛教有不解之緣，陸羽與僧人也有不解之緣。他自幼為智積禪師收養，壯年後又與僧人皎然結為好友。皎然不僅是中唐著名學僧，也是著名詩僧，為謝靈運十世孫，死後有文集十卷，宰相于為之作序，唐德宗敕寫其文集藏之秘閣。陸羽與之相識大約在上元初，常互訪或同遊。皎然的詩多處提到與陸羽的友誼，並描繪與其共同採茶、製茶、品茶的情景。所以，陸羽的茶文化思想吸收了許多佛家原理。

陸羽好友不僅有僧人，還有道士，其中最著名的是李冶。李冶又名李秀蘭，自幼聰慧灑脫，喜琴棋書畫諸藝。長成出家，做了女道士。她尤擅格律詩，被稱為「女中詩豪」。天寶間，玄宗聞其名，曾召入宮中一月。陸羽在苕溪，與皎然、靈澈等曾組織詩社，李秀蘭多往與會。秀蘭晚年多病，孤居太湖小島上，陸羽泛舟前去探望，李秀蘭還寫詩以志，足見其友誼之深。陸羽在《茶經》中，將道家

第二章 唐人陸羽的《茶經》與中國茶文化的形成
二、茶聖陸羽

八卦及陰陽五行之說融於其中，反映了他所受道家影響也不小。

陸羽交往最多的是詩人、學士。其中最著名的有皇甫冉、皇甫曾、劉長卿、盧幼年、張志和、耿㠇、孟郊、戴叔倫等。這些人大都是剛正率直並深有抱負和學識的人。一次陸羽問張志和最近與誰人經常往來，志和說：「太虛為室，明月為炫，同四海諸公共處，未嘗少別！」足見其胸襟。其《漁歌子》云：「西塞山前白鷺飛，桃花流水鱖魚肥。青箬笠，綠蓑衣，斜風細雨不須歸。」陸羽所交詩人大多崇尚自然美，這對陸羽在《茶經》中創造美學意境大有影響。耿㠇為「大曆十才子」之一，曾與陸羽對答聯詩，作《連句多暇贈陸三山人》（「陸三」是詩友們排行送陸羽的別號）。此詩二人聯句，長達二十四句，耿盛讚陸羽對茶學的貢獻：「一生為墨客，幾世作茶仙。」「茶仙」之名即由此而來，耿已斷定《茶經》必名垂後世。戴叔倫更是陸羽知音。戴曾遭同僚陷害，後來冤案昭雪，陸羽特與權德輿等各作詩三首相慶。由此亦見陸羽之人品。

陸羽友人中，最值一書的是顏真卿。顏以書法為後世稱道，其實，他還是著名的軍事家和政治家。「安史之亂」爆發，顏真卿正任平原郡太守，胡騎殘暴河北，唯真卿戰旗高揚，並領導了河北抗敵鬥爭，使平原郡與博平、清河得以獨保。代宗時，諫朝廷、揭叛臣，忠耿剛烈。顏氏於政治、軍事、法律、書法、音韻、文字學皆有造詣。大曆八年，他到湖州任刺史，與皎然、陸羽結為摯友。他組織詞書《韻海鏡源》的編寫，多達五百卷，有許多文士參加，陸羽是其中重要成員。這對陸羽加深儒理，在《茶經》中以中庸、和諧思想提攜中國茶文化精神甚有助益。

陸羽受儒、道、佛諸家影響，而能融各家思想於茶理之中，與他一生結交這麼多有名的思想家、藝術家有很大關係。《茶經》絕非僅述茶，而能把諸家精華及唐代詩人的氣質和藝術思想滲透其中，因此才奠定了中國茶文化的理論基礎。

3.博學多才

我們從《茶經》本身即可看到，陸羽對自然、地理、氣候、土壤、水質、

植物學、哲學、文學都有很深的造詣。所以《茶經》的出現絕非一日之功，而是靠長期多方面知識的積累。事實上，陸羽確實多才多藝。他幼年學佛，少年學戲，青年開始鑽研孔氏之學，又多與詩人交往，並擅長詩賦。此外，陸羽還擅長書法、建築和方志學。他評價顏體的奧妙說：書法家徐浩習王義之筆法，只得其「皮膚鼻眼」，而顏真卿能「得右軍筋骨」，所以表面不像，卻青勝於藍，能夠創新。其見解十分精闢。

唐代對地理學十分重視，各州府三年一造「圖經」送尚書省兵部職方，於是出現了許多著名的地理學家。陸羽不是朝廷命官，但每到一地便留心於地方情形。顏真卿的《湖州烏程縣杼山妙喜寺碑銘》曾記載，陸羽曾作《杼山記》。《湖州府志》又說他曾作《吳興記》。陸羽所作方志著作，今可考證者有：

(1) 《杼山記》，記湖州杼山地理、山川、寺院。
(2) 《圖經》，記湖州苕溪西亭之由來及方位、自然環境。
(3) 《吳興記》，可能是湖州地區全面的地理、風俗情況，故《湖州府志》稱其為「本郡專志之肇始」。
(4) 《惠山記》，述無錫周圍山川、物產、掌故。
(5) 《靈隱山二寺記》，記余杭靈隱山之山水、寺廟等。

陸羽還精通建築學。顏真卿曾在湖州杼山妙峰寺造「三癸亭」，係大曆八年十二月二十一日成，恰逢癸年、癸月、癸日，故以「三癸」名之。此亭為陸羽設計建造，顏真卿記事並書寫，皎然和詩一首。三大名人集於一處，也算一絕了。皎然詩下有注：「亭即陸生所創」。另外，陸羽居上饒時也曾自造山舍，依山傍水，鑿泉為井，臨山建亭，植竹林花圃。詩人孟郊驚歎其將陶淵明筆下的風景再現，說他造的亭可收雲貯霧；鑿石所引山泉及所植迎風而嘯的竹林，可諧管弦之聲。可見，陸羽又深得古代造園之法。我們在《茶經·五之煮》中，曾看到陸羽形容茶湯滾沸時的極美文字，如「棗花漂然於環池之上」，「回潭曲渚青萍之始生」等，如無對園林藝術的體驗，怎可將大自然微妙搬到茶釜之中！

第二章 唐人陸羽的《茶經》與中國茶文化的形成
三、陸羽的《茶經》及唐人對茶文化學的貢獻

　　陸羽剛直，一生卓爾不群。正是他的人生經歷、拓落性格、深邃的學識、廣博的知識使他能深明茶之大道。陸羽雖深沉，但並不孤僻，他會做詼諧之戲，熱愛生活，熱愛自然，更關心國家，關心百姓。無論對學問、事業、友誼都十分執著。為寫《茶經》他遠上層崖，遍訪茶農，經常深入民間。正如皇甫冉《送陸鴻漸棲霞寺採茶》詩中所寫：

採茶非採菉，遠遠上層崖。
布葉春風暖，盈筐白日斜。
舊知山寺路，時宿野人家。
借問王孫草，何時泛碗花。

　　正是這種不畏艱苦、不斷追求、深入實際的精神，使陸羽對茶的各個方面瞭解得那樣細緻、深入，用心血和汗水寫下了不朽的《茶經》。

三、陸羽的《茶經》及唐人對茶文化學的貢獻

　　陸羽的《茶經》，是一部關於茶葉生產的歷史、源流、現狀、生產技術以及飲茶技藝、茶道原理的綜合性論著。它既是茶的自然科學著作，又是茶文化的專著。

　　關於陸羽的茶藝和茶道思想，我們在第二編中還有專門論述，所以，這裡僅介紹該書的一般情況及其有關茶藝的大體內容。

　　《茶經》共十章，七千餘言，分為上、中、下三卷。十章目次為：一之源、二之具、三之造、四之器、五之煮、六之飲、七之事、八之出、九之略、十之圖。

　　一之源，概述中國茶的主要產地及土壤、氣候等生長環境和茶的性能、功用。他說：「茶者，南方之嘉木也。一尺、二尺，乃至數十尺。其巴山峽川有

兩人合抱者。」當時兩人合抱的大茶樹，其樹齡當上推千百年，證明了中國茶的原生樹情況，雄辯地證明了中國是茶的原生地。陸羽還介紹了中國古代對茶的各種稱呼，從文字學的角度證明茶原產中國。在本章，陸羽又從醫藥學角度指出茶的性能和功用，說「茶之為用，味至寒，為飲最宜」，有解除熱渴、凝悶、腦痛、目澀、四肢煩懶、百節不舒的功用。

二之具，講當時製作、加工茶葉的工具。

三之造，講茶的製作過程。

四之器，講煮茶、飲茶器皿。

五之煮，講煮茶的過程、技藝。

六之飲，講飲茶的方法、茶品鑒賞。

七之事，講中國飲茶的歷史。

總之，五、六、七三章集中反映了陸羽所創造的茶藝和茶道精神。煮茶過程不僅被陸羽生動地藝術化，而且他運用古代自然科學的五行原理強調煮茶應注意的水質、火候。茶用名茶至嫩者，精製封存以待用，不使精華散越。火用嘉木之炭，而忌膏木、敗株。水用山中乳泉，涓涓江流，離市之深井。煮茶講究三沸，還要欣賞其波翻浪湧的美妙情景。保其華，觀其色，品其味。在陸羽筆下，飲茶絕不像煮肉、熬粥一般為生存而造食，而是把物質的感受與精神的修養、昇華關聯到一起。陸羽說：「天育萬物皆有至妙……所庇者屋，屋精極；所著者衣，衣精極；所飽者食，食與酒皆精極之。」也就是說，衣食住行都要追求精美的情趣。所以，他把飲茶過程也看作精神享受的過程。

七之事，總結了中國自神農、周公以來飲茶的傳說和歷史，使人們看到一個不斷昇華、發展的過程，也是我們研究茶文化發展史的基本資料。

八之出，詳記當時產茶盛地，並品評其高下位元次，記載了全國四十餘州產茶情形，對於自己不甚明瞭的十一州產茶之地亦如實注出。這種對科學認真、執著的態度，即使在今天也值得我們效法。

第二章 唐人陸羽的《茶經》與中國茶文化的形成
三、陸羽的《茶經》及唐人對茶文化學的貢獻

九之略,是講飲茶器具,何種情況應十分完備,何種情況省略何種器具。野外採薪煮茶,火爐、交床等不必講究;臨泉汲水可省去若干盛水之具。但在正式茶宴上,「城邑之中,王公之門」,「二十四器缺一則茶廢矣」。

最後,陸羽還主張要把以上各項內容用圖繪成畫幅,張陳於座隅,茶人們喝著茶,看著圖,品茶之味,明茶之理,神爽目悅,這與端來一瓢一碗,幾口灌下,那意境自然大不相同。

且不論陸羽對茶的自然科學原理論述,僅從茶文化學角度講,我們看到,陸羽確實開闢了一個新的文化領域。

第一,《茶經》首次把飲茶當作一種藝術過程來看待,創造了烤茶、選水、煮茗、列具、品飲這一套中國茶藝。我們把它稱為「茶藝」,不僅指技藝程式,而且因為它貫穿了一種美學意境和氛圍。

第二,《茶經》首次把「精神」二字貫穿於茶事之中,強調茶人的品格和思想情操,把飲茶看作「精行儉德」、進行自我修養、鍛煉志向、陶冶情操的方法。

第三,陸羽首次把中國儒、道、佛的思想文化與飲茶過程融為一體,首創中國茶道精神。這一點在「茶之器」中反映十分突出,無論一隻爐,一隻釜,皆深寓中國傳統文化之精髓。這一點在第二編還要詳加論證。由此看來,不能把《茶經》看作一般「茶學」,它是自然科學與社會科學、物質與精神的巧妙結合。

《茶經》問世,對中國的茶葉學、茶文化學,乃至整個中國飲食文化都產生巨大影響。這種作用,在唐朝當時即深為人們所注目,耿湋當時便斷定陸羽和他的著作將對後世產生長遠影響,因而稱他為「茶仙」。《新唐書》說「羽嗜茶,著《經》三篇,言茶之源、之法、之具尤備,天下益知茶矣。時鬻茶者至陶羽形置煬突間,祀為茶神」,「其後尚茶成風,時回紇入朝,始驅茶市」。說明在唐代人們就已把陸羽稱為「茶神」。關於民間以陸羽為茶神的事還有其他文獻記載。《大唐傳》載:「陸鴻漸嗜茶,撰《茶經》三卷,常見鬻茶邸燒瓦瓷為其形貌,置於灶釜上左右,為茶神。」《茶錄》曾記載了一個故事,說唐代江南有一個驛館,其管理者自以為很會辦事,請太守去參觀。館中有酒庫,祀酒神,太

君不可一日無茶
中國茶文化史

守問酒神是誰,驛官說是杜康,太守說:「功有餘也。」又有一茶庫,也供一尊神,太守問:這又是何人?驛官說是陸鴻漸,太守大喜。宋代著名詩人梅堯臣評價說:「自從陸羽生人間,人間相學事春茶。」宋人陳師道為《茶經》作序說:「夫茶之著書自羽始;其用於世,亦自羽始。羽誠有功於茶者也。上自宮省,下逮邑裡,外及異域遐陬,賓祀燕享,預陳於前。山澤以成市,商賈以起家,又有功於人者也。」

《茶經》問世,民間或官方都很重視,歷代一再刊行,宋代已有數種刻本。《新唐書》《讀書志》《書錄解題》《通志》《通考》《宋志》俱載之。《四庫全書》亦收入。可考的本子有:宋《百川學海》本,明《百名家書》本、《格致叢書》本、《山居雜誌》本、《說郛》本、《唐宋叢書》本、《茶書全集》本、《呂氏十種》本、《五朝小說》本、《小史集雅》本、華氏刊本、孫大綬本,清《學津討原》本、《唐人說薈》本、《植物名實錄考》本、《漢唐地理書叢鈔》本,民國《湖北先正遺書》本等,近二十種。

唐邢窯白釉獅紋執壺　　　　唐越窯盞

第二章 唐人陸羽的《茶經》與中國茶文化的形成
三、陸羽的《茶經》及唐人對茶文化學的貢獻

為《茶經》作序、跋的有：唐人皮日休，宋人陳師道，明人陳文燭、王寅、李維楨、張睿、童承敘、魯彭等。

《茶經》早已流傳到國外，尤其是日本，人們十分注意對陸羽《茶經》的研究。目前，《茶經》已被譯成日、英、俄等國文字，傳佈於世界各地。

陸羽的《茶經》，是對整個中唐以前唐代茶文化發展的總結。陸羽之後，唐人又發展了《茶經》的思想。如蘇廙著《十六湯品》，從煮茶的時間、器具、燃料等方面講如何保持茶湯的品質，補充了唐代茶藝的內容。唐人張又新著《煎茶水記》，對天下適於煎茶的江、泉、潭、湖、井的水質加以評定，列出天下二十名水序列。張又新聲稱他所列名水為陸羽生前親自鑒別口授，但實際上他的觀點常與陸羽相悖，故後人認為是假託羽名講他個人的主張。不過，張氏此作將茶與全國名水相聯結，引起茶人對自然山水的更大興趣，使山川、自然在更廣闊的意義上與茶結合，進一步體現中國茶文化學中天、地、人的關係，還是有所貢獻的。在茶道思想方面，唐人劉貞亮總結的茶之「十德」，盧仝通過詩歌總結茶的精神作用等，都具有深刻的意義。此外，溫庭筠曾作《採茶錄》，雖僅四百字，但卻以詩人、藝術家的特有氣質，把煮茶時的火焰、聲音、湯色皆以形象的筆法再現，也是很有特點的作品。至於唐人詩歌中有關茶的描寫便更多了。

總之，唐朝是中國茶文化史上一個劃時代的時期。

第三章　宋遼金時期茶文化的發展

　　從五代到宋遼金，是中國封建社會的一個大轉折時期。僅從中原王朝看，封建制度已走過了它的鼎盛時期，開始向下滑坡。但從全中國看卻是北方民族崛起，南北民族大融合，北方社會向中原看齊和大發展的時期。遼與北宋對峙，金與南宋對抗，宋朝雖然軍事上總是打敗仗，但經濟、文化仍相當繁榮。茶文化正是在這種民族交融、思想撞擊的時代得到發展。尤其從茶文化的傳播看，無論社會層面或地域都大大超過了唐代。唐代是以僧人、道士、文人為主的茶文化集團領導茗茶運動，而宋代則進一步向上下兩層拓展。一方面是宮廷茶文化的正式出現，另一方面是市民茶文化和民間鬥茶之風的興起，從兩頭擴大了唐代茶文化的狹小範圍。從地域講，唐代雖已開始向邊疆甚至國外傳播飲茶技術，但作為文化意義上的茗飲活動不過盛行於中原及產茶盛地而已。而到宋代，中原茶文化則通過宋遼、宋金的交往，正式作為一種文化內容傳播到北方牧獵民族當中，奠定了此後上千年間北方民族飲茶的習俗和文化風尚，甚至使茶成為中原政權控制北方民族的一種「國策」，使茶成為連接南北的經濟和文化樞紐。

　　從茶藝與茶道精神來講，此時期的茶文化一方面繼承了唐人開創的茶文化內容，並根據自己時代的需要加以發展，同時也為元明茶文化的發展開闢了新的前景，是一個承上啟下的時代。在茶道思想上，隨著理學思想的出現，儒家的內省觀念進一步滲透到茗飲之中。從茶藝講，首先將唐代的穿餅，發展為精製的團茶，使製茶本身工藝化，增加了茶藝的內容。同時，又出現大量散茶，為後代泡茶和飲茶簡易化開闢了先河。民間點茶和鬥茶之風的興起，把茶藝推展到廣泛的社會層面。宮廷貢茶和茶儀、茶宴的大規模舉行又使茶文化的地位抬升。宮廷的奢侈化與民間的質樸形成鮮明對比。從文化內容說，由於茶詩、茶畫的大量出現，

第三章 宋遼金時期茶文化的發展

一、五代繼唐開宋，文士茗飲別出新格

而且大多出自名人手筆，茶文化與相關藝術正式結合起來。如果說唐代茶文化更重於精神實質，宋人則把這種精神進一步貫徹於各階層的日常生活和禮儀之中。表面看是從深刻走向通俗、浮淺，而從社會效果看則是向縱深發展了。因此，這是中國茶文化史上一個十分值得重視的時期。

談中國文化史，按「大漢族主義」的思維習慣，總是以中原代替邊疆，以宋代替遼金。實際上，中華民族是一個多民族大家庭，是大家共同創造了我們的民族文化。因此，不能置占半個中國的遼金兩代於不顧。所以，我們在本章特以北國兩朝與宋並列，並以五代開篇。

一、五代繼唐開宋，文士茗飲別出新格

後梁滅唐，開始了中國又一個分裂動盪的時期。五代大都是短命王朝，武人得勢，大多不講文治。但因直接承盛唐風氣，許多文化活動不可能因此終止。茶文化也如此。尤其在南方，吳蜀、江浙物產豐富，戰事較北方也少得多，文人品茶論茗之事並未斷絕。這一時期，許多文人組織飲茶團體、進行茶藝著述便是一個證明。

五代人和凝，就是一個大力推行茗飲的著名茶人。和凝為後梁貞明二年（916年）進士，又於後唐歷任翰林學士、知制誥、知貢舉，後晉時為中書侍郎、同門下平章事，後漢拜太子太傅，封魯國公，終於後周。曆梁、唐、晉、漢、周，是典型的五代人，也是典型的文士、文官。他在朝為官時，和其他朝官共同組織「湯社」，每日以茶相較量，味差者受罰。自唐以來，北方民間和文人中會社組織很多，比如佛教徒組織「千人邑」「千人社」，會社是推行文化思想的一種得力手段。和凝正式組織「湯社」，這比唐代陸羽等人不加名目的飲茶集團更為社會所注目。自此，湯社成為文人聚會的一種正式形式，也開闢了宋人鬥茶之風

的先例。

　　毛文錫為唐末進士，五代十國時入後蜀任翰林學士，後曆遷禮部尚書、判樞密院事，並拜司徒。他生活在四川這個茶的故鄉，因而通曉茶的知識。後受譖貶荊州司馬，又臨近茶聖陸羽的故鄉。然後降後唐，得悉江浙飲茶妙趣，複又入蜀。此人一生在江南茶鄉東西盤桓，深敬陸羽。遂仿陸氏《茶經》七之事、八之出，撰《茶譜》。可惜原文已失，其遺文見《太平寰宇記》與《事類賦》。

　　還有蘇廙的《仙茶傳》，原書亦失，現存第九卷《作湯十六法》，又稱《十六湯品》，收錄於《清異錄》。有人認為蘇廙為唐代人，但蘇氏生平無考，《清異錄·茗荈門》所收各條均不早於五代，故蘇廙仍以斷為五代較宜。蘇廙所敘製茶湯方法為「點茶法」，明顯區別於唐代的直接煎煮。這更證明蘇氏非唐人。同時，也說明宋人之點茶是早在五代便開始了。

　　另有陶穀，後晉時在朝為官，與和凝相善，得其賞識遷著作郎、監察御史、倉部郎中等，後歸漢、侍周，一直到宋初方卒。陶穀一生好茶，據說他曾買了太尉黨進一個家妓，過定陶時天正下大雪。陶穀雅興大發，取雪水烹茶，並對黨家妓說：「黨太尉該不懂這種風雅之事吧？」家妓看不起陶氏的窮酸，乃諷刺說；「黨太尉是個粗人，只會吃羊羔美酒，哪懂得這個！」陶學士雖然慚愧，但仍不忘茶，遂撰《茗荈錄》，為宋代第一部茶書，對研究由五代至宋茶的演變、淵源有重要意義。陶穀於宋初歷任禮部、刑部、戶部三部尚書，其飲茶愛好及所撰茶書對宋代必有很大影響。

　　後人提起宋代茶藝，必從貢茶說起，而講貢茶又離不開建茶。然而，建茶之始並不在宋，而始於南唐。陸羽著《茶經》時，尚不知建茶情形，但明確注明：福建十二州產茶情形未詳，偶爾得之，其味甚佳。可能在唐代，建茶便已有相當的發展。到南唐時，福建、浙江一帶已成為茶葉的重要產地。五代時的幽州軍閥和遼初的契丹人千方百計與南唐關聯，南唐使者常從海陸犯險北使，都是為換取南唐的茶、錦之利。五代初幽州軍閥劉仁恭殘暴而好財，據說曾令軍人到西山採樹葉充茶出賣而禁止南方茶入境，以換取厚利。遼史專家陳述先生認為，劉仁恭

第三章 宋遼金時期茶文化的發展
一、五代繼唐開宋，文士茗飲別出新格

讓軍士採的並不是樹葉，而是一種確實可以飲用並治病的中藥，《五代史》作者為說明劉仁恭的貪婪，故意貶抑。不論是樹葉還是中藥，劉仁恭排斥南茶入境之事想是有的。這也反證了南方茶當時已大量向北方邊塞出口。其中，南唐佔很大比例。

南唐之茶，又以建州最為著名。這與南唐佛教發展又發生了關係。宋人江少虞所著《宋朝事實類苑》說，建州山水奇秀，士人多創佛利，落落相望。南唐時，日州所領十一縣到處是佛寺。建安有佛寺三百五十一，建陽二百五十七，浦城一百七十八，崇安八十五，松溪四十一，關隸五十二，總共可以千數。江氏所說寺數可能是宋代統計，但南唐寺院確實多，而且是中國佛教禪宗派最發達的地方。這便又應了「名山、名剎出好茶」和「茶禪一體」的典故。五代十國時，南唐最為富庶，宋太祖下南唐，得到南唐大片土地財富，自然也包括茶之利，從此建茶大受重視。特別是自建茶作為皇室專貢之後，其地位更高不可攀，其他地區望塵莫及。可見，宋朝茶文化的物質基礎，也是在五代十國時期奠定的。

綜上所述，唐代茶文化在五代時期並未因盛唐的滅亡與戰爭的頻仍而中斷。相反，正因局勢動盪，文人生活遷徙多變，中原及長江流域發源的茶藝得以向南北擴展。五代十國時期對茶文化的貢獻主要有以下幾點：

1. 開闢「湯社」，使飲茶活動更有組織地進行。
2. 文人「湯社」開始對茶的品質競賽評比，這不僅開宋代「鬥茶」的先河，一直影響到現代茶行業專家們的品評會。中國物產豐富，各地物產各有千秋優長，本不好統一評價，唯茶、酒兩項向來有精深的品評理論，這是有深刻歷史淵源的。
3. 五代時已開始出現「點茶法」，這便打破了一般人「點茶始於宋」的成見。
4. 五代人繼唐人之風，多著茶書，補充了唐代的茶藝和茶學理論。
5. 宋代以皇室為首，飲茶走向奢侈，有失唐人樸拙之風。而五代好茶者多「窮酸」文士，動盪漂泊，縱然當了朝廷大官也不及武人的權勢，

所以還保持了唐人茶文化的樸實。宋代由中間向兩端發展，皇室尚奢侈，文人尚風雅，民間尚質樸。這質樸的一面，是由五代茶人繼承下來的。陶穀以雪水煮茶，進一步加強茶藝向自然靠近的勢態。自此臨泉傍溪飲茶成為宋人最雅愛的風尚。

因此，我們說五代在茶文化發展上是起了繼唐開宋的作用。

二、宋代貢茶與宮廷茶文化的形成

封建社會裡，皇帝是最高統治者，一切最好最美的東西皆獻帝王享用。茶是清儉的東西，當民間開始飲用時，宮廷雖偶爾為之，但還沒有十分重視。唐代已有貢茶，故盧仝詩云：「天子須嘗陽羨茶，百草不敢先開花。」陸羽也談到過王公貴族之家飲茶必二十四器皆備，而且要金玉具器的情況。唐代出土的茶具已相當豪華，貴族尚如此，皇室自然更勝一籌。不過，總的來說，唐代的宮廷雖有飲茶習慣，從文化意義上並未給人留下十分深刻的印象。

唐朝是文人、隱士、僧人領導茶文化的時代，宋朝則不然，由於自五代起，和凝等宰輔之流即好飲茶，宋朝一建立便在宮廷興起飲茶風尚。宋太祖趙匡胤便有飲茶癖好，因而開闢宮廷飲茶的新時期。歷代皇帝皆有嗜茶之好，以至宋徽宗還親自作《大觀茶論》。這時，茶文化已成為整個宮廷文化的組成部分。皇帝飲茶自然要顯示自己高於一切的至尊地位，於是貢茶花樣翻新，頻出絕品，使茶品本身成為一種特殊藝術。宋人的龍團鳳餅之類精而又精，以至每片團茶可達數十萬錢。可以想見，對茶的這種玩賞、心理作用早已大大超出茶的實際使用價值。這雖不能看作中國茶文化的主流和方向，但上之所倡，下必效仿，遂引起茶藝本身的一系列改革，因而也不能完全否定。飲茶成為宮廷日常生活的內容，考慮全國大事的皇帝、官員很自然地將之用於朝儀，自此茶在國家禮儀中被納入規範。

第三章 宋遼金時期茶文化的發展
二、宋代貢茶與宮廷茶文化的形成

至於祭神靈、宗廟,更為必備之物。唐代茶人大體勾畫出了茶文化的輪廓,各階層茶文化需要各層人士進一步創造。宋朝可以說是茶文化的形成時期。宋代團茶歷南北宋、遼、金、元幾代,直到明代方廢,領導茶的潮流長達四五百年,不能說宋代宮廷對茶文化沒起作用。關於宋代宮廷茶文化的具體情況,在第三編還要分論,此處僅就其發展過程概述一二。這便要從北苑建茶和「前丁後蔡」等貢茶使君說起。

宋代貢茶從南唐北苑開始。北苑在南唐屬建州。其地山水奇秀,多寺院名勝,又產好茶,故自南唐便為造茶之地。《東溪試茶錄》載:「舊記建安郡官焙三十有八,自南唐歲率六縣民採造,大為民所苦。我朝自建隆已來,環北苑近焙,歲取上貢,外焙具還民間而裁稅之。」可見,北苑原是南唐貢茶產地。唐代的餅茶較粗糙,中間做眼以穿茶餅,看起來也不太雅觀。所以南唐開始製作去掉穿眼的餅茶,並附以臘面,使之光澤悅目。宋開寶年間下南唐,特別嗜茶的宋太祖一眼便看中這個地方,定為專製貢茶之地。宋太宗太平興國(976—984年)年初,朝廷開始派貢茶使到北苑督造團茶。為區別於民間所用,特頒制龍鳳圖案的模型,自此有了龍團、鳳餅。宋朝尚白茶,到太宗至道年間又製石乳、的乳、白乳等品目。不過,宋代龍鳳團茶所以被格外藝術化並留名於後世,還是因為有了丁謂、蔡襄這兩個懂得茶學、茶藝的貢茶使君。

丁謂,字謂之,蘇州長洲人。為人智敏,善談笑,尤喜詩,於圖畫、棋弈、音律無所不通。好佛教,慕道士,曾為朝廷營造宮觀及督山陵修建之事。可見,丁謂有一般茶人應有的文化修養。但其人狡黠,「好媚上」,用現代話說是個馬屁精,所以並無茶人高潔的品質。正是這樣一個既像茶人,又不像茶人的貢茶官,才能造出奇巧的「茶玩意兒」。太宗淳化年間,丁謂為福建採訪使,大造龍團以為貢品。真宗時,丁謂又掌閩茶,並撰《茶圖》,詳細介紹建茶採造情形。因此世人皆知建茶之精。

蔡襄,字君謨,同樣是個能文能詩的人,還是書法家,為當時書家第一。但人品與丁謂恰相反。丁謂愛順著皇帝的意思說好話,蔡襄卻專愛挑皇帝老兒的

宋 佚名 《飲茶圖》團扇面

第三章 宋遼金時期茶文化的發展
二、宋代貢茶與宮廷茶文化的形成

毛病,他曾為諫官,並進直史館。丁謂專建議皇帝多花錢,什麼封禪、修陵之事,皇上還怕沒錢,丁謂總能搜刮得足夠錢財,滿足皇帝奢好。蔡襄則專勸皇帝節儉,為翰林學士、三司使,較天下盈虛出入,量力制用。丁謂慕佛、道,但並非去悟禪理、明道德,而是搞巫蠱之事。蔡襄不大信天命,說「災害之事,皆由人事」,勸皇帝多做好事。他兩次知福州,曾開海塘,漑民田,減賦稅,修堤岸,植松柏七百里以護道路,閩人為之刻碑紀德。蔡襄與朋友交重信義,朋友有喪,斷酒肉而設靈位痛哭。范仲淹等四人因受譖被貶,他作《四賢一不肖》詩,不僅宋人流傳,而且遼朝都敬佩。韓琦、范仲淹進用,他向皇帝進賀。其氣質、品德很像「茶聖」陸羽。所以,雖有「前丁後蔡」之 說,丁謂只算得上茶官,蔡襄才是真正的茶人,並深得飲茶要旨。他曾作《茶錄》,分上下篇。上篇專論茶,正式提出色、香、味需並佳,指出餅茶以珍膏油面,於色不利;餅茶入龍腦,奪其清香;茶無好水則好茶亦難得正味。所以,他所介紹的並不是朝廷的龍團鳳餅,而是建安民

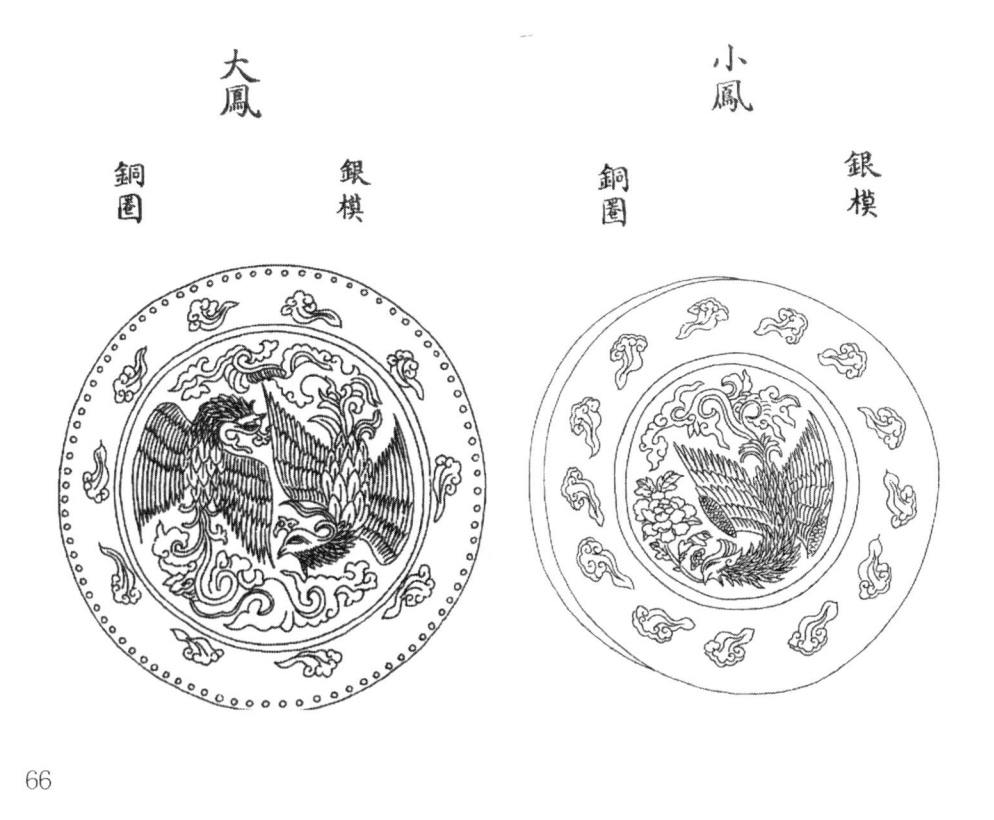

君不可一日無茶
中國茶文化史

間試茶的工夫。下篇論茶器,專講煮水、點茶的器皿,特別強調茶碗色澤應與茶湯色澤協調。人們只知蔡襄為小龍團的創始人,以為與丁謂一樣只知奇巧,其實正是蔡襄對宋代團茶製法提出許多相反的看法。

龍團、鳳餅與一般茶葉製品不同,它把茶本身藝術化。製造這種茶有專門模型,刻有龍鳳圖案。壓入模型稱「製銙」,有方形、有花,有大龍、小龍等許多名目。製造這些茶程式極為複雜,採摘茶葉須在穀雨前,且要在清晨,不見朝日。然後精心揀取,再經蒸、榨,又研成茶末,最後製茶成餅,過黃焙乾,使色澤光瑩。制好的茶分為十綱,精心包裝,然後入貢。《乾淳歲時記》載:「仲春上旬,福建漕司進第一綱茶,名北苑試新,方寸小銙,進御只百銙。護以黃羅軟盝,藉以青蒻,裹以黃羅夾袱,巨封朱印,外用朱漆小盒鍍金鎖,又以細竹絲織笈貯之,凡數重。此乃雀舌水芽所造,一值四十萬,僅可供數甌之啜爾。或以一二賜外邸,則以生線分解,轉遺好事,以為奇玩。」這種茶已經不是為飲用,

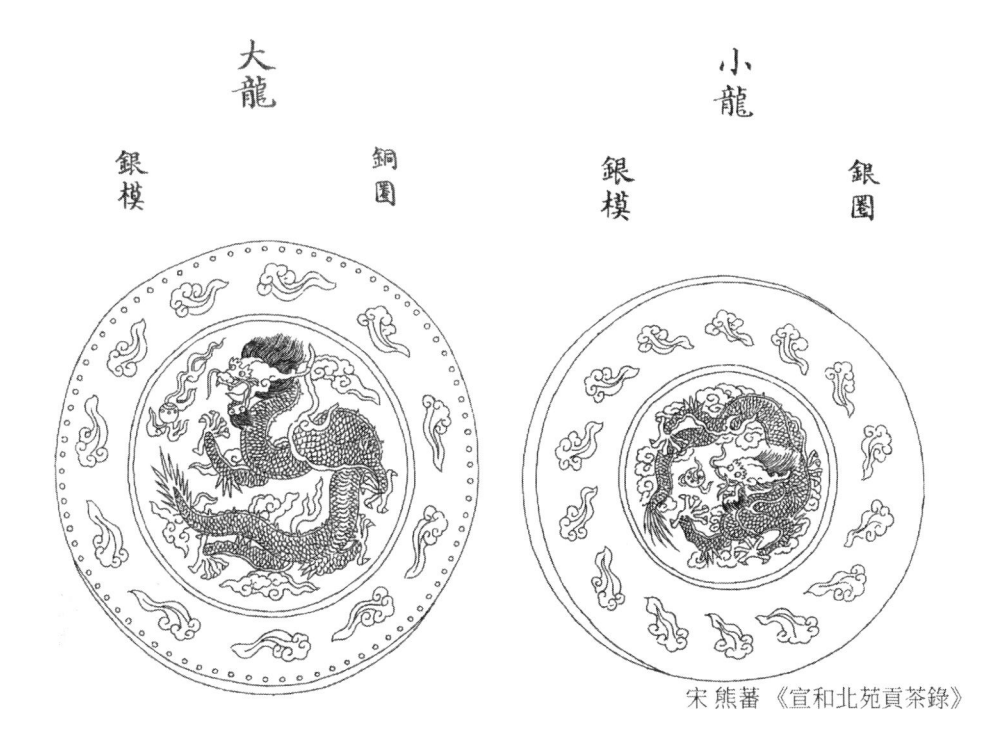

大龍　銀模　銅圈

小龍　銀模　銀圈

宋 熊蕃《宣和北苑貢茶錄》

67

第三章 宋遼金時期茶文化的發展
二、宋代貢茶與宮廷茶文化的形成

而不過在「吃氣派」。歐陽修在朝為官二十餘年，才蒙皇帝賜一餅，普通百姓怕連看上一眼都不可能。這種奢靡之風雖不足取，但那精巧的工藝反映了勞動者的智慧，雖不能代表中國茶文化的主流，卻也是茶藝中的一種創造。宋朝貢茶不只龍鳳茶，還有所謂京挺的乳、白乳頭、金臘面、骨頭、次骨等。龍茶供皇帝、親王、長公主，鳳茶供學士、將帥，的乳賜舍人、近臣，白乳供館閣。宋朝貢茶數量很大，歲出三十餘萬斤，凡十品。這給百姓帶來極為沉重的負擔，而一些官吏卻因此而升官加爵。據《高齋詩話》載，宋朝鄭可簡因貢茶有功，官升福建路轉運使，後派其侄去山中催收貢茶，而讓其親子進京獻茶，其子因而得高官。於是全家大擺宴席慶賀，鄭可簡作聯，說「一門僥倖」，而其侄不服，則為下聯，說「千里埋冤」。鄭氏之侄未得官而叫冤，那些為貢茶終日勞苦的百姓更不知有多少冤屈。蘇軾曾以唐朝為楊貴妃進荔枝的故事諷諫宋朝茶貢之奢靡，題為《荔枝歎》，詩云：「君不見，武夷溪邊粟粒芽，前丁後蔡相籠加。爭新買寵出新意，今年鬥品充官茶。吾君所乏豈此物，致養口體何陋耶！」蘇軾也好茶，是士人茶文化的帶頭人，據說蘇軾與蔡襄鬥茶，蔡襄用的自然是著名團茶、上等好水，但比賽的結果卻出乎意外，蘇軾取得了勝利。看來，蔡襄雖是著名茶人，卻難免沾染宮廷風氣。

宋代宮廷茶文化的另一種表現是在朝儀中加進了茶禮。如朝廷春秋大宴，皇帝面前要設茶床。皇帝出巡，所過之地賜父老綾袍、茶、帛，所過寺觀賜僧道茶、帛。皇帝視察國子監，要對學官、學生賜茶。《夢溪筆談》載，宋代禮部貢院試進士，「設香案於階前，主司與舉人對拜，此唐故事也。所坐設位供帳甚盛，有司具茶湯飲漿」。接待北朝契丹使臣，亦賜茶，契丹使者辭行，宴會上有賜茶酒之儀，辭行之日亦設茶床。更值得注意的是，宋朝在貴族婚禮中已引入茶儀。《宋史》卷一百一十五《禮志》載：宋代諸王納妃，稱納彩禮為「敲門」，其禮品除羊、酒、彩帛之類外有「茗百斤」。後來民間訂婚行「下茶禮」即由此而來。這樣，便使飲茶上升到更高的地位。朝儀中飲茶不同於龍團鳳餅，它已是一種精神的象徵。

三、宋人鬥茶之風及對茶藝的貢獻

鬥茶，又稱「茗戰」，它是古人集體品評茶之品質優劣的一種形式。宋人唐庚《鬥茶記》說：「政和二年三月壬戌，二三君子相與鬥茶於寄傲齋，予為取龍塘水烹之，第其品，以某為上，某次之。」政和是宋徽宗的年號，於是有人以為鬥茶起自徽宗時。又因宋徽宗曾作《大觀茶論》，其序中談到：「天下之士，勵志清白，競為閒暇修索之玩，莫不碎玉鏘金，啜英咀華，較篋笥之精，爭鑒別裁之。」這是說文士們鬥茶的情形，於是，又有人認為，鬥茶只是文人閒士百無聊賴的消閒舉動，或是誇豪鬥富的手段。其實，宋人鬥茶既非自徽宗時才起，也並非主要是文人所為，而是很早便由民間興起的。

由蔡襄的《茶錄》可知，鬥茶之風很早便由貢茶之地——建安興起。蔡襄稱之為「試茶」。建安北苑諸山，官私茶焙之數達一千三百三十六，製茶者造出茶來，自然首先要自己比較高下，於是相聚而品評。范仲淹《鬥茶歌》說：

北苑將期獻天子，林下雄豪先鬥美。

鼎磨雲外首山銅，瓶攜江上中泠水。

黃金碾畔綠塵飛，紫玉甌心雪濤起。

鬥茶味兮輕醍醐，鬥茶香兮薄蘭芷。

其間品第胡能欺，十目視而十手指。

勝若登仙不可攀，輸同降將無窮恥。

既然是貢奉天子的東西，好壞優劣當然都很重要，這裡把鬥茶的原因和現場情形都描述得十分清楚。飲茶既為朝廷所提倡，全國產量又迅速增加，民間飲茶之風也比唐代更盛。於是，鬥茶又從製茶者間走入賣茶者當中。宋人劉松年的《茗園賭市圖》便是描寫市井鬥茶的情形。圖中有老人、有婦女、有兒童，也有挑夫販夫。鬥茶者攜有全套的器具，一邊品嘗一邊自豪地誇耀自己的「作品」。民間鬥茶之風即起，文人們也不甘落後，於是在書齋裡、亭園中也以茶相較量。

第三章 宋遼金時期茶文化的發展

三、宋人鬥茶之風及對茶藝的貢獻

最後終於皇帝也加入鬥茶行列，宋徽宗趙佶親自與群臣鬥茶，把大家都鬥敗了才痛快。

這種幾乎是在社會各階層都流行起來的鬥茶風氣，對促進茶葉學和茶藝的發展起了巨大推動作用。關於製茶方法的改進，本不屬本書討論範圍之內，但它牽涉茶藝，故可道其一二。總的來說，宋人製茶比唐人要精，這一方面是生產的發展產生的必然結果，同時也與宋代用茶方法相關。宋代貢茶數量很大，皇室對茶的要求是精工細作。宋代改唐人直接煮茶法為點茶法，所謂點茶，用開水去沖極細的茶末，更用力攪拌，使茶與水融為一體，然後趁熱喝下。這兩項大改變使製茶工藝發生不少變化。在精製、細作方面，也要特別強調時節，主張以驚蟄為候，且要日出前採茶，以免日出耗其精華。採下的芽，要細加挑揀，分出等級，以便製成不同的貢茶。同時，在蒸茶、榨茶、研茶方面也更科學化。尤其是研製功夫，十分注意，有的達十餘次。因為研之愈細，愈易在點茶時使水乳交融。然後入各種形狀的模子，稱之為「入」成形，再過黃焙成茶餅，厚的團茶焙製數次，長達十幾天。這樣，自驚蟄採製，到清明前便送到京師。

在茶方面，由於點茶法的創造，烹茶技藝發生一系列變化。唐人直接將茶置釜中煮，直接透過煮茶、救沸、育華產生沫餑以觀其形態變化。宋人改用點茶法，即將團茶碾碎，置碗中，再以不老不嫩的滾水沖進去。但不像現代等其自然揮發，而是以「茶筅」充分打擊、攪拌，使茶均勻地混和，成為乳狀茶液。這時，表面呈現極小的白色泡沫，宛如白花佈滿碗面，稱為乳聚面，不易見到茶末和水離散的痕跡，如開始茶與水分離，稱「雲腳散」。由於茶液極為濃，拂擊愈有力，茶湯便如膠乳一般「咬盞」。乳面不易雲腳散，又要咬盞，這才是最好的茶湯。鬥茶便以此評定勝負。今之日本茶藝，仍是採用此種方法，但筆者欣賞過兩盞，茶末甚粗，雖散佈滿杯，卻無乳聚面，所以那雲腳早晚和咬盞與否也就談不到了。

君不可一日無茶
中國茶文化史

宋 佚名 《鬥茶圖》

　　茶藝的第二項改進，是講色香味的統一。宋人尚白茶，乳面如旛旛積雪，由此產生對盞的要求，以青、黑之磁為之最好。今日日本茶藝，係以綠茶為之，又不出現白乳面，故不講究盞色深，而多以白盞。欣賞古老茶藝的專家們崇尚所謂「天目碗」，但多為取其古拙之意，而並不瞭解宋代器與形色的關係。

　　此外，唐代飲茶多加鹽以改變茶之苦澀，增其甜度，宋代不加鹽，以免雲腳早散。其餘則大體同唐代。

　　到南宋初年，又出現泡茶法，為飲茶的普及、簡易化開闢了道路。

第三章 宋遼金時期茶文化的發展

三、宋人鬥茶之風及對茶藝的貢獻

宋代飲茶，就具體技藝講是相當精緻的，但其缺點也顯而易見。即技藝之中，很難融進思想感情，陸羽在煮茶中那種從茶爐、釜水、茶氣蒸騰中所達到的萬物冥化、天人合一、自然變化的心理體驗，宋人大概很難得到。這正是由於貢茶求物之致精而失其神的結果。所以，與其說是茶藝，不如稱為「茶技」——其藝術韻味太少了。

要說宋人飲茶一點不講精神境界也不是。文人在飲茶環境方面還是很講意境的。范仲淹飲茶，喜歡臨泉而煮。其鎮青州時，曾在興隆寺南洋溪清泉出處創茶亭。環泉古木蒙密，隔絕塵跡，賦詩鳴琴，烹茶其上，日光玲瓏，珍禽上下，那意境還是很美的。故時人稱此處為「范公泉」。自此，臨泉造園以為飲茶之所的風氣大開。濟南多泉，大族多效仿。

蘇東坡喜歡臨江野飲，以抒發這位大文學家與天地自然為侶的浩然之氣。

宋人對茶藝的又一貢獻是真正將茶與相關藝術融為一體，由於宋代著名茶人大多是著名文人，更加快了這種交融過程。像徐鉉、王禹偁、林逋、范仲淹、歐陽修、王安石、梅堯臣、蘇軾、蘇轍、黃庭堅等這些第一流的文學家都好茶，所以著名詩人往往有茶詩，書法家有茶帖，畫家有茶畫。這使茶文化的內涵得以拓展，成為文學、藝術等純精神文化直接關聯的部分。因此，宋代貢茶雖然有名，但真正領導茶文化潮流，保持其精神的仍是文化人，就連皇帝也不免受文人的影響。如宋徽宗，便是追隨文人茶文化的一個。宋徽宗不能算個好皇帝，丟了國家，當了俘虜，但在藝術方面很有造詣，無論詩詞歌賦，琴棋書畫皆曉。他所著的《大觀茶論》，無論對茶的採製過程及烹煮品飲、民間鬥茶之風都敘述很詳細。作為一個封建帝王，實在難得。他還畫有《文會圖》，描繪了茶、酒合宴的情形，表現了宋代將茶、酒、花、香、琴、饌相融合的情景。可見，飲茶與相關藝術結合已成為一代風尚。

宋 趙佶《文會圖》（局部）

四、宋代市民茶文化的興起

　　宋以前，茶文化幾乎是上層人物的專利。至於民間，雖然也飲茶，與文化幾乎是不沾邊的。宋代城市集鎮大興，市民成為一個很大的階層。唐代的長安，居民大多為官員、士兵、文人以及為上層服務的手工業者，商業僅限於東西兩市。宋代開封，三鼓以後仍夜市不禁，商貿地點也不再受劃定的市場局限。各行業分佈各街市，交易動輒數百千萬。耍鬧之地，交易通宵不絕。商賈所聚，要求有休息、飲宴、娛樂的場所，於是酒樓、食店、妓館到處皆是。而茶坊也便乘機興起，躋身其中。茶館裡自然不是喝杯茶便走，一飲幾個時辰，把清談、交易、彈唱結合其中，以茶進行人際交往的作用在這裡被集中表現出來。大茶坊有大商人，小茶坊有一般商人和普通市民。

第三章 宋遼金時期茶文化的發展
四、宋代市民茶文化的興起

當時，汴梁茶肆、茶坊最多，十分引人注目。特別是在潘樓街和商販集中的馬行街，茶坊最興盛。宋人孟元老《東京夢華錄》載，開封潘樓之東有「從行裹角茶坊」。而在封丘門外馬行街，其間坊巷縱橫，院落數萬，「各有茶坊酒店」。有些大茶坊，成為市民娛樂的場所，同書記載，北山子茶坊在曹門街，「內有仙洞仙橋，仕女往往夜遊吃茶於彼」。在這種茶坊中，不僅飲茶，還創造了一種仙人意境。民間文化往往重繁華熱鬧，這種茶坊與文人墨客品茗於林泉之下當然大不相同。開封的許多飯店賣飲兼賣茶，所以宋人稱飯店為「分茶」。

宋代茶肆不僅在大城市十分興旺，小城鎮也比比皆是，這在小說《水滸傳》中便多有反映。《水滸傳》雖為明人所作，但其中許多故事很早便開始流傳，故反映了不少宋代真實生活情景。其中，描寫茶坊的不止一處。最為大家熟悉的便是武大郎隔壁的王婆茶坊。西門慶來到茶坊，王婆說有和合茶、薑茶、泡茶、寬葉茶，反映了中國古代愛以佐料入茶的情況。王婆茶坊內煮茶之處稱「茶局子」，燒茶是用「風爐子」，以炭火用茶鍋煮茶，給客人上茶謂「點茶」。這是民間點茶之法。《東京夢華錄》說，汴梁士庶聚會，有專門跑腿傳遞消息之人，稱作「提茶瓶人」。一開始，這些人主要為文人服務，後來民間媒婆、說客、幫閒，也成了「提茶瓶人」。

南宋都城臨安及所屬州縣已有一百一十萬人口，城內大小店鋪連門俱是。同行業往往聚一街，更需以酒店、茶坊為活動場所。許多歌妓酒樓也兼營茶湯，飲茶與民間文藝活動又關聯起來。

宋耀州窯青瓷劃花三魚紋茶盞

市民茶文化主要是把飲茶作為增進友誼、社會交際的手段，它的興起把茶文化從文化人和上層社會推向民間，成為茶風俗的重要部分。北宋汴京民俗，有人遷往新居，左右鄰舍要彼此「獻茶」；鄰舍間請喝茶叫「支茶」。這時，茶已成為民間禮節。

總之，宋代是茶文化由中間階層向上下兩頭擴展的時期。它使茶文化逐漸成為全民族的禮儀與風尚。

五、遼金少數民族對茶文化的貢獻

自唐代，中原飲茶習俗便開始向邊疆傳播。但文化意義上的飲茶活動，是自宋代才擴展到邊疆民族。

遼宋對峙，但到「澶淵之盟」後卻以兄弟之禮相互來往。中華民族本是一家，兄弟們打了又好，好了又打，但文化、經濟的交往總是不斷。遼朝是契丹人建立的國家，常以「學唐比宋」勉勵自己。所以，宋朝有什麼風尚，很快會傳到遼朝。少數民族以牧獵為生，多食乳、肉而乏菜蔬，飲茶既可幫助消化，又增加了維生素，所以他們比中原人甚至更需要茶。中國自唐宋以後行「茶馬互市」，甚至把茶作為吸引、控制少數民族的「國策」，這也使邊疆民族更加以茶為貴。

宋朝茶文化的傳播，首先是通過使者把朝廷茶儀引入北方。遼朝朝儀中，「行茶」是重要內容，《遼史》中有關這方面的記載比《宋史》還多。宋使入遼，參拜儀式後，主客就坐，便要行湯、行茶。宋使見遼朝皇帝，殿上酒三巡後便先「行茶」，然後才行肴、行膳。皇帝宴宋使，其他禮儀後便「行餅茶」，重新開宴要「行單茶」。遼朝茶儀大多仿宋禮，但宋朝行茶多在酒食之後，遼朝則未進酒食首先行茶。至於遼朝內部禮儀，茶禮更多。如皇太后生辰，參拜之禮後行餅茶，大饌開始前又先行茶。契丹人有朝日之俗，崇尚太陽，拜日原是契丹古俗，

第三章 宋遼金時期茶文化的發展
五、遼金少數民族對茶文化的貢獻

但也要於大饌之後行茶,把茶儀獻給尊貴的太陽。

宋朝的貢茶和茶器也傳入遼朝,宋朝賀契丹皇帝生辰禮物中,有「金酒食茶器三十七件」,「的乳茶十斤,嶽麓茶五斤」,契丹使過宋境各州縣,宋朝官吏亦贈茶為禮(見《契丹國志》)。

南宋與金對峙,宋朝飲茶禮儀、風俗同樣影響到女真人。女真人又影響到西夏的黨項人,自此北方茶禮大為流行。金代的女真人不僅朝儀中行茶禮,民間亦漸興此風。女真人婚禮中極重茶,男女訂婚之日首先要男拜女家,這是北方民族母系氏族制度遺風。當男方諸客到來時,女方合族穩坐炕上接受男方的大參禮拜,稱為「下茶禮」,這或許是由宋朝諸王納妃所行「敲門禮」的送茶而來。

至於契丹、女真的漢化文人,更是經常效仿宋人品茶的風尚。

所以,宋朝在茶文化精神方面雖有失唐人的深刻,但在推動茶文化向各地區、各層面擴展方面卻做了重大貢獻。

《備茶圖》河北宣化遼代張匡正墓壁畫

第四章 元明清三代茶文化的曲折發展

中國茶文化自兩晉開始萌芽，唐代正式形成一定格局，宋代將範圍與內容加以拓展，可以說一直處於上升的趨勢。但自元以後，出現了新情況。如果把前一段比成一條不斷彙聚、暢流的寬闊河道，自元以後，可以說進入一個千曲百折和百舸爭流的階段。

宋人拓寬了茶文化的社會層面和文化形式，茶事十分興旺，但茶藝走向繁複、瑣碎、奢侈，失去了唐代茶文化深刻的思想精神，有成功之處，但也有不少敗筆。過精、過細的茶藝，一方面使形式掩蓋內容，同時也給茶文化進一步發展帶來困難。恰在這時，中國社會也發生了大的變革。元代蒙古人的入主，標誌著中華民族全面大融合的步驟大大加快，中原傳統的文化思想必然受到大的衝擊。北方民族雖嗜茶如命，但主要是出於生活的需要，從文化上卻對品茶煮茗之事沒有多大興趣，對宋人繁瑣的茶藝更不耐煩。文化人面臨故國殘破，異族壓迫，也無心再以茗事表現自己的風流倜儻，而希望由茶中表現自己的清節，磨礪自己的意志。這兩股不同的思想潮流，在茶文化中卻暗暗契合，即都希望茶藝簡約，回歸真樸。明初，漢人雖又重新奪回了政權，但有感於前代民族興亡，本朝又一開國便國事艱難，仍懷礪節之志。所以，由元到明朝中期，茶文化形勢大體相近。其特點，一是茶藝簡約化；二是茶文化精神與自然契合，以茶表現自己的苦節。茶被稱為「苦節君」，便是從這一時期開始。晚明到清初，精細的茶文化再次出現，製茶、烹飲雖未回到宋人的繁瑣狀況，但茶風趨向纖弱，不少茶人甚至終生泡在茶裡，玩物喪志的傾向出現了。這反映了封建制度日趨沒落，文人無可奈何的悲觀心境。清代後期，中國進入近代歷史，封建思想最後走向衰微，外來文化又不斷衝擊，各種文化思潮處在大匯合、大撞擊當中。表面看，傳統的茶文化形

式終於衰落下去，但優秀的茶文化精神並未從中國土地上消亡，而是深深滲入各階層人民當中，開始了近代民眾茶文化的大發展。

為了說明這種曲折變化，我們把元、明、清初放在一起考察，但它們實際上是面目各異的幾個階段。

一、元代茶藝的簡約化是對宋代「敗筆」的批判

宋代在中國茶葉生產和製茶技術上是一個大發展的時期，對推動茶文化內容豐富多樣和拓展社會層面方面也做了不少貢獻。但是，在茶藝思想和茶道精神上，實在談不到有多大發展。相反，崇尚奢華、繁瑣的形式，反而使自晉唐以來茶人努力發掘的優秀茶文化精神日漸淡化，失去了其高潔深邃的本質。在某種意義上說，甚至是對優秀茶文化傳統的摧折。

所以產生這種情況，與宋代程朱理學有關。中國儒家思想在它的早期本來有相當大的生命力。中國茶人恰恰是吸收了儒學中積極的一面，如中庸、和諧、禮讓、仁愛、團結、凝聚等社會理想與道德觀念；天人合一、五行相調、情景合一、物我一致等辯證的自然觀等等，都被吸收到茶文化中來。所以，中國茶文化在它的早期，是以一種高屋建瓴、拓落出塵、清新豪爽的姿態出現的。唐代的茶藝表面看也比較複雜，但不失樸拙；茶人們對藝術的追求十分執著，對茶道精神的發掘相當深刻。好的茶人往往都表現了高尚的情操、宏遠的理想和豁達的人生態度。而到宋代，儒家思想變成了維護封建教化的理論，雖然在吸收佛教思想、主張內省、創造知識份子理想人格方面有貢獻，但反對變革。理論呆滯了，便難以推動文化發展。文人們飲茶，並不能從中發揮自己的思想，茶文化只剩下形式，精神被擠掉了。形式越繁瑣，精神被擠掉越多。宋代喝茶都分了等級，一切納入封建禮教之中。茶的自然形態也被扭曲了。龍團鳳餅，精研細磨，十幾道工

第四章 元明清三代茶文化的曲折發展
一、元代茶藝的簡約化是對宋代「敗筆」的批判

序,加上富麗堂皇的龍紋、臘面、錦袱、金盒、朱封,連茶的模樣都找不到了。朝儀用茶,不是喝茶,是「喝禮兒」;貴族喝茶,不是喝茶,是「喝氣派」;文人喝茶也不是喝茶,可以說是「玩茶」。

儘管在一些高人隱士和禪宗寺院中還保持些茶道古風要義,但在整個社會上,保留樸實的精神實在不多。說到此,不能不讚歎日本這個國家善於學習揀擇的精神。日本學習中國茶道是在南宋,但他們恰恰選擇了保留唐人古風最多的南方禪宗茶道。而在整個北宋和南宋,這種精神是越來越少。不用說茶本身,每件飲茶器具也變成了體現豪華身份的道具。雖然在新生的市民茶文化中也出現不少鮮活的因素,但從全社會看,像唐朝那種勃勃生機是太少了。茶人們既很少陸羽那種積極向上的精神,也缺乏盧仝、皎然那種深刻的思想意境。宋徽宗趙佶崇尚道家,又懂茶學,但一直未能把道家的自然觀與茶文化學相結合。許多大文人愛飲茶,但儒家以茶雅志向、礪節操的態度也少見了。蔡襄這樣一個敢直諫、恤民意的人尚迷戀於龍團的奇巧,還能找出幾個更優秀的茶人呢?蘇東坡是大文學家,顯然比一般人對茶的認識高了一籌,對貢茶的奢侈似有非議,既品嘗過各種貢茶,又自己研究吃茶方法,曾到各處訪名泉,崇尚自然,但也不過有感於「乳甌十分滿,人事真局促」,在茶中找一些自我解脫。像蘇軾這樣的自然派茶人宋代實在也找不出太多,不少茶人沾上了腐儒的酸氣,體驗不出茶的意境。

然而,物極必反。宋代茶太精了,人為的造作太多了,人們便又想起那質樸無華的自然茶藝。元代的社會環境恰恰提供了這樣一個機會。

蒙古入主中原,豪放粗獷的牧馬民族不可能對品茶論茗的風雅之舉有很大興趣。元初全國陷入蒙古人的金戈鐵馬之中,中原傳統的文化體系受到一次大衝擊。忽必烈建元大都,開始學習中原文化,但由於秉性質樸,不好繁文縟節,所以雖仍保留團茶進貢,但大多數蒙古人還是愛直接喝茶葉。於是,散茶大為流行。團茶本為保存方便,但到宋代過分精製,既費工又費時,而且成本昂貴,失去了其合理的使用價值。元移宋鼎,中原傳統的文化精神受到嚴重打擊。漢人受歧視,南方漢人更受歧視。文人的地位很低下,所謂「八娼、九儒、十丐」之說,雖是

君不可一日無茶
中國茶文化史

文人激憤自嘲的戲語，文人雖未正式被說成「臭老九」，地位也強不了多少。漢族傳統文化遭到衝擊，茶文化也面臨逆境。耶律楚材是金末元初的大文人，他是契丹貴族後裔，由金入元，很受蒙古統治者器重，是元初的重要謀士。他從征西域，又幫蒙古人在燕京建立十路課稅制度，可以說是元初少見的得勢文人。但以耶律楚材之勢，居然幾年找不到好茶喝。他從征西域，從王君玉那裡乞得幾片好茶，高興得做起詩來，詩中說：「積年不啜建溪茶，心竅黃塵塞五車。碧玉甌中思雪浪，黃金碾畔憶雷芽。盧仝七碗詩難得，諗老三甌夢亦賒。敢乞君侯分數餅，暫教清興繞煙霞。」以耶律楚材這樣一個一代文豪，想得幾片好茶還得向人家討要，足見元初團茶受到的衝擊已經很嚴重。 當然，蒙古人對飲茶並不反對，反對的是宋人飲茶的繁瑣，他們要求簡約。於是，首先在製茶、飲茶方法上出現了大變化。

元代茶飲有四類：

1. 茗茶

品飲方法已與近代泡茶相近。是先採嫩芽，去青氣，然後煮飲。這種方法有人認為可能是連葉子一起吃下去，所以葉非嫩不可。

2. 末子茶

採茶後先焙乾，再磨細，但不再榨壓成餅，而是直接儲存。這種茶是為點茶用，近於日本現在茶道用的末茶。

3. 毛茶

毛茶是在茶中加入胡桃、松實、芝麻、杏、栗等物一起吃，連飲帶嚼。這種吃法雖有失茶的正味，但既可飲茶，又可食果，頗受民間喜愛。至今中國湖南、湖北等地吃茶愛加青果、青豆、米花，北方則加入紅棗，便是元代毛茶的遺風。元代不僅民間喜愛毛茶，文人也有以毛茶自娛的。倪瓚是著名文人，他住在惠山

第四章 元明清三代茶文化的曲折發展
一、元代茶藝的簡約化是對宋代「敗筆」的批判

中,以核桃、松子、真粉合製成石子般的小塊,客人來,茶中加入這種「添加劑」,稱作「清泉白石茶」。

4. 臘茶

也就是團茶。但當時數量已大減,大約只有宮廷吃得到。

從以上情況看出,團茶仍保存,但數量已很少。末茶製作也較簡易,是為保留宋代鬥茶法。而直接飲青茗和毛茶就更簡便。這既適於北方民族,也適應於漢族民間。

正式廢除團茶是明初。朱元璋生於鄉閭之間,頗懂民間疾苦。明初尚有團茶進貢,他聽說茶農很苦,團茶那樣費工夫,耗資又大,便於洪武二十四年(1391年)下令正式廢除進貢團茶。朝廷都不要了,民間自然也不再生產了。作為一個封建皇帝,能體察民情實為可貴。此一舉,結束了自唐以來團茶統治飲茶世界的歷史,開闢了飲茶的新時期,奠定了散茶的地位。散茶大量生產,茶廣泛走向民間各家各戶,向海外發展的可能性也更大了。但散茶的應用,實際上是從元代便大量出現了。

隨著飲茶方法的簡易化,元代茶文化出現了兩種趨勢:一是增多了「俗飲」,使飲茶更廣泛地與人民生活、民風、家禮相結合;另一個特點是重返自然,茶人走向自然界,重新將茶、將自己融於大自然之中,從而繼續發掘了道家冥合萬物的思想。

俗飲,不見得便沒有思想,中國人向來是強調精神的,民間也不例外。元代大畫家、書法家趙孟頫,對飲茶是很有興致的。他曾仿宋人劉松年的《茗園賭市圖》作《鬥茶圖》,兩者人物、意境都大體仿佛,但趙氏更突出了一個「鬥」字,將幾個民間鬥茶的人物從神態上描繪得更為細膩。這說明,即使是元代文人,對民頗間俗飲亦十分重視。還有一幅無名氏的茶畫,名為《同胞一氣》,畫面上是一群小兒,圍著一盆熾熱的炭火,火上有鐵架之類,正在烤包子,同時手執茶壺、小杯,邊吃邊飲。表面看,這只是孩子日常生活寫照,談不上什麼文化。但

君不可一日無茶
中國茶文化史

畫家以「同胞一氣」為題，立即突出了中國茶人團結、友愛、親如手足的主題。可見，「文化」並不只是屬於文化人，而是屬於全體人民。中國茶文化更如此。南朝神話中描繪的偉大茶人是民間賣茶的老婆婆，元代的茶文化又通過兒童來宣導同胞一氣。中國茶精神至深，深入到每一個角落。

在宣導俗飲的同時，元代文人開闢了與自然契合的飲茶風氣。這種時尚來自兩種原因：一方面，元代文人處於蒙古貴族高壓之下，需以茶澆開心中的鬱結；另一方面是道教的流行，給茶文化回歸自然增添了理論根據。這種茶道思想從元人趙原所繪《陸羽烹茶圖》可以得到證明。這幅畫說是畫陸羽，實際是元代茶人的理想。畫中遠山、近水、古木、茅屋，構成一個完整的和諧世界。青山高聳，古樹挺拔，水域開闊，茅屋敞朗，雖是山巒起伏，但給人以天遠地廣、玉宇無限的感覺。主人翁置身於茅屋之下，小僮烹茶，人與茶、與物、與天地融為一體，似乎要從這飲茶生活中參悟天地宇宙的玄機。這與晚明、清初的茶寮、書房和茶畫小品的意趣大不相同，它反映了元代茶人雖處逆境但胸懷遠大的品格。

二、明人以茶雅志，別有一番懷抱

明清是中國封建社會的衰老時期。明朝一建國就面臨著種種矛盾。朱元璋開國，還算開明，主張與民生息，社會初安，經濟也有發展。但他去世不久，燕王便造了反，此後定鼎北京，又面臨北方蒙古族殘餘勢力的不斷內侵。加上倭寇騷擾，農民起義，即使在明前期社會也並不太平。明朝對文人實行高壓政策，以程朱理學為統治思想，文人是很難抒發政見的。從太祖朱元璋開始便採取嚴刑濫殺，胡惟庸一案，即輾轉株連死者三萬餘人，大將藍玉一案死一萬五千餘人。文人只能作八股，稍觸禁忌即遭飛禍，出現不少文字獄。在此情況下，不少文人胸懷大志而無處施展，又不願與世俗權貴同流合污，乃以琴棋書畫表達志向。而飲

第四章 元明清三代茶文化的曲折發展

二、明人以茶雅志，別有一番懷抱

茶與這諸種雅事便很好地融合了。明初茶人大多飽學之士，其志並不在茶，而常以茶雅志，別有一番懷抱。其突出代表是朱權和號稱「吳中四才子」的唐寅、文徵明等。

朱權為明太祖朱元璋第十七子，神姿秀朗，慧心敏悟，精於史學，旁通釋老。年十四封寧王，十二就藩大寧，智略宏遠，曾威鎮北荒。為靖難功臣，後與永樂帝漸有隙，受誹謗查無實據，後隱居南方，深自韜晦。於是托志釋道，以茶明志。他說：「凡鸞儔鶴侶，騷人羽客，皆能去絕塵境，棲神物外，不伍於世流，不汙於時俗，或會於泉石之間，或處於松林之下，或對皓月清風，或坐明窗淨牖，乃與客清談款話，探虛玄而參造化，清心神而出塵表。」可見，其飲茶並非只在茶本身，而是「棲神物外」、表達志向的一種方式。朱權曾作《茶譜》，對廢除團茶後新的品飲方法和茶具都進行了改造。又經盛顒、顧元慶等人的多次改進，形成了一套簡易新穎的烹飲方法。明人飲茶一要焚香，既為淨化空氣，也是淨化精神表示通靈天地的意願。二是備器。朱權仿煉丹神鼎做茶爐，而以藤包紮。盛顒改用竹包，惠山竹爐又稱苦節君，含逆境守節之意。然後是煮水、碾茶，將茶放在碗中點泡，以茶筅打擊。這種點茶法較宋代簡易，後來又加入茉莉蓓蕾，以蒸騰溫潤的茶氣催花展放，食其味，嗅其香，觀其美。由於毛茶法的出現頗為人喜愛，但茶中直接放果實易奪茶味，故朱權等將點茶法與毛茶法結合，飲茶同時又設果品。茶人每於山間或林泉之下，烹茶食果，得佳趣，破鬱悶。

所謂吳中四才子，即文徵明、祝枝山、唐伯虎、徐禎卿。這幾個都是才高而不得志的大文人，琴棋書畫無不精通，又都愛飲茶。文徵明、唐伯虎皆有多幅茶畫流行於世。

文徵明為明代山水畫宗師，他的茶畫有《惠山茶會記》《陸羽烹茶圖》《品茶圖》等。唐寅的茶畫傳世的有《烹茶畫卷》《品茶圖》《琴士圖卷》《事茗圖》等。這些畫的共同特點，都是能契合自然。或於山間清泉之側鳴琴烹茶，泉聲、風聲、煮茶聲與畫家的心聲融為一體；或於古亭相聚品茗，友人訴說衷腸；或於江畔品飲，望江水滔滔……大多是天然景色。偶爾也反映室內茗茶情況，但比較

君不可一日無茶
中國茶文化史

少。正如朱權在《茶譜》中所說:「茶之為物,可以助詩興而雲山頓色,可以伏睡魔而天地忘形,可以倍清談而萬象驚寒。」涵虛子為《茶譜》作序說得更明白:「吾嘗舉白眼而望青天,汲清泉而烹活水,自謂與天語而擴心志之大,符水火以副內煉之功,得非游心於茶灶,又將有裨於修養之道矣!」

明 宜興窯變龔春茶壺

　　這期間,茶人著述亦甚豐,除朱權外,顧元慶亦作《茶譜》,田藝蘅有《煮泉小品》,徐獻忠有《水品全秩》。這些著作,既是對自陸羽著《茶經》以來歷代茶學的總結,也多方面反映了明前期茶文化發展情形。這一時期為時不長,但在中國茶文化史上非常重要,它不僅是辭舊開新的階段,更重要的是集中體現了中國士人茶文化的特點,反映了茶人清節勵志的積極精神。儘管茶人的抱負不可能實現,但總是表達了自己的願望。不用說詩、文及茶畫,即便是飲茶器具也都以有深刻含意的詞句命名。竹茶爐叫「苦節君」;盛茶具的都籃叫作「苦節君行省」;焙茶的籠子稱作「建城」;貯水的瓶子叫作「雲屯」,意謂將天地雲霞貯於其中。茶人的用心良苦,可想而知。

第四章 元明清三代茶文化的曲折發展
三、晚明清初士人茶文化走向纖弱

三、晚明清初士人茶文化走向纖弱

　　如果說明初的士人們不苟於世俗，但還對理想抱有希望，晚明以後則徹底灰心了。這時，文化界出現了一種新復古主義，其代表人物有李夢陽、李攀龍、王世貞等，提倡「文必秦漢，詩必盛唐」。但實際上，既無秦漢的質樸雄渾，也沒有盛唐的宏大氣魄，只不過在形式上模仿作一些小品。不過，它對當時的八股文及以文媚神、媚權，諂諛權貴的文風起了對抗作用。稍後又有唐順之、茅坤等，提倡直寫胸臆。他們的作品與其說仿秦、漢、盛唐，不如說更像六朝士人，大多是些玩風賞月的風流文字。這些文人大都愛好飲茶，從茶中追求物趣。待到滿清入主中原，這些文人既不肯「失節」助清，但又對時局無可奈何，乃以風流文事送日月，耗心志，有些人甚至皓首窮茶，一生泡在茶壺裡。所以，表面看這一時期茶人與明前期的風流雅致相似，但實際上完全失去了那闊大的抱負與胸懷。

　　這一時期的茶人提出一些「理論」，為他們的消極情緒辯護。一是說「茶即道」，物神合一，不用專門考慮發揚什麼其他精神。如張源認為茶本身「造時精，藏時燥，泡時潔。精、燥、潔，茶道盡矣」。所以，這些茶人特別講究茶湯之美。二是講與世無爭。國家發生了很大變化，但反正自己不想參與國事。所以，即使在飲茶中也必定一團和氣。各人對茶的觀點不一致，你說你的，我說我的，一笑了之。像陸羽那樣為茶藝與李季卿翻臉，作《毀茶論》的事，在這些茶人中是不會發生的。許多茶人不僅效仿陸羽入山訪茶，而且自築植茶的小園、飲茶的茶寮。張源隱居洞庭達三十載，朱汝圭春夏兩季必入羅岕山訪茶，六十年而不輟。這些人對茶的產地、滋味，水的高下，鑒別極精。在茶道哲學傾向上是唯美主義，所以對茶具的精緻化有很大促進。對各地茶品，特別推崇羅岕茶。羅岕處於常、湖二州交界的宜興和長興，唐代陸羽寫《茶經》便是在這個產茶區。由於明人推崇羅岕茶，宜興陶製茶器因之身價大起，一把好宜興壺當時便值五六兩金子。器具更精美，物品更要精。除選茶外，對水的要求也更高。這時文人崇尚的是惠山泉水，許多人把惠山水裝了罐，長途運輸，帶在身邊。張岱專門組織了一

君不可一日無茶
中國茶文化史

個運水組織，為朋友們服務，按量論價，月運一次，願者登記，每月上旬收銀子。

最大的變化是飲茶環境。這時的茶人大多把室外飲茶搬到室內。陸樹聲所作《茶寮記》便是個典型。他主張園居小寮，禪棲其中，中設茶灶，備一切烹煮器具，烹茶僮子，過路僧人，跏趺而飲。茶人不再到大自然中去尋求契合，既然茶本身就包含著道，就不必到自然中去尋找了。所以，茶友必是翰卿墨客，緇流羽士，逸老散人。一句話：有錢又有閒。所以，不再像陸羽、皎然等的茶人盛會，而希望人越少越好。說獨飲得神，二客為勝，三四為趣，五六日泛，七八人一起飲茶便是討施捨了。所以，有許多「易飲」「不易飲」的講究。這種自討茶生活的風氣，在明清茶畫中到處可見。

此時的茶藝不僅要精而又精，而且常別出心裁，搞許多奇巧的花樣。《茶寮記》載，沙門福全點茶時能使湯麵幻化出一句詩，有的則使水紋成鳥獸蟲魚形象，被稱為「茶百戲」。明人許次紓作《茶疏》說，飲茶時應當是：

心手閒適，披詠疲倦。

意緒紛亂，聽歌拍曲。

歌罷曲終，杜門避事。

鼓琴看畫，夜深共語。

明窗淨几，洞房阿閣。

賓主款狎，佳客小姬。

訪友初歸，風日晴和。

輕雲微雨，小橋畫坊。

茂林修竹，課花責鳥。

荷亭避暑，小院焚香。

酒闌人散，兒輩齋館。

清幽寺觀，名泉怪石。

第四章 元明清三代茶文化的曲折發展
四、清末民初茶文化走向倫常日用

這些要求無非是清閒、雅玩，茶人高潔的志向消失殆盡矣！

四、清末民初茶文化走向倫常日用

　　明末清初的文人茶文化明顯地脫離了大眾和實際生活，這種文化思想自然缺乏生命力。近代以來，中國飽受帝國主義侵略，有志的知識分子大多抱憂國憂民之心，或變法圖強，或關心實業，以求抵制外侮，挽救國家的危亡，救民於水火之中。那種以文化為雅玩消閒之舉，或玩物喪志的思想不為廣大士人所取。況且，國家動亂，大多數人亦無心茶事。這造成自唐宋以來文人領導茶文化潮流的地位終於結束。表面看，中國傳統的茶藝、茶道逐漸衰退，乃至失傳，但實際上，這支優越的傳統文化並沒有從中國土地上消失。恰恰相反，它繼續深入，深入到人民大眾之中，深入到千家萬戶，茶文化作為一種高潔的民族情操，與人民生活、倫常日用緊密結合起來。自元代，雜劇中便常說「早晨開門七件事，柴米油鹽醬醋茶」。茶與百姓的日常生活結合，茶精神也成為人民大眾的精神。這種趨勢，主要表現在以下幾個方面：

1・城市茶館大興

　　以北京為例，清末民初茶館遍於全城，而且有適合於各層次人們活動的場所。有專供商人洽談生意的清茶館；有飲茶兼品嘗食品的貳渾鋪；有說書、表演曲藝的書茶館；有兼各種茶館之長、可容三教九流的大茶館；還有供文人筆會、遊人賞景的野茶館。茶館裡既有挑夫販夫，也有大商人、大老闆，也可以有唱曲兒的、賣藝的，還可以有提籠架鳥的八旗子弟。在茶館裡，封建的等級制度是不好講究了，茶作為人際交往的手段，透過茶館這種特殊場合最突出、最充分地發揮出來。民國時，北京人幾乎家家喝茶，人人喝茶，茶的需要量空前大增。據

1934年《北平商務會員名錄》統計，北平市參加商務會的茶店、茶莊即達一百多家，從業職工達一千多人。這些茶店，除供應市民需要，很大部分是供應茶館。茶館還把茶與曲藝、詩會、戲劇、燈謎等民間文化活動結合起來，造成一種特殊的「茶館文化」。

民國以後，來茶館喝茶的散客越來越少，許多茶館改為戲園，並且成為第一批容許女子參加的社交場合。所以民初北平許多叫「茶園」的地方，實際上已是戲園。茶園裡，既供茶，也供應花生、瓜子、糖果，同時有小戲臺，演出京劇、評劇、話劇。人們來到茶園，尋找友誼、互助和「同胞一氣」的精神。老舍先生的著名劇作《茶館》便反映了當時北京茶館文化的一個側面。

2・俗飲被大力推廣

中國自晉以來，飲茶便被視為文化人和有閒階層的雅事，一般百姓飲茶，不過被看作飲漿解渴，是不被重視的。所以，茶藝繁瑣，一般人學不來，吃不起。清末民初，各種俗飲方法便開始出現，民間飲茶也開始講興趣味和技藝。世家大族以茶待客，講三道茶：一杯接風，二杯暢談，三杯送客。文士們家居，茶成為與妻兒撫琴、讀詩、談話的助興之物。出外野遊，或攜童僕，或約好友，提了茶爐，於郊野品茶也是一種樂趣。普通百姓家中，也愛飲茶，各地方法也均有創造。什麼京師蓋碗茶、福建功夫茶皆由此時興起。

俗飲最易融進民眾的倫常觀念及生活習俗。如分茶，一把大壺，幾個小杯，稱作「茶娘式」，表現母生子、生生不息和親密的關係。清人丁觀鵬的《太平春市圖》，反映了在野外烹茶、飲食、佐以果品的生活習俗。仕女畫中，反映婦女們邊玩紙牌，邊品茶的妯娌、姐妹情誼。甚至妓館、戲廳、佛齋飲茶情形，皆以圖畫描繪。飲茶內容還上了楊柳青年畫、小說插圖。茶文化開始從有閒階層中解放出來，成為人民大眾的文化。《老殘遊記》中插有在金線泉飲茶的畫圖，《海上花列傳》也有妓館中「執壺當快手」陪客飲茶的版畫插圖。

這時，最愛飲茶的文人們當然並未放棄對茶的特別愛好，但已不單獨以茶

第四章 元明清三代茶文化的曲折發展
四、清末民初茶文化走向倫常日用

為藝,而是把飲茶結合在自己的日常文事活動之中。清人畫譜中,書齋必有茶,桌上清供必有壺,盆景邊也要畫一把茶壺方算清興,文幾供品也少不了茶具,文房四寶也要配個茶壺或茶杯。

3・茶具百花齊放

清末民初飲茶方法簡易化,複雜的茶具不再被用,而壺與碗便被突顯出來。茶壺除宜興壺繼續受寵外,還與其他工藝結合。玉匠做出玲瓏剔透的青玉壺,景泰藍工匠做出銅胎鑲嵌金銀的景泰藍壺,有的壺上以金銀、象牙為把手,至於各式陶瓷壺,更是百花齊放,多姿多彩。

由於對外茶葉貿易的大發展,適應國外要求的茶具也應運而出。英國自康熙年間向中國買茶,到20世紀初,中國出口產品中茶占交易額的百分之六十。外國人愛飲中國茶,也喜愛中國的茶具,為滿足出口,出現了中西合璧的茶具,西方的造型,加上中國的山水、人物、花鳥,別具一格。由於半發酵的紅茶出現,茶的色、香、味被更加突出表現,這對不瞭解茶的內在屬性的外國人更有吸引力。隨著茶葉和茶具的出口,中國茶更廣泛為世界各國所知。各國商界鉅子、政界名流,以飲中國茶、藏中國茶具為光榮。這時,官府常以茶招待外賓,中國人的飲茶禮儀也逐漸傳到西方,中國茶文化隨著時代的變化走向世界。茶,誠有功於民,有功於國,有功於中華民族者!乾隆皇帝的三清蓋碗

乾隆皇帝的三清蓋碗

第四章 元明清三代茶文化的曲折發展
四、清末民初茶文化走向倫常日用

君不可一日無茶
中國茶文化史

第二編

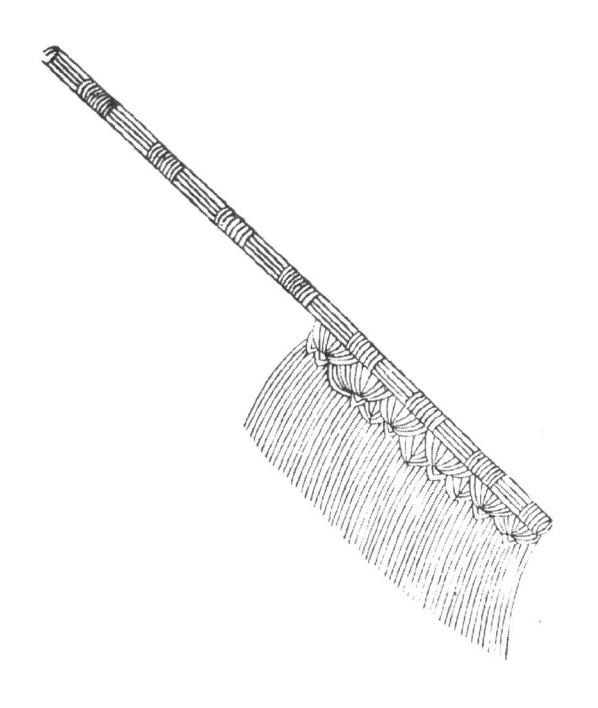

中國茶藝與茶道精神

第四章 元明清三代茶文化的曲折發展

四、清末民初茶文化走向倫常日用

茶藝和茶道精神，是中國茶文化的核心。我們這裡所說的「藝」，是指製茶、烹茶、品茶等藝茶之術；我們這裡所說的「道」，是指藝茶過程中所貫徹的精神。有道而無藝，那是空洞的理論；有藝而無道，藝則無精、無神。老子曰：

道，可道，非常道；名，可名，非常名。無名，天地之始；有名，萬物之母。故常無，欲以觀其妙；常有，欲觀其徼。此兩者同出而異名，同謂之玄，玄之又玄，眾妙之門。

我想，這段話最能說明中國茶藝與茶道的關係。茶藝，有名，有形，是茶文化的外在表現形式；茶道，就是精神、道理、規律、本源與本質，它經常是看不見、摸不著的，但你卻完全可以通過心靈去體會。茶藝與茶道結合，藝中有道，道中有藝，是物質與精神高度統一的結果。

本來，道就應該貫徹於茶藝之中，兩者很難劃分界限；但為讓讀者看得更明白，我們還是分而述之。

關於中國茶文化的一般演進情形，我們已在上章記述，其中也包含著藝茶之術和茶道之理。但不過是簡述歷史，難以詳盡、精確。因而，本編難避複贅之嫌。但為使大家對茶藝茶道認識更為具體、深入，則必須作這樣的梳理。

中國茶藝，至精至美，歷代又變化萬千，難以以章節盡其情形，也只能說個大概。中國茶道，實際是整個中華文明精華集結交融的產物，而非哪家哪派所能獨自概括。所以，我們重點選取儒、道、佛三家茶道精神，也只不過作個代表。中國茶精神，大哉、深哉，筆者也只能道其一二。更多更深的道理，尚待廣大茶人共同發掘。

第五章　中國茶藝（上）——藝茶、論水

　　中國茶文化，首先是一個藝術寶庫。中國人「喝茶」與「品茶」是大有區別的。喝茶者，消食解渴，重視茶的物質功能、保健作用。品茶者，則不僅含品評、鑒賞功夫，還包括精細的操作藝術手段和品茗的美好意境。且不說唐代的「茶聖」「茶仙」和宋代貢茶使君，以及明清藝茶專家與「茶癡」，即便近現代的真正茶人，品茶亦不同凡響。以老北京人來說，喝茶先要擇器，講究壺與杯的古樸或是雅致。壺形特異，還要有美韻。杯要小巧，不只為解渴，主要為品味。品茶還要講與人品、環境協調。嘗茶的滋味，同時還要領略清風、明月、松吟、竹韻、梅開、雪霽等種種妙趣和意境。連家居小酌，也要包含儀禮、情趣。其次要講水，什麼惠山泉水、揚子江心水、初次雪水、梅上積雪、三伏雨水……還有如何汲取、儲蓄，或藏之經年，或埋之地下，用何種水泡何種茶，用時如何搖動均勻，或是靜取不動，皆有一定講究、一定之理。至於茶，則論雀舌、旗槍，又講「明前」（清明前）、「雨前」（穀雨前）等。今之紅綠花茶、西湖龍井，真正茶道家並不一定視為上品。煮茶的功夫則更大，柴炭、鍋釜、火候、色、香、味，須處處留神，絲毫不爽。

　　至於歷史上唐宋元明藝茶之法則道理更多。近年來，日本屢有茶道表演團演示，被人視為珍奇；其實，中國茶道比這些內容要豐富得多。先不論茶道精神，即從茶藝外在形式而論，日本也只是吸收南宋或明代部分茶藝程式。中國茶道應是形式與精神的統一。僅以形式而言，便包括了選茗藝茶、名水評鑒、烹茶技術、茶具藝術、品飲環境的選擇創造等一系列內容。現在流傳於東亞諸國者，大半僅存點茶、品飲這一小部分內容，所以程式多於韻味，技巧多於精神。而在中國，由於古老的茶道形式和內容多已失傳，許多人甚至還不知有中國茶道，即或也

第五章 中國茶藝（上）——藝茶、論水

四、清末民初茶文化走向倫常日用

以程式化方法表演一些調茶獻茶技藝，也遠不能體現中國歷史上茶道的精華。至於吃茶還要講美學觀點、藝術境界，絕大多數人更難以理解。

　　對現代人來說，吃杯茶還要有那麼多繁複的講究，大多數人無論時間、精力皆不大可能。於是，有人懷疑，有無重新發掘、介紹中國古老茶道的必要。我以為，中國茶文化的精華是它的茶道精神。但古人宣傳這些精神是通過一定茶藝形式，否則只講茶道精神而空洞無物，人們便很難理解。況且，舊的茶藝形式也可以變化改造，文化精神可融於新的茶藝形式之中，這有一個推陳出新的過程。但要創新則先須知舊，所謂「溫故知新」便是這個道理。況且，中國古老的茶藝，即使在現代化的今天也不一定完全失去意義。完全向大眾推廣固可不必，作為一種古老的文化形式則可再次展現。影視、戲劇中總是多次再現古代生活，並非要現代人都重新穿著寬衣廣帶、高冠厚履，但我們從古人生活中仍可受到許多啟迪。日本以茶道為「國粹」，藉以宣揚自己的民族精神，中國既是茶的故鄉，又是茶文化的發源地，而且茶道內容更為豐富、完備，為何不加以總結、整理，使之再現呢？況且，不講中國茶藝，也難明茶道之理。所以，我們仍要從茶藝說起。

　　以下分兩章、從六個方面介紹中國茶藝。

清宮舊藏紫砂壺

君不可一日無茶
中國茶文化史

一、藝茶

　　中國人喝茶與外國人喝咖啡大不相同，特別是茶道中的茶，是作為天地、物品與人的統一過程來看待的。所以，無論辨茶之優劣、產地、加工、製作、烹調，不僅要符合大自然的規律，還包含美學觀點和人的精神寄託。在現代，用先進的科學技術已可以分析出各種茶的化學成分、營養價值、藥物作用，而古代的中國茶學家，是用辯證統一的自然觀和人的自身體驗，從靈與肉的交互感受中來辨別有關問題。所以，在飲茶技藝當中，既包含著中國古代樸素的辯證唯物思想，又包含了人們主觀的審美情趣和精神寄託。從物質與精神的結合上說，其成就甚至有 超過現代之處。

　　茶，在中國人看來，乃天地間之靈物，生於明山秀水之間，以青山 為伴，以明月、清風、雲霧為侶，得天地之精華，而造福於人類。所以古代真正的茶人，不僅要懂烹茶待客之禮，而且常親自植茶、製作，課僮藝圃。即使沒有親種親製的條件，也要入深山，訪佳茗，知茶的自然之理。從漢王課僮藝茶，唐代名僧廣植茶樹，陸羽走遍大江南北、太湖東西，朝攀層巒，暮宿野寺、荒村，一直到明代茶人自築茗園等，形成了這種實踐的傳統。當代茶聖吳覺農先生、茶學大師莊晚芳先生，既是自然科學專家，又皆通古籍，既明茶理，又懂其中的蘊藉。所以，中國茶藝中第一要素便是「藝茶」，無論評茗茶、擇產地、採集、製作，均須得地、得時、得法。

　　《茶經》云：「茶者，南方之嘉木也。」「其地，上者生爛石，中者生櫟壤，次者生黃土。」這是講茶的土壤條件。又云：「野者上，園者次，陽崖陰林，紫者上，綠者次；筍者上，牙者次；葉卷上，葉舒次。陰山坡谷者，不堪采掇，性凝滯，結瘕疾。」這是講茶的其他自然環境和採摘時機。而這些條件多在中國南部氣候溫潤、環境幽靜的名山之中。於是茶的生長條件本身決定它天然要與風光名勝之區相伴。中國茶人深深瞭解這個道理，從選茶開始便重視契合自然。

　　唐代由於皇帝愛喝陽羨茶，皆以陽羨為佳。其實，當時名茶產地已經很多。

第五章 中國茶藝（上）——藝茶、論水

一、藝茶

最著名者，一是集中於風景秀麗的巴山蜀水之間，二是太湖周圍的著名風景區。陸羽將全國盛產名茶的三十一州加以評定，其中八州在今四川境內，占四分之一。當時，蜀中貢茶已達上百種，最著名者有蒙山茶、中峰茶、峨眉茶、青城茶、峽川間的石上紫花芽、香山茶、雲安茶、神泉小團、明昌祿等，而蒙頂石花號稱第一。巴蜀多文人，唐人重詩歌，經詩人吟詠，巴蜀之茶愈為世人推重。浙西的常、湖二州亦多產名茶，最有名者稱顧渚紫筍。此地瀕臨太湖，山水佳麗，流泉清澈，既得氣候之宜，又兼水土之精。中有杼山，多佛剎精舍，陸羽曾為作志。陸羽及皎然等正是在此處奠定了中國茶道的格局，顧渚茶更為人所重。

宋代繼南唐於建州北苑大造貢茶，北苑名剎毗連，茶好，水也好，加之朝廷推崇，名聲大振。但貢茶製作過於艱難複雜，又加入龍腦等香料，故真正的茶人並不以為佳，即便建州民間鬥茶也不以臘面龍團為之。於是，不少茶人訪名山，尋佳茗，日注茶、蒙頂茶、寶雲茶等茶被視為真正上品。

明人崇尚羅岕茶。隱棲於山中曰「岕」，「岕」字，今通「芥」字，相傳有羅氏者隱於武夷山，因得羅岕之名。明代文人好武夷茶，多因同好武夷之景。茶癡朱汝圭，每年入羅岕訪茶，六十年如一日。

此山又有明月峽，吳人姚紹憲自闢小園，於其中植茶，自判品第。由童年而至白首，朱汝圭始得其玄詣。據他講，許次紓所著《茶疏》，便是因姚紹憲將試茶秘訣都告知許氏，方有此著作。許氏逝世後又「托夢」給他，令其將《茶疏》傳佈，姚氏因而為之作序。有此一段神話般的故事，武夷山茶更令人傳頌。明代被人重視的好茶，還有歙州羅松茶、吳之虎丘茶、錢塘龍井茶、天臺山雁蕩茶、括蒼山大盤茶、東陽金華茶、紹興日鑄茶等。

由此可見，歷史上的名茶，常在好山好水間，又得茶人品第、文人傳頌，方為人所重。僅選茶一節，既包含了科學道理，又有美學思想。莊子認為，凡物契合於自然方算真好、真美，中國茶藝由選茗開始便體現了這種自然觀點。

好茶，還要採摘得時，製作得法。

唐人採茶時間要求不嚴，謂陰曆二、三、四月均可採。宋以後，對採茶時

君不可一日無茶
中國茶文化史

間要求嚴格,常以驚蟄為候,至清明前為佳期。天色主張晴日淩露之時,如果茶被日曬,則膏脂被耗,水分又失,不鮮且失精華。採茶用指甲,不用手指,以免被手溫所薰染,為汗水所汙。唐人對茶芽不大揀擇,挺拔者即為佳。宋以後揀擇甚精,以芽之形狀、老嫩分別品級。一般說,芽越嫩茶愈佳。一芽為蓮蕊,如含蕊未放;二芽稱旗槍,如矛端又增一纓;三芽稱雀舌,如鳥兒初啟嘴巴。真所謂未見其物,先聞佳名,使人油然生出喜悅之情。中國茶藝,未施術而先有美韻,非古老文明國家是難理解的。

好茶須製作得法,故製茶又是茶藝要害。唐代製茶已相當考究。唐代製作的茶有四種:觕茶、散茶、末茶、餅茶。觕茶類似現代茶磚,儲運方便但不精。散茶經烘焙後立即收藏,如現代散茶,但在飲時須研磨成末,類似日本茶道所用末茶。這三者,主要是民用,觕茶主要供邊疆民族,散茶與末茶流行民間。但作為茶藝,均難取得藝術效果,故陸羽著重改進餅茶。而其他諸品因餅茶的馳名,唐代中後期已流行日稀。餅茶原為荊、巴間製法。陸羽主張只取春芽,以蒸青法殺青,然後搗為泥,以圓模拍製成餅,最後穿孔,串為一氣,溫火焙乾,收藏備用。餅茶既有末茶使用的簡便(因古代要將茶末與水交融共飲),又便於保存,所以自此大為流行。由唐代中期直到明初,領導中國茶藝五百餘年。

宋代因貢茶,把餅茶做得過於精細,雖表面好看,卻反失茶的真味。茶道本應是物質與精神的統一,失去物質本來面目,藝術精品亦顯得造作。但從藝術角度,亦不失為一種別具一格的創造,故仍有介紹之必要。

宋代貢茶以龍團、鳳餅為名,是以金銀模型壓製的餅茶,又稱團茶。宋代團茶去掉穿孔,研製多次,細膩美觀,再加龍腦香料,外附臘面,光澤鑒人。大龍團一斤八餅,小龍團一斤達二十餅。名為團茶,其實有各種圖案。龍、鳳團皆為圓形,龍團勝雪為方形餅,白團為六角梅花形,雪英為六角形,宜年寶玉為橢圓形,太平嘉瑞似白團而大,端雲翔龍似大龍團而小,萬春銀葉為六角尖瓣形,長壽玉圭下方而上圓……每餅皆以龍紋、祥雲、彩鳳為圖案,歷朝花樣翻新,層出不窮。《武林舊事》曰:

第五章 中國茶藝（上）——藝茶、論水

一、藝茶

仲春上旬，福建漕司進第一綱臘茶，名北苑試新。皆方寸小銙。進御只百銙。護以黃羅軟盝，藉以青蒻，裹以黃羅夾袱，巨封朱印，外用朱漆小匣鍍金鎖，又以細竹絲織芨貯之，凡數重。此乃雀舌水芽所造，一值四十萬，僅可供數甌之啜爾。

歐陽修《龍茶錄·後序》云：

茶為物至精，而小團又其精者，《錄》敘所謂上品龍茶者也。蓋自君謨（注：即蔡襄，字君謨）始造而歲貢焉。仁宗尤所珍惜。雖輔相之臣，未嘗輒賜。唯南郊大禮致齋之夕，中書樞密院各四人，共賜一餅。……至嘉祐七年，親享明堂，齋夕，始人賜一餅，餘亦忝預，至今藏之。餘自以諫官供奉仗內，至登二府，二十餘年，才一獲賜。

以歐陽修之職位，二十餘年方得皇帝賞賜一餅，可見龍團之精、之貴，實比珍寶更為難得。蘇軾則比歐陽修幸運多了，曾多次得到小龍團，所以說：「小團得屢試，糞土視珠玉。」一茶餅值數十萬，拿珠玉與之比，自然與糞土一般了。然而物雖至精，但過於奢侈，便不合中國茶道養廉、雅志的主旨了。但宋代龍團鳳餅工藝確有值得研究、發掘之處。今之坨茶、磚茶皆傻大黑粗，雖實用但確不美觀，若能吸取宋人工藝加以改良，豈不更美！

元代北方蒙古族對過分細膩的文化難以接受，遊牧民族喜磚茶，民間則多用散茶。明代正式廢除團茶，這也算朱元璋體諒民間疾苦的一項功德之舉，而散茶、末茶、磚茶皆流傳下來。明清半發酵的紅茶類出世，茶的色、香、味能得到更好的體現。花茶也應運而生，由於符合北方人特別是京師的飲茶習慣，因而大為風行。

應當特別指出，古人製茶既是生產過程，又當作精神享受，是從製茶過程中體驗萬物造化之理。所以從起名到製作，皆含規律和美學精神。

而許多文人飲茶，有的臨時採集，有的以半成品重新加以研磨、烤炙，從中體驗自製自食的妙趣，便更富實踐精神。

二、論水

　　水之於茶，猶如水之於酒一樣重要。眾所周知，凡產名酒之地多因好泉而得之，茶亦如此。再好的茶，無好水則難得真味。故自古以來，著名茶人無不精於水的鑒別。水的好壞對茶的色、香、味影響實在太大。記得余幼時多聞天津人極愛喝茶，但十幾年前一到天津，泡了杯極好茉莉花茶，飲來如同食苦澀藥湯。原來那時「引灤入津」工程尚未進行，天津人喝的是飽含鹽鹼的苦水，再好的茶也吃不出滋味。一般飲茶尚且如此，要求極嚴的古代茶藝自然更重視水質水品。明人田藝蘅在《煮泉小品》中說，茶的品質有好有壞，「若不得其水，且煮之不得其宜，雖好也不好」。明人許次紓在《茶疏》中也說：「精茗蘊香，借水而發，無水不可與論茶也。」清人張大複甚至把水品放在茶品之上，他認為：「茶性必發於水，八分之茶，遇十分之水，茶亦十分矣；八分之水，試十分之茶，茶只八分耳。」（《梅花草堂筆談》）這確實並非誇張，而是從實踐中得來的寶貴經驗。

　　關於宜茶之水，早在陸羽著《茶經》時，便曾詳加論證。他說：

　　其水，用山水上，江水中，井水下。其山水，揀乳泉、石池漫流者上，其瀑湧湍漱勿食之，久食令人有頸疾。又多別流於山谷者，澄浸不泄，自火天至霜郊以前，或潛龍蓄毒於其間，飲者可決之，以流其惡，使新泉涓涓然，酌之。其江水，取去人遠者。井水取汲多者。

　　陸羽在這裡對水的要求，首先是要遠市井，少污染；重活水，惡死水。故認為山中乳泉、江中清流為佳。而溝谷之中，水流不暢，又在炎夏者，有各種毒蟲或細菌繁殖，當然不宜飲。而究竟哪裡的水好，哪兒的水劣，還要經過茶人反覆實踐與品評。其實，早在陸羽著《茶經》之前，他便十分注重對水的考察研究。《唐才子傳》說，他曾與崔國輔「相與較定茶水之品」。崔國輔早在天寶十一載便到竟陵為太守，此時的陸羽尚未至弱冠之年，可見陸羽幼年已開始在研究茶品的同時注重研究水品。由於有陸羽這樣一個好的開頭，後代茶人對水的鑒別一直十分重視，以至出現了許多鑒別水品的專門著述。最著名的有唐人張又新

第五章 中國茶藝（上）——藝茶、論水

二、論水

的《煎茶水記》、宋代歐陽修的《大明水記》、宋人葉清臣的《述煮茶小品》、明人徐獻忠的《水品》、田藝蘅的《煮泉小品》。清人湯蠹仙還專門鑒別泉水，著有《泉譜》。至於其他茶學專著，也大多兼有對水品的論述。

唐人張又新說，陸羽曾品天下名水，列出前二十名次序，他曾作《煎茶水記》，說李季卿任湖州刺史，行至維揚（今揚州）遇陸羽，請之上船，抵揚子驛。季卿聞揚子江南泠水煮茶最佳，因派士卒去取。士卒自南泠汲水，至岸潑灑一半，乃取近岸之水補充。回來陸羽一嘗，說：「不對，這是近岸水。」又倒出一半，才說：「這才是南泠水。」士兵大驚，乃具實以告。季卿大服，於是陸羽口授，乃列天下二十名水次第：

廬山康王谷水簾水第一，

無錫縣惠山寺石泉水第二，

蘄州蘭溪石下水第三，

峽州扇子山下蛤蟆口水第四，

蘇州虎丘寺石水第五，

廬山招賢寺下方橋潭水第六，

揚子江南零水第七，

洪州西山西東瀑布水第八，

唐州柏岩縣淮水源第九，

廬州龍池山顧水第十，

丹陽縣觀音寺水第十一，

揚州大明寺水第十二，

漢江金州上游中零水第十三，

歸州玉虛洞下香溪水第十四，

商州武關西洛水第十五，

吳松江水第十六，

天臺山西南峰千丈瀑布水第十七，

郴州圓泉水第十八，

桐廬嚴陵灘水第十九，

雪水第二十。

這二十名水次第，是否為陸羽評定，很值得懷疑。首先，李季卿曾羞辱陸羽，並不識茶的真諦。即使陸羽成名後，李氏重言和好，以陸羽為人，不見得能對這位勢利眼有暢懷評水之興。其次，這二十名水有多處與《茶經》的觀點不合。陸羽向來認為湍流瀑布之水不宜飲，而且容易令人生病，而這二十項中，居然有兩項瀑布水。第三，陸羽認為山水上，江水次之，井水下，這二十水次序與陸羽《茶經》觀點也常上下顛倒。當然，水不僅在於位置，而且主要在成分，所以不可拘泥《茶經》之說一概而論。但張又新的排列，確實與陸羽對水的科學見解有相悖之處。所以，早在宋代，歐陽修對此即提出質疑，認為張又新是假託陸羽之名，自己胡謅。但不論如何，《煎茶水記》打開了人們的視野，加深了人們對茶藝中水的作用的認識，不能全泯其功。因而，後代茶人訪名茶，還常訪名泉，對水的鑒別不斷提出新見解，也是受到張又新的啟發。至於是否要把天下名水都分出次第等級，筆者則以為大可不必。現代科學對茶的品質鑒別已十分精細，何茶宜何水自然不該一概而論，而應具體區別對待。不過，前人的研究成果仍是值得十分重視的。

歷代鑒水專家對水的判第很不一致，但歸納起來，也有許多共同之處，就是強調源清、水甘、品活、質輕。

對水質輕重，特別好茶的乾隆皇帝別有一番見解，他曾遊歷南北名山大川，每次出行常令人特製銀質小鬥，嚴格稱量每斗水的不同重量。最後得到的結果是北京西郊玉泉山和塞外伊遜河（今承德地區境內）水質最輕，皆斗重一兩。而濟南之珍珠泉斗重一兩二厘，揚子江金山泉斗重一兩三厘。至於惠山、虎跑，則各為一兩四厘，平山一兩六厘，清涼山、白沙、虎丘及京西碧雲寺各為一兩一分。

第五章 中國茶藝（上）——藝茶、論水

二、論水

有無更輕於玉泉山者，乾隆說：有，雪水。但雪水不易恆得，故乾隆以輕重為首要標準，認為京西玉泉山為「天下第一泉」。不論其確切與否，這也算一種觀點。玉泉山被稱為「天下第一泉」，其實不僅因為泉水水質好，一則乾隆皇帝偏愛；二則京師當時多苦水，明清宮廷用水每年取自玉泉；三則玉泉山景色當時確實幽靜佳麗。當時的玉泉位於玉泉山南麓，泉水自高處「龍口」噴出，瓊漿倒傾，如老龍噴汲，碧水清澄如玉，故得玉泉之名。可見，被視為好水者，除水品確實高美外，與茶人的審美情趣有很大關係。被人稱為「天下第一泉」的何止玉泉山，因歷代評鑒者觀點和視野、經歷不同，被譽為「天下第一泉」者大約也有六七處。

最早被命為天下第一泉者，據說是經唐代劉伯芻鑒定的「揚子江南零水」，又稱「揚子江心水」「中泠泉」等。此泉位於鎮江金山以西揚子江心的石彈山下，由於水位較低，揚子江水一漲便被淹沒，江落方能泉出，所以取純中冷水不易，加之附近江水浩蕩，山寺悠遠，景色清麗，故為許多茶人和大詩人所重。再加上李季卿與陸羽品泉的一段故事就更增添了許多傳奇色彩。著名英雄文天祥即有詩曰：「揚子江心第一泉，南金來此鑄文淵。男兒斬卻樓蘭首，閒品《茶經》拜羽仙。」

據張又新《煎茶水記》所云，陸羽所認定的「天下第一泉」是江西廬山的谷簾水，而把揚子江心南泠水降到了第七位。此泉在廬山大漢陽峰南，一泓碧水，從澗谷噴湧而出，再傾入潭，附近林木茂密，絕少汙染，故水質特佳，具有清冷香洌、柔甘淨潔等許多優點，用以試茶，據說不僅味好，而且沫餑雲腳如浮雲積雪，在特別重視沫餑育華的古代尤被珍視。

還有雲南安寧碧玉泉，據說為明代著名地理學家徐霞客認定為「天下第一泉」。此泉為溫泉，以天然岩障分為兩池，下池可就浴，內池碧波清澈，奇石沉水，景既奇，水又甘，故可烹茶，故徐氏親題「天下第一泉」五個大字，認為「雖仙家三危之露，佛地八功之水，可以駕稱之，四海第一湯也」。

濟南之趵突泉，早在北魏時期酈道元所著《水經注》中即有記述，經《老殘遊記》的藝術渲染，更吸引多少名士和遊人前來觀賞品味。據說，早在宋代就

君不可一日無茶
中國茶文化史

有曾鞏以之試茶，盛讚其味，故也被世人稱為「天下第一泉」。

還有峨眉山金頂下的玉液泉，據說是王母令玉女自瑤池所引瓊漿玉液，故被視為「神水」。

至於各地自判的名水便更多了。特別是產茶勝地，多有好水相伴，其實多不在諸多所謂「天下第一泉」之下。如龍井茶配虎跑水，顧渚茶配金沙泉，皆被公認是最佳組合。還有無錫惠山泉水，向來被認為是不可多得之物。歷代著名茶人往往長途跋涉，專門運輸儲存。

中國茶學家不僅重視泉水，對江水、山水、井水也十分注意。有些茶學家認為，烹茶不一定都取名泉，天下如此之大，哪能處處有佳泉，所以主張因地制宜，學會「養水」。如取大江之水，應在上游、中游植被良好幽靜之處，於夜半取水，左右旋攪，三日後自缸心輕輕舀入另一空缸，至七八分即將原缸渣水沉澱皆傾去。如此攪拌、沉澱、取捨三遍，即可備以煎茶了。從現代觀點看，這種方法可能不如加入化學物質使之直接潔淨省時省工，但對古人來說，卻是從實踐中得來的自然之法，也許更符合天然水質的保養。

至於其他取水方法還有許多，有的確有一定科學道理，有的不過因人之所好，興之所至，因時、因地、因具體條件便宜從事。如有些茶人取初雪之水、朝露之水、清風細雨中的「無根水」（露天承接，不使落地）。甚至有的人專於梅林之中，取梅瓣積雪，化水後以罐儲之，深埋地下，來年用以烹茶。有的日本茶人批評中國人飲茶於曠野、松風、清泉、江流之間，體現不出苦寂的茶道精神。其實，各個民族、各種人群，都有自己的好尚。大自然本來多姿多彩，人生本來應合自然韻律，只因社會、自然條件限制，日本茶人把「和敬清寂」視為他們的茶道主旨，而又特別突出強調「清」「寂」二字。

我想人們既不該像現今一些西方人那樣任意放縱，也不必如日本茶人一味追求苦寂，比較起來，還是中國茶人更符合自然之理。按照中國大哲學家莊子的思想，所謂精神主要要從大自然中領悟，合乎自然韻律者為美。中國茶人特別重視水，要從泉中、江中、滾沸的茗釜中聽取那大自然的簫聲琴韻。各種思想凡被

第五章 中國茶藝（上）——藝茶、論水

二、論水

人們多數贊許者皆各有千秋，何必定要揚此抑彼。即如今日，人們以自來水泡茶，只要水好，沖泡得法，又有何不可？

　　總之，水在中國茶藝中，是一大要素，它不僅要合於物質之理、自然之理，還包含著中國茶人對大自然的熱愛和高雅、深沉的審美情趣。

　　茶道表演，連水也不懂，是談不到茶藝、茶道的。

第六章　中國茶藝（下）
——茶器、烹製、品飲與品茗意境

一、茶器

「工欲善其事，必先利其器」，這是說的一般勞動工作。茶藝是一種物質活動，更是精神藝術活動，器具則更重要更講究，不僅要好使好用，而且要有條有理，有美感。所以，早在《茶經》中，陸羽便精心設計了適於烹茶、品飲的二十四器：

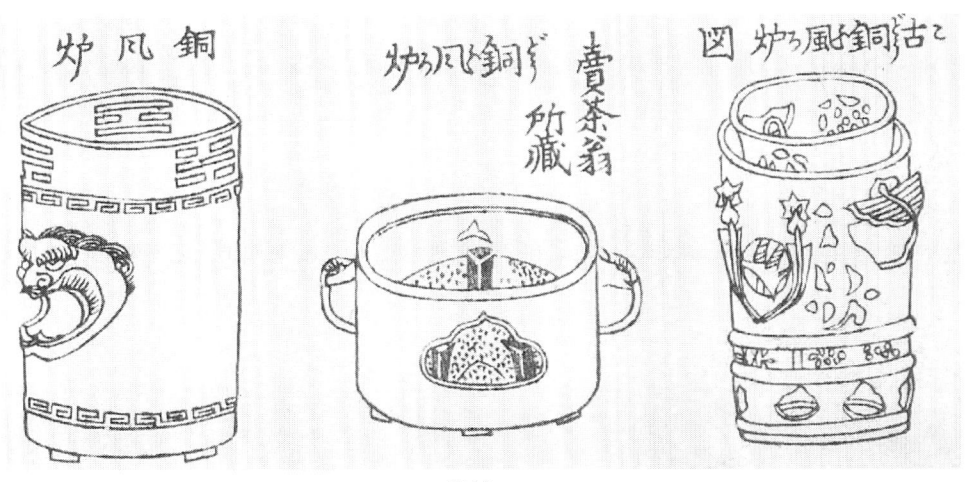

風爐

第六章 中國茶藝（下）——茶器、烹製、品飲與品茗意境

一、茶器

1．風爐：為生火煮茶之用，以中國道家五行思想與儒家為國勵志精神而設計，以鍛鐵鑄之，或燒製泥爐代用。其具體設計思想見後章茶道部分。

2．筥：以竹絲編織，方形，用以採茶。不僅要方便，而且編制美觀，這是由於古人常自採自製自食而特意設置之器。

3．炭撾：六棱鐵器，長一尺，用以碎炭。

4．火筴：用以夾炭入爐。

5．鍑（即釜）：用以煮水烹茶，似今日本茶釜。多以鐵為之，唐代亦有瓷釜、石釜，富家有銀釜。

6．交床：以木製，用以置放茶。

7．紙囊：茶炙熱後儲存其中，不使洩其香。

8．碾、拂末：前者碾茶，後者將茶拂清。

9．羅合：羅是篩茶的，合是貯茶的。

10．則：有如現在的湯匙形，量茶之多少。

11．水方：用以貯生水。

12．漉水囊：用以過濾煮茶之水，有銅製、木製、竹製。

13．瓢：舀水用，有用木製。

14．竹筴：煮茶時環擊湯心，以發茶性。

15．鹺簋、揭：唐代煮茶加鹽去苦增甜，前者貯鹽花，後者舀鹽花。

16．熟盂：用以貯熱水。唐人煮茶講究三沸，一沸後加入茶

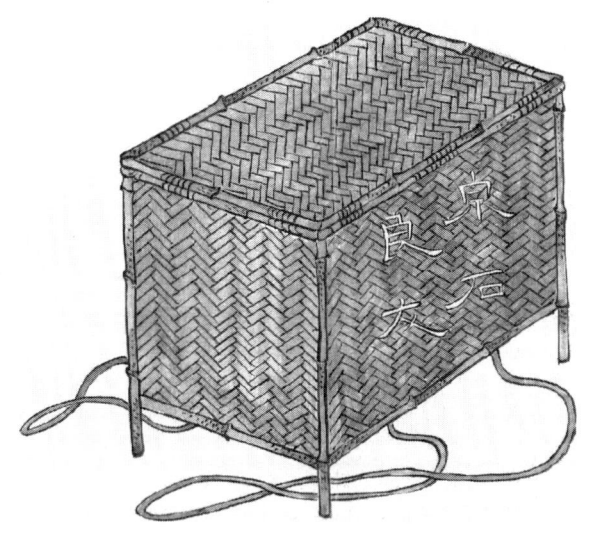

直接煮，二沸時出現泡沫，舀出盛在熟盂之中，三沸時將盂中之熱水再入釜中，稱之謂「救沸」「育華」。

17・碗：是品茗的工具，唐代尚越瓷，此外還有鼎州瓷、婺州瓷、岳州瓷、壽州瓷、洪州瓷，以越瓷為上品。唐代茶碗高足、扁身。

18・畚：用以貯碗。

19・劄：洗刷器物用，類似現在的炊帚。

20・滌方：用以貯水洗具。

21・滓方：彙聚各種沉渣。

22・巾：用以擦拭器具。

23・具列：用以陳列茶器，類似現代酒架。

24・都籃：飲茶完畢，收貯所有茶具，以備來日。

用現在人的觀點來看，飲一杯茶有這麼多複雜的器具似乎難以理解。但在古代人來說，則是完成一定禮儀，使飲茶至好至精的必然過程。用器的過程，也是享受製湯、造華的過程。其實，現代烹飪所用器具較陸羽二十四器更為複雜，只不過廚師做，客人吃，不知其中艱辛而已。中國古代茶人，用這樣細膩的描述體味自煎自食的樂趣，也從中表現實踐精神。陸羽當時便說明，所謂「二十四器必備」，是指正式茶宴，至於三五友人，偶爾以茶自娛，可據情簡化。

宋代不再直接煮茶，而用點茶法，因而器具亦隨之變化。宋代茶藝，處處體現了理學的影響，連器具亦不例外。如烘茶的焙籠叫「韋鴻臚」。自漢以來，鴻臚司掌朝廷禮儀，茶籠以此為名，禮儀的含義便在其中了。碎茶的木槌稱為「木待制」，茶碾叫作「金法曹」，羅合稱作「羅樞密」，茶磨稱「石轉運」，連擦拭器具的手巾都起了個高雅的官銜，叫作「司職方」。且不論這些名稱所表達的禮制規範是保守還是進步，其中的文化內涵則一目了然。可見，中國古代茶具不是為繁複而繁複，主要是表達一定的思想觀念。宋代全套茶具以「茶亞聖」盧仝名字命名，叫作「玉川先生」。足見，僅以使用價值來理解古代茶器是難得要

第六章 中國茶藝（下）——茶器、烹製、品飲與品茗意境
一、茶器

旨的。今人參觀日本茶道表演，看見方巾、水方、小刷子等一堆器物，而不知其義。不用說現代中國人，即便日本茶道師，使用這些器物也不一定盡知其中含義。因此，只有從文化觀念上，才可能作出合理的解釋。

鎏金壺門座銀茶碾子

鎏金飛天仙鶴紋銀茶羅子

明清廢團茶，散茶大興，烹煮過程簡單化，甚至直接用沖泡法，因而烹茶器皿亦隨之簡化。但簡化不等於粗製濫造，尤其對壺與碗的要求，更為精美、別致，出現各種新奇造型。由於中國瓷器到明代有一個高度發展，壺具不但造型美，

君不可一日無茶
中國茶文化史

　　花色、質地、釉彩、窯品高下也更為講究，茶器向簡而精的方向發展。壺、碗歷代皆出現珍品，如明代宣德寶石紅、青花、成化青花、鬥彩等皆為上乘茶具。壺的造型也千姿百態，有提梁式、把手式、長身、扁身等各種形狀。圖案則以花鳥居多，人物山水也各呈異彩。中國唐代茶碗重古樸，而宋代由於鬥茶的出現，以茶花沫餑較品質高低，需要碗色與茶色和諧或形成鮮明對比，所以重瓷器色澤。而明清以後，茶之種類日益增多，茶湯色澤不一，壺重便利、典雅或樸拙、奇巧，碗則爭妍鬥彩，百花齊放。所以，僅用明清壺碗組成一個大型展覽亦並不費難。

　　清代京師，則自有獨特的高雅茶具。老北京大家貴族、宮室皇廷，乃至以後許多高檔茶館，皆重蓋碗茶。此種茶杯一式三件，下有托，中有碗，上置蓋。蓋碗茶又稱「三才碗」。三才者，天、地、人也。茶蓋在上，謂之「天」，茶託在下，謂之「地」，茶碗居中，是為「人」。一副茶具便寄寓一個小天地、小宇宙，包含古代哲人「天蓋之，地載之，人育之」的道理。

　　蓋碗茶源於何時，至今無定論。茶託又稱「茶船」，民間相傳為唐代西川節度使崔寧之女所造，始為木托，後以漆製，始稱茶船。但從目前考古發掘來看，茶託的出現肯定更早，所以崔寧之女創茶船之說也只能作故事傳說來看。蓋碗茶具有許多花樣，常繪山水花鳥，多出名人手筆，碗內又繪避火圖。有的連同茶託為十二式；也有的十二碗加十二托，為二十四式，以備茶會之用。清代茶託花樣繁多，有圓形、荷葉形、元寶形等。北京氣候高寒，茶具以保溫為要，所以蓋碗茶具一時風行。此風一起，影響各地。尤其是四川等地，大街小巷，處處茶館皆備蓋碗茶，至今特色不減。

　　明清以後，茶具不僅為實用，而且成為十分典雅的工藝品，許多家庭喜歡擺一套精美茶具，有客來沏一壺好茶，列杯分茗，既是親朋情誼，又是藝術品的陳列欣賞。中國人的茶藝觀點可以說已深入千家萬戶。

　　中國瓷器向來知名世界，飲中國茶，要用中國茶具方為完美。茶與茶具結合，推動了中國茶文化向外擴展。自明以來，中國出口貿易中茶與瓷器皆為大宗，近代更是如此。直至現代，中國茶具仍為世界各國所喜愛。

第六章 中國茶藝（下）——茶器、烹製、品飲與品茗意境
二、紫砂陶壺與製壺專家

今日一些東南亞國家，明明是自己燒製的茶具，卻以「中國瓷器」相標榜，以抬高身價。小小茶具對推動中外文化交流發揮了重要作用。

二、紫砂陶壺與製壺專家

紫砂陶壺本來只是茶具中的一種，我們之所以將之單列一節，是因為在明清以來的茶藝發展史上它佔有特殊的地位。其質樸的特質與深刻的藝術思想實在值得特書一筆。

中國茶具本來有一個從陶到瓷的發展過程，到明清之時，中國瓷器已發展到光輝的頂峰，按理說，陶具是不可能突出的。紫砂壺本起於宋代，但一般並不為人所重。而到明代，忽然異軍突起，數十年間即達到狂熱的程度。而由明至今，紫砂壺身價一直未減，許多收藏家甚至傾其家財而搜集紫砂珍品。這種現象必然有一定道理。

明人對紫砂壺評價是極高的。周容《宜都瓷壺記》說：「今吳中較茶者，必言宜興瓷。」《陽羨名壺》說：「臺灣郡人，……最重供春小壺，一具用之數十年，值金一笏。」《桃溪客話》載：「陽羨名壺，自明季始盛，上者與金玉同價。」明代一把好紫砂壺，甚至可抵中人一家之產，常與黃金爭價。至今，紫砂名壺甚至成為某些人一生追求、尋覓的目標。是什麼原因使紫砂壺在中國茶文化發展史上得到這樣的殊遇呢？許多人從經濟、技術方面作了探討。我以為，新技藝的發現固然是某種器具興起的基本要素，但是否能夠推廣則主要看是否合乎社會需要。所謂社會需要，一是物質需要，二是精神需要。所以，紫砂壺的出現，主要還要從茶與人的變化中探討原因。

中國古代中原及江南各地多流行綠茶，綠茶重在自然色澤，品味清淡，砂壺吸香，自然於綠茶不宜。而到明代，發酵、半發酵茶出現了。這種茶要求濃泡、

君不可一日無茶
中國茶文化史

味重,而瓷器久泡茶味易餿。而且汁濃壺必不可很大,一壺揣於懷中,砂壺手感好,有自然、溫厚、平定之感,並且儲之較長茶湯亦無「熟爛氣」。紫砂壺以宜興、陽羨、潮州等地特種粗砂而製,無土氣,不奪香,又無熱湯氣,泡茶不失厚味,色、香、味皆不易失,甚至注茶越宿,暑月不餿。一壺在手,既覺溫暖,又不燙手。這些,正是半發酵茶和紅茶類的要求。所以,若無此類散茶的出現,無論文人如何提倡,不適用之物也是行不通的。這是物質基礎。

但是,紫砂壺之所以能於明代短期內迅速躍居諸種瓷器之上,甚至達到可加冠加冕的地步,這主要還是特殊的社會背景所決定的。

明代,尤其是晚明至清初,是社會矛盾極為複雜的時期。本來,明初的文人在茶藝中就追求自然,崇尚古樸,但主要是契合大自然而回歸於山水之間。明末,社會矛盾繼續加深,許多思想家都盡力覓求解決社會矛盾的方法而不可得。社會問題難以解決,文人們開始從自己的思想上尋求自我完善或自我解脫。於是繼宋代程朱理學之後,明代理學思想又進一步發展。特別是王陽明的「心學」,把釋家禪宗思想和道家思想皆融於儒學之中,形成一種新儒學。三教合一的新儒學繼承了程朱理學強調個人內心修養的思想,一方面提倡儒學的中庸、尚禮、尚簡,同時推崇釋家的內斂、喜平、崇定,並且崇尚道家的自然、平樸和虛無。這些思想不僅在哲學界、思想界產生重大影響,也影響到文化界,繼而進入茶學思想之中。這時,社會留給文人的自由天地更為狹小,想找一塊暫時的沙漠綠洲也很難得。於是,許多文人只好從一壺一飲中尋找寄托。所以在茶藝上,一方面仍崇尚自然、古樸,而同時又增加了唯美情緒,無論對茶茗、水品、茶器、茶寮,皆求美韻,不容一絲一毫敗筆。但這種美韻又不是嬌豔華美,而要求童心逸美。所以在書畫中追求「逸品」,把「逸品」放在「神品」之上,對戲劇、文學追求「化工」,而不是「畫工」,所以李贄贊《拜月亭》《西廂記》是真正的「化工」之作,而《琵琶記》不過是「畫工」之品,認為藝術應真正達到出神入化,而不能只像「畫工」,畫其皮毛。

這些思想深刻影響晚明茶藝,特別是製壺藝術。文人的天地愈小,愈想從

第六章 中國茶藝（下）——茶器、烹製、品飲與品茗意境
二、紫砂陶壺與製壺專家

一具一器中體現自己的「心」。從一壺一器、一品一飲中尋找自己平朴、自然、神逸、崇定的境界。正在這時，出現了一批製壺專家，他們的出現，正是這多種思想心理交融的結果。

據說，第一位有明文記載的製壺專家是金沙寺的一位僧人，他首創陽羨砂壺。此僧佚名，只知其性情「閒靜有致」。所以，紫砂壺一入世便與禪理結合起來。

其後，出現了龔春，其藝名又為供春。供春是真正的紫砂壺的鼻祖。此人原是文人吳頤山的一個書童，其藝術構思肯定受吳的影響。他製壺期間，又常住金沙寺中，所以又受釋家影響。他是下層人物，還帶著勞動者的泥土氣息。這多種因素，形成他質朴、典雅的藝術風格。他的作品無論色澤、形態皆取法自然。一把供春小壺，如老瓜紅熟，蒂將落而枯蔓存；或如虬根老皮，或似花瓣樣細膩，變化萬千，飽含韻致。

繼供春之後，有時大彬。大彬常往來松江（時稱婁東，為文人薈萃之地），與著名茶人陳繼儒過往甚密。陳繼儒崇尚小巧，時大彬則改製小壺。其著名作品有僧帽壺、葵瓣壺，從而明顯表露出佛教與自然派茶人的影響。陳繼儒作畫往往草草潑墨，便突出一派蒼老之氣。時大彬以僧帽簡練表達平朴、崇定內容，其藝術思路是相通的。

明代還有陳信卿、沈子澈、蔣伯苓、李仲芳、惠孟臣等，皆為製壺高手。或以瓜棱造型，或以梨皮呈自然之色，甚至把老樹虬根之上又放幾個花朵，便稱「英雄美人壺」。

清代陶壺專家有陳鳴遠，以包袱壺寓茶人心內包藏萬機，以梅椿老幹體現自然之美，以束柴三友壺體現我中華兒女和茶人一貫提倡的友誼合作，皆壺中精品。又有陳曼生，多做梨形壺，突出提梁或把手的力度，並常以名家書法與壺結合。

所以，一把好的紫砂壺，往往可集哲學思想、茶人精神、自然韻律、書畫藝術於一身。紫砂的自然色澤加上藝術家的創造，給人以平淡、閒雅、端莊、穩

重、自然、質樸、內斂、簡易、蘊藉、溫和、敦厚、靜穆、蒼老等種種心靈感受。心靈的產物，自然比金玉其外、珠光寶氣的東西價值要高得多了。所以，紫砂壺長期為茶具中冠冕之作便不足為奇了。

近代以來，西方思想滲入中國，燈紅酒綠，一時使中國的古老藝術受到冷落。但在民間，閩、粵等地功夫茶的興起卻使紫砂壺又找到繼承、發揚的機會。於是，宜興陶壺、潮州功夫壺愈做愈精。特別是 1949 年以後，各方人士同心協力，發掘古老的優秀文化傳統，使紫砂壺得到更大發展。在這種情況下，出現了一批新的製壺專家，製壺名師許四海就是其中傑出的一位。

許四海原是一名軍人，早在服役期間便開始搜集名壺，並涉獵書法、繪畫、篆刻等多種藝術。為買一把壺，他甚至不惜當場以衣物等作抵。轉業後他已有藏品二百來件，從收藏進而對製壺產生興趣。他收有古壺，更重宜興壺林新秀們的作品，如呂堯臣的古井移木壺、王石耕的回文方壺、范洪泉的松鼠葡萄壺、范盤沖的四象壺……這林林總總的壺海世界和長期的藝術追求使許四海終於親自進入製壺領域。上海有關部門積極幫助建立了「四海茶具館」，館中既有他的藏品，也有他自己的新作。一方面許四海千方百計搜求古今名壺，而同時人們又踏破鐵鞋搜集許四海的作品。他的代表作海春壺非常類似供春壺，但他同時又進行著新的藝術創造。許四海製壺的最大特點是渾樸自然，不文飾，不做作，用他自己的話說，是「不變城中高髻樣，自梳蓬鬢臥滄浪」。他的創作盡力摒棄人為追求痕跡，主張返璞歸真。他所製的佛手壺，雕塑的臥牛、螃蟹、人物，都求一種渾樸野趣，樸拙的外形蘊涵內在的美。許四海已是國內外公認的紫砂陶界大師，這本身也預示著中華古老茶藝正在曙光中重新升騰。

江蘇出土的大彬壺

第六章 中國茶藝（下）——茶器、烹製、品飲與品茗意境
三、烹製與品飲

三、烹製與品飲

中國飲茶方法自漢唐以來有多次變化。大體說，有以下幾種：

1．煮茶法

直接將茶放在釜中烹煮，是中國唐代以前最普遍的飲茶法。其過程陸羽在《茶經》中已詳加介紹。大體說，首先要將餅茶研碎待用，然後開始煮水。以精選佳水置釜中，以炭火燒開。但不能全沸，只要魚目似的水泡微露之時，便加入茶末。茶與水交融，二沸時出現沫餑，沫為細小茶花，餑為大花，皆為茶之精華。此時將沫餑舀出，置熟盂之中，以備用。繼續燒煮，茶與水進一步融合，波滾浪湧，稱為三沸。此時將二沸時盛出之沫餑澆入釜中，稱為「救沸」「育華」。待精華均勻，茶湯便好了。烹茶的水與茶，視人數多寡而以「則」嚴格量入。茶湯煮好，均勻地斟入各人碗中，包含雨露均施、同分甘苦之意。

2．點茶法

此法即宋代鬥茶所用，茶人自吃亦用此法。此法不再直接將茶入釜烹煮，而是先將餅茶碾碎，置碗中待用。以釜燒水，微沸初漾時即沖點入碗。但茶末與水亦同樣需要交融一體。於是發明一種工具，稱為「茶筅」。茶筅是打茶的工具，有金、銀、鐵製，大部分用竹製，文人美其名曰「攪茶公子」。水沖入茶碗中，須以茶筅拼命用力打擊，這時水乳交融，漸起沫餑，皤皤然如堆雲積雪。茶的優劣，以沫餑出現是否快，水紋露出是否慢來評定。沫餑潔白，水腳晚露而不散者為上。因茶乳融合，水質濃稠，飲下去盞中膠著不乾，稱為「咬盞」。茶人以此較勝負，勝者如將士凱旋，敗者如降將垂首，從茶中寄託對人生的希望，增搏擊的勇氣。今人一杯一碗，一氣飲下，自然難以領略其中的意趣。點茶法直到元代尚盛行。只是不用餅茶，而直接用備好的乾茶碾末。現今日本末茶法類似宋元點茶法，不過茶筅攪打無力，並不出沫餑，不過綠錢浮水而已。

3・毛茶法

即在茶中加入乾果,直接以熟水點泡,飲茶食果。茶人於山中自製茶,自採果,別具佳趣。

4・點花茶法

為明代朱權等所創。將梅花、桂花、茉莉花等花的蓓蕾數枚直接與末茶同置碗中,熱茶水汽蒸騰,雙手捧定茶盞,使茶湯催花綻放,既觀花開美景,又嗅花香、茶香。色、香、味同時享用,美不勝收。

5・泡茶法

此法明清以至現代,為民間廣泛使用,自然為人熟知。不過,中國各地泡茶之法亦大有區別。由於現代茶的品種五彩繽紛,紅茶、綠茶、花茶,沖泡方法皆不盡相同。大體說,以發茶味,顯其色,不失其香為要旨。濃淡亦隨各地所好。近年來旅館多用袋裝泡茶,發味快,而又避免渣葉入口,也是一種創造。至於邊疆民族,無論蒙古奶茶,西藏酥油茶,雲南罐罐茶,飲用方法各異,將於另章介紹。

我們這裡講的烹飲之法是從文化角度看待,而文化觀念也是在變化的。況且,飲茶既是精神活動,也是物質活動。所以茶藝亦不可墨守成規,以為只有繁器古法為美。但無論如何變,總要不失茶的要義,即健康、友信、美韻。因此,只要在健康思想的指導下,做些改進是應該的。當代生活節律不斷變化,飲茶之法也該越變越合理。法簡易行,但過簡難得韻味佳趣。古法不易大眾化,但對現代工業社會過於緊張的生活,卻是一種很好的調節。所以,發掘古代茶藝,使之再現異彩,也是極重要的工作。據說福州茶藝館已恢復鬥茶法,使沫餑、重華再現,實在是一雅舉。

談飲法,不僅講如何烹製茶湯,還要講如何「分茶」。

唐代以釜煮茶湯,湯熟後以瓢分茶,通常一釜之茶分五碗,分時沫餑要均。

第六章 中國茶藝（下）——茶器、烹製、品飲與品茗意境
四、品飲環境

宋代用點茶法，可以一碗一碗地點；也可以用大湯缽、大茶筅，一次點就，然後分茶，分茶準則同於唐代。

明清以後，直接沖泡為多，壺成為重要茶具。自泡自吃的小壺固然不少，但更多的是起碼能斟四五碗的茶壺。這種壺叫作「茶娘式」，而茶杯又稱「茶子」，由壺注杯，表示母親對孩子們的關心。民間分茶都十分講究。為使上下精華均勻，燙盞之後往往提起壺來巡杯而行，好的行茶師傅可以四杯、五杯乃至十幾杯巡注幾周不停不撒，民間稱為「關公跑城」。技術稍差難以環注的也要巡杯，但須一點一提，也是幾次才均勻茶湯於各碗，此謂「韓信點兵」。有人說中國人平均主義思想嚴重，吃杯茶也講精華均分。確實不假，但這總比強奪豪取、貧富懸殊為好。譬如煮一鍋肉，一人飽食，眾人喝湯，在中國人觀念中不合家人和睦之道。分茶法的講究，正是為突出名茶共用的主題。

四、品飲環境

中國人把飲茶既看作一種藝術，環境便要十分講究。高堂華屋之內，或朝廷大型茶宴，或現代大型茶館固然人員眾多，容易形成親愛熱烈氣氛，但傳統中國茶道則是以清幽為主。即便是集體飲茶，也絕不可如飯店酒會，更不可狂呼亂舞。唐人顧況作《茶賦》說：「羅玳筵，展瑤席，凝藻思，開靈液。賜名臣，留上客，谷鶯囀，宮女嚬，泛濃華，漱芳津，出恒品，先眾珍，君門九重，聖壽萬春。」這裡講朝廷茶宴，有皇室的豪華濃豔，但絕無酒海肉林中的昏亂。皎然則認為，品茶是雅人韻事，宜伴琴韻花香和詩草。看來皎然確實不是一個地地道道的和尚。所以，他在《晦夜李侍御萼宅集招潘述、湯衡、海上人飲茶賦》中說：

晦夜不生月，琴軒猶為開，

牆東隱者在，淇上逸僧來。

君不可一日無茶
中國茶文化史

茗愛傳花飲，詩看卷素裁，

風流高此會，曉景屢裴回。

　　這場茶宴中有李侍御、潘述、湯衡、海上人、皎然，其中三位文士、官吏，一個僧人，一個隱士，以茶相會，賞花、吟詩、聽琴、品茗相結合。陸羽、皎然、皇甫兄弟留下的茶詩或品茶聯句甚多，可見在唐代，雖然也強調茶的清行儉德之功，但並不主張十分呆板。唐代《宮樂圖》中，品茶、飲饌、音樂結合，亦頗不寂寞。當然，在禪宗僧人那裡，這種飲法是不可以的。百丈懷海禪師製禪宗茶禮，正式稱為茶道，主要是以禪理教育僧眾。皎然、百丈同為唐代僧人，但其飲茶意境大不相同。

　　宋代各階層對飲茶環境的觀點不同。朝廷重奢侈又講禮儀，實際上主要是「吃氣派」——有禮儀環境，談不上韻味。民間注重友愛，茶肆、茶坊，環境既優雅，又要有些歡快氣氛。文人反對過分禮儀化，尤其到中後期，要求回歸自然。蘇東坡好茶，以臨溪品茗、吟詩作賦為樂事。

　　元明道家與大自然相契的思想占主要地位。尤其是明，大部分茶畫都反映了山水樹木和宇宙間廣闊的天地。唐寅《品茶圖》，畫的是青山高聳、古木枒丫、敞廳茅舍、短籬小草，並題詩曰：「買得青山只種茶，峰前峰後摘春芽。烹前已得前人法，蟹眼松風娛自嘉。」晚明初清，文人多築茶室茶寮，風雅雖有，但遠不及前人胸襟開闊。文人們雖自命清高，而實際上透出無可奈何的歎息。如《紅樓夢》中妙玉品茶，自己於小庵之中，雖玉杯佳茗，自稱檻外之人，實際不過寄人籬下。她自命清高而鄙視劉姥姥，與陸羽當年「時宿野人家」的品格相去遠矣。

　　其實，所謂飲茶環境，不僅在景、在物，還要講人品、事體。翰林院的茶宴文會，雖為禮儀，而不少風雅。文人相聚，松風明月，又逢雅潔高士，自有包含宇宙的胸懷和氣氛。禪宗苦修，需要的是苦寂，從寂暗中求得精神解脫，詩詞、彈唱、花鳥、琴韻自然不宜。而茶肆茶坊，卻少不得歡快氣氛。家中妻兒小酌，茗中透著親情；友人來訪，茶中含著敬意。邊疆民族奶茶盛會，表達民族的豪情

宋 佚名 《飛閣延風圖》

君不可一日無茶
中國茶文化史

與民族間兄弟情誼。總之，飲茶環境要與人事相協調。鬧市中吟詠自斟，不顯風雅，反露出酸臭氣；書齋中飲茶、食脯、唱些俚俗之曲自然也不相宜。

中國人所以把品茗看成藝術，就在於在烹點、禮節、環境等各處無不講究協調，不同的飲茶方法和環境、地點都要有和諧的美學意境。元人《同胞一氣圖》畫了一群小兒邊吃茶邊烤包子，使人既感受到孩童的可愛和稚氣，又體會到「手足之情」。倘若讓這些孩子正襟危坐，端了茶杯搖頭晃腦地吟詩，便完全沒有韻味了。所以，問題並不在於是否都有幽雅的茶室或清風明月。「俗飲」未必俗，故作風雅未必雅。中國各階層人都有自己的茶藝，各種茶藝都要適合自己特定的生活環境和精神氣質。這樣，才能真正體會茶的作用。因此，評定茶藝高下很難一概而論，只有從相關的人事、景物、氣氛及茶藝手法中綜合理解，方能得中國茶道的藝術真諦。

中國歷史上，好的茶人往往都是傑出的藝術家，唐代的飲茶集團，五代的陶穀，宋代蘇軾、蘇轍、歐陽修、徽宗趙佶，元代趙孟頫，明代吳中四才子，清代乾隆皇帝乃至近代文學大家，都是既有很高的文化修養、藝術造詣，又懂茶理的。可見，中國人把飲茶稱為「茶藝」並非自我吹噓、誇張之辭，而確實在烹飲過程中貫徹了藝術思想和美學觀點。因此，不能簡單地把中國茶藝看作一種技法，而應全面理解其中的技藝、器物、韻味與精神。

第七章　儒家思想與中國茶道精神
四、品飲環境

第七章　儒家思想與中國茶道精神

　　每個民族都有自己的母體文化，由此派生出其他子系文化。西方以古希臘、羅馬文化為自己的基點，崇尚火與力，以力橫決天下。而中國尊的是皇天后土，以大地為母親，所以平和、溫厚、持久。這造成後來的儒家以中庸為核心的文化體系。中國茶文化正是由這個母系文化中派生而來。中國茶道思想融合儒、道、佛諸家精華而成，但儒家思想是它的主體，近代以來，西方的「堅船利炮」既打破了中國傳統的生產和生活方式，也打破了中國的精神傳統。加之儒學到後期確實作了維護腐朽封建制度的工具，人們對儒家思想的評價當然發生巨大轉變。許多人向西方尋找真理，對中國的傳統抨擊十分強烈。但是，經過上百年中西文化的反覆較量，人們又回過頭來，重新審視自己的傳統，又覺得祖宗留下的東西還有許多寶貝，一旦擦掉它身上的灰塵，又會光彩奪目起來。

　　儒家思想當然也不是盡善盡美的，其他民族也有自己優秀的文化精神。在人類歷史上，許多民族創造過「高峰文化」，但為時不久便銷聲匿跡。如巴比倫文化、古埃及文化，今日何處去尋？除了那古老的金字塔和地下出土的文物，留下了多少精神內容？甚至，古希臘、羅馬文化，從某種意義上講今日繼承得也太少，更看不到深化和發展。而中國的儒家思想，不僅創造了人類歷史上整整一個光輝時代，使中國處於世界封建時期的頂峰，而且影響到整個東亞文化圈，到現代工業社會，不僅東方儒學又重新抬頭，甚至西方也想從儒學中尋找擺脫困境的方案。國外所謂「儒學第三期發展」，正是這樣被提出來的。這說明，儒學不僅是封建的產物，作為一種民族思想精華，它有在不同時代應變、發展的極大生命力。儒學還有一個特點，便是時時、處處滲入日常生活之中，十分重大的哲理，在許多小事物中體現出來。中國茶文化便是由此派生而來。飲茶，不僅與倫常、

君不可一日無茶
中國茶文化史

道德、文化、思想關聯,甚至包含興邦治國之道,還包含宇宙觀。近年來臺灣茶人提出大力發展茶業,小小一杯茶,被提到如此驚人的高度,西方人無論如何是難以理解的。但中國卻以為很自然。所謂「治大國若烹小鮮」,煎條小魚都可以領悟治國之道,更何況中國茶文化這種洋洋大觀的子文化大體系?話雖如此,若不瞭解中國古老的茶道,別說西方人,就是現代之國人亦難免懷疑茶人們在誇大其詞。但是,當我們瞭解真正的中國茶道之後,便明白事實確實如此。中國茶道,其理至深,其義至遠,這道理,你只有在實踐中去體會。在下一支拙筆,也不過道其一二而已。

一、中庸、和諧與茶道

　　有人說,西方人性格像酒,火熱、興奮,但也容易偏執、暴躁、走極端,動輒決鬥,很容易對立;中國人性格像茶,總是清醒、理智地看待世界,不卑不亢,執著持久,強調人與人相助相依,在友好、和睦的氣氛中共同進步。這話頗有些道理。酒自然有酒的好處,該熱不熱,該冷不冷,須要拚一下但不去拚是不行的。但從人類長遠利益看,中國人的思維方法或許可儘量減少人類不必要的災難。所以,茶文化從中國這塊土壤上誕生,有著深厚的思想根源。

　　表面看,中國儒、道、佛各家都有自己的茶道流派,其形式與價值取向不盡相同。佛教在茶宴中伴以青燈孤寂,要明心見性;道家茗飲尋求空靈虛靜,避世超塵;儒家以茶勵志,溝通人際關係,積極入世。無論意境和價值取向,看上去不都是很不相同嗎?

　　其實不然。這種表面的區別確實存在,但各家茶文化精神有一個很大的共同點,即和諧、平靜,實際上是以儒家的中庸為提攜。

　　與無邊的宇宙和大千世界相比,人生活的空間環境是那樣狹小。因此,人

第七章 儒家思想與中國茶道精神
一、中庸、和諧與茶道

與自然、人與人之間便難免矛盾衝突。解決這些矛盾的辦法，在西方人看來，就是要直線運動，不是你死，便是我活，水火不容。中國人卻不這麼看。在社會生活中，中國人主張有秩序，相攜相依，多些友誼與理解。在與自然的關係中，主張天人合一，五行協調，向大自然索取，但不能無休無盡，破壞平衡。水火本來是對立的，但在一定條件下卻可相容相濟。儒家把這種思想引入中國茶道，主張在飲茶中溝通思想，創造和諧氣氛，增進彼此的友情。飲茶可以更多地審己、自省，清清醒醒地看自己，也清清醒醒地看別人。各自內省的結果，是加強理解，理解萬歲！過年過節，各單位舉行「茶話會」，表示團結；有客來，敬上一杯香茶，表示友好與尊重。常見酗酒鬥毆的，卻不見茶人喝茶打架，哪怕品飲終日也不會掄起茶杯翻臉。這種和諧、友誼的精神，來源於茶道中的中庸思想。

陸羽創中國茶藝，無論形式、器物都首先體現和諧統一。他所做的煮茶風爐，形如古鼎，整個用《周易》思想為指導。而《周易》被儒家稱為「五經之首」。除用易學象數原理嚴格定其尺寸、外形外，這個風爐主要運用了《易經》中三個卦象：坎、離、巽，來說明煮茶包含的自然和諧的原理。坎卦在八卦中為水；巽卦在八卦中代表風；離卦在八卦中代表火。陸羽在三足間設三窗，於爐內設三格，三格上，一格書「翟」，翟為火鳥，然後繪離的卦形；一格書「魚」，繪坎卦圖樣；另一格書「彪」，彪為風獸，然後繪巽卦。陸羽說，這是表示「風能興火，火能煮水」。故又於爐足上寫下：「坎上巽下離於中」，「體均五行去百疾」。在西方人看來，水火是兩種根本對立難以相容的事物。但在中國人看來，二者在一定條件下卻能相容相濟。《易經》認為，水火完全背離是「未濟」卦，什麼事情也辦不成；水火交融，叫作「既濟」卦，才是成功的條件。中醫理論認為，心屬火，腎屬水，心腎不交會生病，心火下降，腎水上升，兩者協調才能健康。所以，氣功學把這種協調心腎的功法稱為「水火既濟功」。天與地的關係同樣如此，《易經》認為，天之氣到地下來，地之氣到天上去，這是泰卦，能平安吉祥。相反，天高高在上，地永遠壓在下面，表面看合理，實際天地隔離，那叫否卦，是並不吉祥的。用這種觀點指導統治術，要求帝王們要體察民情，產生「民本」思想；而百姓們也要體諒些國家，顧全些大局。而水火不容的兩國也能化敵為友。有時

君不可一日無茶
中國茶文化史

兵戎相見，轉眼又稱兄弟之國。「大同世界」「萬邦和諧」，是中國人的社會理想；天地自然、五行和諧，是中國人辯證的自然觀。中國茶人把這兩點都引入茶藝和茶道之中。陸羽認為，水、火、風相結合，才能煮出好茶，發茶性，去百疾。同樣是水，也要取水質既清潔又平和的，因此對湍流飛瀑評價最低，認為不宜煮茶。枯井之水也不好，「流水不腐，戶樞不蠹」，過於靜止，就要陳腐，喝了也要生病。

在中國茶文化中，處處貫徹著和諧精神。宋人蘇漢臣有《百子圖》，一大群娃娃，一邊調琴、賞花、歡笑嬉戲，一邊拿了小茶壺、茶杯品茶，宛如中華民族大家庭，孩子雖多並不去打架，而能和諧共處。至於直接以《同胞一氣》命名的俗飲圖，或把茶壺、茶杯稱為「茶娘」「茶子」，更直接表達了這種親和態度。中華民族親和力特別強，各民族有時也兄弟鬩牆，家裡打架，但總是打了又和。遇外敵入侵，更能同仇敵愾。清代茶人陳鳴遠，造

宋劉松年《博古圖》

第七章 儒家思想與中國茶道精神
二、中國茶道與樂感文化

了一把別致的茶壺,三個老樹蚪根,用一束腰結為一體,左分枝出壺嘴,右出枝為把手,三根與共,同含一壺水,同用一隻蓋,不僅立意鮮明,取「眾人捧柴火焰高」「十支筷子折不斷」「共飲一江水」等古意,而且造型自然、高雅,樸拙中透著美韻。此壺命名為「束柴三友壺」,一下子點明了主題。

中國歷史上,無論煮茶法、點茶法、泡茶法,都講究「精華均分」。好的東西,共同創造,也共同享受。從自然觀念講,飲茶環境要協和自然,程式、技巧等茶藝手段既要與自然環境協調,也要與人事、茶人個性相符。青燈古刹中,體會茶的苦寂;琴台書房裡,體會茶的雅韻;花間月下宜用點花茶之法;民間俗飲要有歡樂與親情。從社會觀說,整個社會要多一些理解,多一些友誼。茶壺裡裝著天下宇宙,壺中看天,可以小中見大。中國人也講鬥爭,但鬥的目的是為求得相對穩定與新的平衡。目前,世界面臨著殘殺、戰爭和自然環境的大破壞、大污染,中國的茶道精神或許能給這紛亂的世界加些清涼鎮靜劑。據說,英國議會中開會,怕議員們吵起來,特地備茶,以改善氣氛,這大概是中國茶道精神的延伸。中國西化之初,開始青年人覺得西方文化有刺激性,嚮往搖滾樂、咖啡廳。搞了幾年,還是覺得平和、清醒為好。於是又想起了中國的茶,想起了茶會中那安定、祥和的氣氛。中國人講「人之初,性本善」,中國茶道或許會更多喚起人類善的本性。地球這樣小,外星縱有適於生存的地方,起碼現在還沒找到。既然如此,還是多一點茶人間的友善為好。可能這正是中國與東方茶事大興的原因之一吧。

二、中國茶道與樂感文化

有人說,日本茶道要點在於清、寂,而中國茶道卻多了許多歡快的氣氛。這確實是說到了點子上。日本處於孤島之上,憂患意識或危機感特別強,他們吸

君不可一日無茶
中國茶文化史

收中國禪宗茶道的苦寂思想是很自然的，西方人表面看來歡歡樂樂，但內心也有許多說不出的苦處。西方是上帝統治著人，人們今生要拼命享受，因為來世還不知如何。今天是百萬富翁，明天就可能一貧如洗，跳樓跳海。人們對於自己的命運很難把握，更談不到子孫後代。所以，樂中有悲，不過是「今朝有酒今朝醉」。日本的「清寂」與西方的「拼命享受」，表面看很不相同，但都懷有對未來的恐懼。

中國人則不然，雖然信神，但神可有可無。生命誰給的？不是上帝，而是父母、爺爺和奶奶。今後前景如何？寄希望於子孫後代，相信芝麻開花節節高、一代更比一代強。所以，中國人總是充滿信心地展望未來，也更重視現實的人生。不必等來世再到上天那裡求解脫，生活本身就要體會「活」的歡樂。有人稱中國文化的這種特點為「樂感文化」，而中國茶道，正呈現出這一特點。在困境到來時，茶人們也講以茶勵志；但在日常生活中，特別是茶道中，總是更多與歡快、美好的事物相關聯。因為，在儒家思想看來，人生到世界上並不是專門為了受苦。再艱苦的環境，總還有許多樂趣，沒有一點歡樂和希望，還活著幹什麼？

陸羽主張茶藝要美，技術要精，連煮茶的沫餑都用魚睛、蟹目、棗花、青萍來形容。皎然是個和尚，但是個被儒化了的和尚，他主張飲茶可以伴明月、花香、琴韻，還作了許多好詩，被譽為「詩僧」，在唐詩中也占了一個地位。范文瀾先生笑皎然不是個真和尚，既然四大皆空，要作詩揚名幹什麼？這也有點太苛求了些。和尚們既不能娶妻生子，享受天倫之樂，連作詩、繪畫、享受點自然情趣和朋友的親情都不可，那真是印度的苦行僧了。所以，皎然是個很有人情味的和尚。陸羽重於茶藝，皎然重於茶理，特別是重茶中的藝術思想、精神境界。談到中國茶道思想，人們總是推崇盧仝的《謝孟諫議寄茶》詩，俗稱《七碗詩》。其實，皎然早就一碗兩碗地討論過茶的意境。他在《飲茶歌誚崔石使君》中寫道：

越人遺我剡溪茗，採得全芽爨金鼎。素瓷雪色縹沫香，何似諸仙瓊蕊漿。一飲滌昏寐，情來朗爽滿天地。再飲清我神，忽如飛雨灑輕塵。三飲便得道，何須苦心破煩惱。此物清高世莫知，世人飲酒多自欺。愁 看畢卓甕間夜，笑向

第七章 儒家思想與中國茶道精神
二、中國茶道與樂感文化

陶潛籬下時。崔侯啜之意不已，狂歌一曲驚人耳。 孰知茶道全爾真，唯有丹丘得如此。

在皎然看來，連陶淵明採菊東籬，借酒澆愁也大可不必。以茶代酒，更達觀、更清醒地看待世界，滌去心中的昏寐，面對朗爽的天地，才是茶人的追求。這奠定了中國茶道的基調，既有歡快、美韻，但又不是狂歡濫飲。所以，真正的茶人總是相當達觀的。有樂趣，但不失優雅，是有節律的樂感。

唐 佚名 《宮樂圖》 宋人摹本

唐代《宮樂圖》，表現的是宮中婦女品茶與飲饌、音樂相結合的情景，是從悠揚的宮樂、祥和的氣氛中體現樂感。明人在自然山水間飲茶，求得自然的美感和樂趣。在齋中品茗，相伴琴、書、花、石，求得怡然雅興。甚至於洞房中夫妻對斟，皆可入畫，有歡快但無俗媚，更不可能有猥褻之感。著名女詞人李清照

君不可一日無茶
中國茶文化史

與丈夫趙明誠都是著名茶人，常以茶對詩，夫妻和樂，以至香茗灑襟，仍不失雅韻，被人傳為佳話。至於民間茶坊、茶樓、茶館，歡快的氣氛便更濃重些。以禪宗的德山棒來看，這些茗飲方式好像都沒有什麼深刻的思想。但在正常人看，七情六慾皆出乎天然，合於自然者即為道。儒家看來，天地宇宙和人類社會都必須處在情感性的群體和諧關係之中，不必超越實際時空去追求靈魂的不朽，體用不二，體不高於用，道即在倫常日用、工商耕稼之中。「天行健」，自然不停地運動，人也是生生不息，日常的生活，有艱難，也有快樂，才合自然之道，自然之理。飲茶不像飲酒，平時愁腸百轉，喝昏了發洩一通，狂歡亂舞，也不像苦行僧，平時無歡樂，無精神，苦苦坐禪，才有一時的開悟和明朗。茶人們一杯一飲都有樂感。「學而時習之，不亦說乎？」「有朋自遠方來，不亦樂乎？」以茶交友不亦樂乎？佳茗雅器不亦樂乎？以茶敬客不亦樂乎？居家小斟不亦樂乎？並非中國人不知艱難或沒有「憂患意識」，而是執著於終生的追求，誠心誠意地對待生活，「反身而誠，樂莫大焉」。合於自然，合於天性，窮神達化，人便可以在一飲一食當中都得到快樂，達到人生極致。

　　飲茶，於己養浩然之氣，對人又博施眾濟，大家分享快樂。茶道中充滿自己的精神追求，也有對其他人際的熱情。清醒、達觀、熱情、親和與包容，構成儒家茶道精神的歡快格調，這既是中國茶文化總格局中的主調，也是儒家茶道與佛教禪宗茶道的重要區別。快樂在儒家看來，不僅不是沒有志氣、沒有思想，恰恰相反，是對生活充滿信心的表現。所以孔子讚揚顏回說：「賢哉，回也！一簞食，一瓢飲，在陋巷，人不堪其憂，回也不改其樂，賢哉，回也！」中國的茶人們比起錦衣玉食的達官貴人，端了杯茶自樂，當然顯得寒酸，比起禪宗茶道的清苦，又好像執著不夠。但儒家茶道是寓教於飲，寓志於樂。道家飄逸、閒散過了些，佛教又執著得不近乎人情，還是儒家茶道既承認苦，又爭取樂，比較中庸，易為一般人接受。所以，中國民間茶禮、茶俗，大多吸收儒家樂感精神，歡快氣氛比較濃重。老北京的市民們，在艱苦的歲月裡從北京茶館裡尋找了不少快樂，茶也算個「有功之臣」了。

第七章 儒家思想與中國茶道精神
三、養廉、雅志、勵志與積極入世

三、養廉、雅志、勵志與積極入世

　　歷史上,「茶禪一味」給人們留下了深刻的印象。加之明清茶人接受道家思想,消極避世者甚多,清末八旗子弟,民國遺老遺少,又常以茶為「玩意兒」,給人們留下的好印象也不多。所以,近世雖積極推崇茶的好處,但並不以為茶藝的講究有什麼好,常把藝茶品茗看作文人、閒人的無聊、避世、消閒之舉,而不大瞭解中國茶中積極入世的精神。其實,中國茶文化從一產生開始,便是以儒家積極入世的思想為主。茶人中消極避世者有之,但一直不占主要地位。我們這樣說,是從中國茶文化發展的總體趨勢和大格局而言。當然,並不排除茶道流派和個別茶人中的消極思想。在個別時期,消極避世的傾向甚至占上風,而從茶文化在中國長期發展中的歷史作用來說,無論如何,其積極精神是主要的。

　　在中國,儒、道、佛各家雖然都有自己的茶道思想,但領導中國茶文化潮流的主要是文人儒士。中國的儒學,即使在它走向保守以後,仍然是入世而不是避世。中國的知識份子,從來主張「以天下為己任」「為生民立命」「為天地立心」,很有使命感和責任心,中國茶文化恰好吸收了這種優良傳統。中國最開始習慣飲茶的確實是道人、和尚,但能形成文化觀點,以精神推動茶文化潮流的仍是儒生們。兩晉與南北朝時,推動茶文化發展的,主要是政治家和清談家。政治家如桓溫、陸納等是以茶養廉,以對抗兩晉以來的奢靡之風,而清談家則是在飲酒、飲茶中縱論天下之事。清談也並非全無用處,其中也不乏有見解、有思想的人物。

　　到唐代,陸羽等創製茶文化總格局,實際上已是儒、道、佛各家的合流。但儒家思想是提攜諸家的綱領。陸羽本身就充滿了憂國憂民之心,這從他創製的器具上就可得到證明。有人認為,陸羽是「教技術」,好比一個茶學工程師,皎然、盧仝等才是講茶精神。其實不然,皎然的許多茶詩固然充滿了美的意境和哲理,但主要是創建茶的藝術意境和美學思想。儘管皎然與一般和尚有許多不同,但畢竟仍是和尚。而陸羽則不然,他自幼被父母拋棄,當過小和尚,進過戲

君不可一日無茶
中國茶文化史

班子,嘗盡人間酸甜苦辣。剛逢伯樂,打算實現精研儒學的願望,卻又碰上「安史之亂」。到湖州避難,在研究茶學中深入民間,十分瞭解百姓的疾苦。在與顏真卿等交往中,又進一步研究儒學、討論國家大事。今人多知顏真卿是大書法家,而大多不知顏氏也是位大政治家,而且首先是政治家。天寶十二年(753年),安祿山驅兵南下,河北諸郡紛紛陷落,顏真卿任平原郡太守,唯獨平原郡城防堅固,戰旗飄揚,顏氏肩負了領導整個河北戰場的重任。後來,顏真卿又出任刑部尚書,因忠耿剛烈,被排擠出京。後再次檢校刑部尚書,又犯顏直諫,惹惱了皇帝,得罪了宰相,方又左遷外任。大曆八年(773年),顏真卿出任湖州刺史,陸羽與之結為至交,皎然也是顏府座上客。可以想見,這樣一班朋友,必然會在思想上彼此影響。陸羽與顏真卿的性格十分相似,朋友有錯,常苦心勸諫,人家若聽不進去,先自己難過地大哭。一個是諫君,一個是諫友,但都是忠耿剛烈。陸羽除茶學著作外,還長於修方志,今可稽考者尚有五六種。方志在古代稱「圖經」,地方修「圖經」,上達朝廷,瞭解民情土風以備參考。可見,陸羽的心上繫朝廷,下連黎民。所以,當他製造燒茶的風爐時,不僅吸收了《易經》五行和諧的思想,而且把儒家積極入世的精神都反映進去。適值「安史之亂」平定,他便在爐上刻下「大唐滅胡明年鑄」。他又在爐上鑄了「尹公羹,陸氏茶」,與伊尹相比。他所造茶釜,不論長寬厚薄皆有定制,並說明要「方其耳以令正」,「廣其緣以務遠」,「長其臍以守中」。這令正、務遠、守中的思想,正是儒家治國之理。他在《茶經》中強調,飲茶者須是精行儉德之人,把茶看作養廉和勵志、雅志的手段。後來,劉貞亮總結茶之「十德」,又明確「以茶可交友」,「以茶可養廉」,「以茶可雅志」,「以茶利禮仁」,正式把儒家中庸、仁禮思想納入茶道之中。

最能形象地反映茶道入世精神的是宋人審安老人《茶具圖》中十二器之名。

第七章 儒家思想與中國茶道精神
三、養廉、雅志、勵志與積極入世

君不可一日無茶
中國茶文化史

133

第七章 儒家思想與中國茶道精神

三、養廉、雅志、勵志與積極入世

1. 烘茶焙籠——稱「韋鴻臚」。
2. 茶槌——稱「木待制」。
3. 茶碾——稱「金法曹」。
4. 茶帚——稱「宗從事」。
5. 茶磨——稱「石轉運」。
6. 茶瓢——稱「胡員外」。
7. 茶羅合——稱「羅樞密」。
8. 茶巾——稱「司職方」。
9. 茶託——稱「漆雕秘閣」。
10. 茶碗——稱「陶寶文」。
11. 茶注子——稱「湯提點」。
12. 茶筅——稱「竺副帥」。

在這裡，每一件茶器都冠以職官名稱，充分體現了茶人以小見大，以茶明禮儀、制度的思想。明代，國事艱難，更繼承了這種傳統，竹茶爐稱「苦節君像」，都籃稱「苦節君行省」，焙茶籠稱「建城」，貯水瓶稱「雲屯」，炭籠叫「烏府」，滌方日「水曹」，茶秤叫「執權」，茶盤叫「納敬」，茶巾稱「受汙」。表面看，茶人們松風明月，但大多數人卻時時不忘家事、國事。茶人們從飲茶中貫徹儒家修、齊、治、平的大道理，大至興觀群怨，規矩制度、節儀，小至怡情養性，無一不關乎時事。至於消閒的作用，當然是有的。儒家向來主張一張一弛，文武之道，不必要終日、終生都繃著臉，當進則進，當退則退。即使閒居野處，烹茶論茗，也並不一定說明就是消極。

四、禮儀之邦說茶禮

中國向來被稱為「禮儀之邦」。現代人一提起「禮」，便想起封建禮教、三綱五常。其實，儒家思想中的禮，不都是壞的。比如敬老愛幼，兄弟禮讓，尊師愛徒，便都沒有什麼不好。人類社會是一架複雜無比的大機器，先轉哪個把手、哪個輪子，總要有個次序。中國人主張禮儀，便是主張互相節制、有秩序。茶使人清醒，所以在中國茶道中也吸收了「禮」的精神。南北朝時，茶已用於祭禮，唐以後歷代朝廷皆以茶薦社稷、祭宗廟，以至朝廷進退應對之盛事，皆有茶禮。

宋代宮廷茶文化的一種重要形式便是朝廷茶儀，朝廷春秋大宴皆有茶儀。徽宗趙佶作有《文會圖》，無論從徽宗本身的地位或這幅畫表現的場景、內容來看，都不可能是一般文人的閒常茶會。圖的下方有四名侍者分侍茶酒，茶在左，酒在右，看來茶的地位還在酒之上。巨大的方案可環坐十二個位次。宴桌上有珍饈、果品及六瓶插花，樹後石桌上有香爐與琴。整個宴會環境是在闊大的廳園之中，絕不似同時期書齋捧茶，或劉松年《盧仝烹茶圖》、錢選《玉川烹茶圖》那樣自在閒適。可見，這是禮儀性茶宴。當然，比朝廷正式茶儀要靈活、自然，而較一般茗飲拘謹得多。由此可見，文人以茶為聚會儀式，或朝廷親自主持文士茶會已是經常舉動。所以，在《宋史·禮志》《遼史·禮志》中，到處可見「行茶」記載。《宋史》卷一百一十五《禮志》載，宋代諸王納妃，稱納彩禮為「敲門」，其禮品除羊、酒、彩帛之類外，還有「茗百斤」。這不是一種隨意的行為，而是必行的禮儀。

自此以後，朝廷會試有茶禮，寺院有茶宴，民間結婚有茶禮，居家茗飲皆有禮儀制度。百丈懷海禪師以茶禮為叢林清修的必備禮儀。明人丘濬《家禮儀節》中，茶禮是重要內容。元代德輝《百丈清規》中，十分具體地規定了出入茶寮的規矩。如何入蒙堂，如何掛牌點茶，如何焚香，如何問訊，主客座位，點茶、起爐、收盞、獻茶，如何鳴板送點茶人……規定十分詳細。至於僧堂點茶儀式，同樣有詳細規定。這可以說是影響禪宗茶禮的主要經典，但同樣也影響了世俗茶禮的發

第七章 儒家思想與中國茶道精神

四、禮儀之邦說茶禮

展。《家禮儀節》更深刻影響民間茶禮，甚至影響到國外。如韓國至今家常禮節仍重茶禮。這些茶禮表面看被各階層、各思想流派所運用，但總的來說，都是中國儒家「禮制」思想的產物。

茶禮過於繁瑣，當然使人感到不勝其煩，但其中貫徹的精神還是有許多可取之處。如唐代鼓勵文人奮進，向考場送「麒麟草」；清代表示尊重老人舉行「百叟宴」；民間婚禮夫妻行茶禮表示愛情的堅定、純潔……都有一定積極意義。

當然，茶禮中也有陳規陋習，舊北京有些官僚，不願聽客人談話了便「端茶送客」，便是官場陋俗。

但總的來說，茶禮所表達的精神，主要是秩序、仁愛、敬意與友誼。現代茶禮可以說把儀程簡約化、活潑化，而「禮」的精神卻加強了。無論大型茶話會，或客來敬茶的「小禮」，都表現了中華民族好禮的精神。人世間還是多一些相互理解和尊重為好。

最後，我們以盧仝《走筆謝孟諫議寄新茶》詩，來總結儒家的茶道精神。原詩曰：

日高丈五睡正濃，軍將打門驚周公。
口云諫議送書信，白絹斜封三道印。
開緘宛見諫議面，手閱月團三百片。
聞道新年入山裡，蟄蟲驚動春風起。
天子須嘗陽羨茶，百草不敢先開花。
仁風暗結珠琲瓃，先春抽出黃金芽。
摘鮮焙芳旋封裹，至精至好且不奢。
至尊之餘合王公，何事便到山人家。
柴門反關無俗客，紗帽籠頭自煎吃。
碧雲引風吹不斷，白花浮光凝碗面。

君不可一日無茶
中國茶文化史

一碗喉吻潤,兩碗破孤悶。

三碗搜枯腸,唯有文字五千卷。

四碗發輕汗,平生不平事,盡向毛孔散。

五碗肌膚清,六碗通仙靈。

七碗吃不得也,唯覺兩腋習習清風生。

蓬萊山,在何處?

玉川子,乘此清風欲歸去。

山上群仙司下土,地位清高隔風雨。

安知百萬億蒼生命,墮在巔崖受辛苦。

便為諫議問蒼生,到頭還得蘇息否?

　　凡論茶道者,皆好引此詩,但多取中間「七碗」之詞,捨去前後。而這樣一來,茶人諷諫的積極精神便丟了。盧仝被後人譽為茶之「亞聖」,不僅由於他以飽暢洸洋的筆墨描繪出飲茶的意境,而且特別強調了儒家的治世精神,是對唐代正式形成的中國茶文化精神的總結。

　　這首詩,實際分三部分。第一部分以軍將打門,諫議送茶寫起,表面看是用鋪陳的方法寫過程,但實際既包括禮儀精神,又包含倫序與諷諫。諫議送茶,已含「以茶交友」之意,是講茶對人際友誼的作用。「天子須嘗陽羨茶,百草不敢先開花」,又含了倫序。有的說從這裡便開始諷諫,其實,以盧仝這位封建文人說,先明倫序更符合他的思想。而「仁風暗結」,誇讚茶性「不奢」,又表達了儒家仁愛和養廉的精神。若說專以帝王、公侯與小民飲茶對比,也未免牽強。詩人首先以禮儀、倫序、友愛、仁義點出飲茶宗旨,倒更符合其思想實際。

　　中間當然是全詩精華。「一碗喉吻潤」,還只是物質效用,「兩碗破孤悶」,已經開始對精神發生作用了。三碗喝下去,神思敏捷,李白鬥酒詩百篇,盧仝卻三碗茶可得五千卷文字!四碗之時,人間的不平,心中的塊壘,都用茶澆開,正說明儒家茶人為天地立命的奮鬥精神。待到五碗、六碗之時,便肌清神爽,而有

第七章 儒家思想與中國茶道精神

四、禮儀之邦說茶禮

得道通神之感。表面看,飲到最後似有離世之意,但實際上,真正關心人間疾苦的茶人是不可能飛上蓬萊仙山的。所以,筆鋒一轉,便到第三層意思,最後是想到茶農的巔崖之苦,請孟諫議轉達對億萬蒼生的關懷與問候。這裡,才是真正的諷諫,是表達茶人「為生民立命」的精神。看來盧仝被稱為「亞聖」也是當之無愧的了。

第八章 老莊思想對茶文化的影響及道家所做的貢獻

中國茶文化吸收了儒、道、佛各家的思想精華，中國各重要思想流派都做出了重大貢獻。儒家從茶道中發現了興觀群怨、修齊治平的大法則，用以表現自己的政治觀、社會觀，佛家體味茶的苦寂，以茶助禪、明心見性，而道家則把空靈自然的觀點貫徹其中。甚至，墨子思想也被吸收進來，墨子崇尚真，中國茶文化把思想精神與物質結合，歷代茶人對茶的性能、製作都研究得十分具體，或許，這正是墨家求真觀念的體現。

本章重點談道家對中國茶文化的貢獻。表面看，儒與道朝著完全相反的方向發展。儒家立足於現實，什麼事都積極參與，喝茶也忘不了家事、國事、天下事；道家強調「無為」，避世思想濃重。但實際上，在中國，儒道經常是相互滲透，相互補充的。儒家主張「一張一弛，文武之道」「大丈夫能屈能伸」，條件允許便積極奮鬥，遇到阻力，便拐個彎走，退居山林。所以，道家的「避世」「無為」，恰恰反映了中國文化柔韌的一面，可以說對儒家思想是個補充。中國茶文化反映了儒道兩家這種相輔相成的關係。特別是在茶文化的自然觀、哲學觀、美學觀，以及對人的養生作用方面，道家也做出了重要貢獻。儒家精神固然在中國茶文化中占重要地位，道家也不能不提。有人說，儒家在中國茶文化中主要發揮政治功能，提供的是「茶禮」；道家發揮的主要是藝術境界，宜稱「茶藝」；而只有佛教茶文化才從茶中「瞭解苦難，得悟正道」，才可稱「茶道」。其實，各家都有自己的術、藝、道。儒家說：「大道既行，天下為公。」茶人說：「茶中精華，友人均分。」道家說：「道，可道，非常道。」兩者不過一個說表現，一個說內在，表裡互補，都是既有道，也有藝、有術。

道家與道教是兩回事，道教尊老子為祖並宗教化，其思想遠不如老子來得

第八章 老莊思想對茶文化的影響及道家所做的貢獻
一、天人合一與中國茶文化中包含的宇宙觀

深刻。而古代道家思想與莊子在哲學觀方面頗為接近,所以,人們常將老、莊並提。從自然和宇宙觀方面,中國茶文化接受老莊思想甚深,這又為茶人們創造飲茶的美學意境提供了源泉活水。因此,我們就從這裡開始討論吧。

一、天人合一與中國茶文化中包含的宇宙觀

老子姓李名耳,生於兩千七百多年以前的楚國,有人說他活了二百歲。到底老子活了多少歲也難考證清楚,反正是個有名的老壽星。一般人容易只看事物的外部,老子強調要深入事物的內部;一般人只看事物的正面,老子專愛強調它的反面。人們說剛強的好,他說牙齒硬,掉得快;舌頭軟,至死與人同在。人們說聰明好,他又說大智若愚;人們說要有為,他便說無為而治是第一流的政治家。老子主張以小見大,師法自然,回歸到質樸的自然狀態,國家也好治理了,人自己苦惱也少了。老子的思想從矛盾的另一個側面豐富了中國文化思想,為中國文化擴大了領域,增加了彈性和韌心。莊子是老子思想的繼承者和發揚者,他喜歡用幽默的語言、生動的故事,天上地下的恢宏氣魄,無邊無際的浪漫手法和詩一樣的語言說明人間和宇宙萬物中的大道理。老莊思想的共同特點是不把人與自然、物質與精神分離,而將其看成一個互相包容、關聯的整體。中國茶文化是這種思想的典型反映。

本來,中國的古老文化傳統向來是強調人與自然的統一。據說,黃帝軒轅氏的時候,管天事與人事的官還不分家,所以人能與鬼神溝通,得天地之理。後來顓頊帝叫南正重司天,北正黎司地,用現代話說,自然科學與社會、政治分了家,所以天地便不能溝通了,精神與物質也對立了。中國茶人接受了老莊思想,強調天人合一,精神與物質的統一。「茶聖」陸羽首先從研究茶的自然原理入手,即使用現代科學觀點衡量驗證,陸羽也是第一流的茶葉學專家。但是,陸羽不僅

君不可一日無茶
中國茶文化史

研究茶的物質功能，還研究其精神功能。所謂精神功能，還不只是因為茶能醒腦提神，若僅此一點，仍屬藥理、醫學範圍。陸羽和其他優秀茶人，是把製茶、烹茶、品茶本身看作一種藝術活動。既是藝術，便有美感，有意境，甚至還有哲理。西方人愛把精神與物質對立起來，現今的西方世界，一方面是高度的技術成就和物質財富的堆積，另一方面卻是精神貧乏與道德墮落，兩者很難找到統一的方法。拿吃飯穿衣來說，在西方人看主要是物質享受，若要在牛排、炸雞、咖啡和三明治當中還要感受出一點什麼思想，甚至還要包含藝術、哲理，那簡直不可思議。中國人則不同，喝茶也要講精神。陸羽創造的茶藝程式，就充滿了美感。如烹茶一節，既觀水、火、風，又體會物質變化中的美景與玄理。煮茶，物性變化，出現泡沫，一般人看來，有什麼美？陸羽卻在沫餑變化中享受大自然的情趣。他形容沫餑變化說：「華之薄者曰沫，厚者曰餑，細者曰花。如棗花漂漂然於環池之上，又如回潭曲渚青萍之始生，又如青天爽朗有浮雲鱗然。其沫者，若綠錢浮於水湄，又如菊英墮於樽俎之中，……重華累沫，皤皤然若積雪耳。」在陸羽的眼裡，茶湯中包含孕育了大自然最潔淨、美好的品性。日本茶道重在領略靜、寂的禪機，而中國茶道重在情景合一，把個人融於大自然之中。盧仝飲茶，感受到的是清風細雨一樣向身上飄灑，可以「情來爽朗滿天地」。宋代大文學家蘇軾更把整個汲水、烹茶過程與自然契合。他的《汲江煎茶》詩云：

活水還需活火烹，自臨釣石取深清。

大瓢貯月歸春甕，小杓分江入夜瓶。

雪乳已翻煎處腳，松風呼作瀉時聲。

枯腸未易禁三碗，坐聽荒城長短更。

詩人臨江煮茶，首先感受到的是江水的情意和爐中的自然生機。親自到釣石下取水，不僅是為煮茶必備，而且取來大自然的恩惠與深情。大瓢請來水中明月，又把這天上銀輝貯進甕裡，小杓入水，似乎又是分來江水入瓶。茶湯翻滾時，發出的聲響如松風呼瀉，或是真的與江流、松聲合為一氣了。然而，茶人雖融化於茶的美韻和自然的節律當中，卻並未忘記人間，而是靜聽著荒城夜晚的更聲，

第八章 老莊思想對茶文化的影響及道家所做的貢獻

一、天人合一與中國茶文化中包含的宇宙觀

明 仇英 《寫經換茶圖卷》

天上人間,明月江水,茶中雪乳,山間松濤,大自然的恩惠與深情,荒城的人事長短,都在這 汲、煎、飲中融為一氣了。茶道中天人合一、情景合一的精神,被描繪 得淋漓盡致。

　　元明時期,儒家文人遇到了空前的大難題。蒙古人入主中原之初,尚未接受漢族傳統文化,文化人向來自認為「萬般皆下品,唯有讀書高」,在元朝統治者眼裡卻落了個「臭老九」的地位。明代黨羽橫生,文人不敢稍稍發表獨立的見解。於是,許多有才學的人隱居山林,以茶解憂,茶成了表示清節的工具,被稱作「苦節君」;茶成了苦中求樂的文人朋友,又被稱作「忘憂君」。其實,「苦節」倒是真的,「憂」卻很難忘卻。誠如莊子所云,泉水乾枯了,魚兒們用口水相互沾潤,倒不如各自暢遊於大江大湖的好。茶人們這種苦節勵志的精神固然可貴,但對整個社會卻難以有所匡輔。但是,正因為不像宋人那樣,時時處處都用儒家禮儀規範飲茶活動,所以中國茶道的自然情趣才更為濃重。茶人們從茶中領略自然的簫聲,儘量「忘我」,求得心靈的某種解脫,莊子說,顏成子游從師學道,第一年心如野馬,第二年開始收心,第三年心無掛礙,第四年混同物我,第五年大眾來歸,第六年可通鬼神,第七年順乎自然,第八年忘去生死,第九年大徹大悟。無論皎然的三碗茶詩,還是盧仝的七碗詩,仔細讀去,都包含著莊子這種混同物我,順乎自然,大徹大悟的精神。元明茶人進一步加深這種思想,品茶論水

君不可一日無茶
中國茶文化史

只是進入自然的媒介。所謂「枯石凝萬象」，小小一杯茶，從中要尋求的卻是空靈寂靜，契合自然的大道。如文徵明、唐寅等人的品茶圖畫，都反映了這種思想。文、唐二人都是嘉靖文壇上「吳中四才子」的主要成員，其藝術風格和人品均以縱逸不羈的姿態出現。文徵明的茶畫，有《惠山茶會》《陸羽烹茶圖》《品茶圖》等，從這些茶畫中，我們看到的是枯石老樹，清水竹爐。唐寅，字伯虎，比文徵明更縱逸風雅，喜歡的是香茶、琴棋、博古、觀書，加上嬌妻美妾。唐伯虎點秋香的故事，至今為民眾所傳頌。所以他的茶畫也更多了些風雅美韻。他在《琴士圖》中，畫的是青山如黛，瀑布流泉，岸邊的茶爐火焰燃燒，茶釜的沸水，與泉聲、瀑聲、松聲、琴聲似融為一體。畫是靜的，但處處有自然的簫聲在宇宙間回響、流動，也撥動了茶人內心的琴弦。同樣畫陸羽品茶，唐寅的筆下，意境闊大得多，天地宇宙、山水自然的美韻洋溢整個畫圖之中，而又總是把煮茶的情節放在畫的突出部位，具體茶藝方法表現得十分洗練，但總是作為畫龍點睛之筆。他又把焚香、插花、勘書、觀畫、雅石、山水與品茶都結合起來，雅石透漏瘦縐，修竹扶疏而出。這些情景，既吸收了莊子萬象冥合的觀念，又融進儒家對現實生活美好的追求。他在《品茶圖》中，自題詩曰：

買得青山只種茶，峰前峰後摘春芽。

烹煎已得前人法，蟹眼松風娛自嘉。

買青山，自種茶，自煎茗，自得趣，更多了些積極樂觀的追求。唐寅的詩畫，有莊子的氣魄和上天入地的精神，但又多了些儒家的現實與樂觀。所以，中國的儒與道，實在是很難分家的。即便真正的道士，也未必完全是避世。元代丘處機是蒙古人的重要謀士，曾從征大雪山。出世與入世是相對而言，完全把道家思想理解為消極的東西未必妥當。老莊思想總的來說是著眼於更大的宇宙空間，所謂「無為」，正是為了「有為」；柔順，同樣可以進取。水至柔，方能懷山襄堤；壺至空，才能含華納水。目前，世界上紛爭、喧囂太過了，「飛毛腿」「愛國者」呼嘯於夜空，人們又想起了東方自然和諧與寧靜的環境。就整個人類發展來說，無論人與人，還是人與自然，終歸是以和諧為好，完全沒有火，缺少生機；而沒

第八章 老莊思想對茶文化的影響及道家所做的貢獻
二、道家茶人與服食袪疾

有茶的寧靜、清醒，世界一片混亂，人類也難以正常生存。道家茶理，從另一個側面發掘了茗茶藝術中的深刻哲理。

二、道家茶人與服食袪疾

把飲茶推向社會的是佛家，把茶變為文化的是文人儒士，而最早以茶自娛的是道家。中國關於飲茶的大量記載出現在兩晉和南北朝。其中，許多飲茶的故事出現在道家的神怪故事中。道家思想宗教化變為道教，但中國人對上帝鬼神的信仰總是不十分篤實的，道教其實並沒有太嚴格的教義，只不過把老莊思想神化。所以，道家也常被稱為神仙家。當時，佛教傳入中國不久，不少人還難以認識佛的本質，常把佛也歸入神仙家之類。道教的要義無非是清靜無為，重視養生，茶對這種修煉方法再有利不過，所以道士們皆樂於用。於是在南北朝的神怪故事中就出現了許多關於茶的記載。《神異記》說，餘姚人虞洪入山採茗，遇一道士，牽著三條青牛，把虞洪領到一個大瀑布下，說：「我便是神仙丹丘子，聽說您善做茶飲，常想得到您的惠賜。」於是指示給他一棵大茶樹，從此虞洪以茶祭祀丹丘子。《續搜神記》說，晉武帝時，宣城人秦精常入武昌山採茶，遇到一個丈餘高的毛人，指示給他茶樹叢生的地點，又把懷中的柑橘送給他。這個毛人雖不是神仙，也被看作山怪之類。至於《廣陵耆老傳》中的賣茶老婆婆，便明顯是個神仙了，官府把她抓到監獄裡，夜裡她能帶了茶具從窗子裡飛走。後來茶人在詩中經常創造飲茶羽化成仙的意境，大概正是受了這種啟發。

不過，這還只是傳說中的神仙道士。真正的道人也是最愛飲茶的，道家飲茶更加自在，不像佛教茶道過分執著於精神追求，也不像儒家那樣器具、禮儀繁瑣。宋孝武帝之子新安王子鸞、豫章王子尚到八公山訪問曇濟道人，曇濟就是個很會煮茶的人，他設茗請二位皇子品嘗，子尚說：「這像甘露一樣美，怎麼說

是茶茗？」

　　道家最偉大的茶人大概要算陶弘景。陶為南朝齊梁時期著名的道教思想家，同時也是大醫學家。他字通明，自號華陽隱居，丹陽秣陵（今南京）人。陶弘景曾仕齊，拜左衛殿中將軍。入梁，在句曲山（茅山）中建樓三層，隱居起來。時人看見，以為是神仙。梁武帝禮請下山，陶弘景不出，但武帝有要事難決時便派大臣去請教，號稱「山中宰相」。他的思想脫胎於老莊哲學和葛洪的神仙道教，也雜有儒、佛觀點。可見，道家的「避世」也是相對的。陶氏在醫藥學方面很有成就，曾整理古代的《神農本草》，並搜集魏晉間民間新藥，著成《本草經集注》七集，共載藥物七百三十種。現已在敦煌發現殘本。另著有《真誥》《真靈位業圖》《陶氏驗方》《補闕肘後百一方》《藥總訣》等書。可見他既是個政治家、思想家，又是醫藥學家。他在《桐君採藥錄》中的注解內，備述西陽（今湖北黃岡）、武昌、廬江（今安徽合肥）、晉陵（今江蘇武進）等地所產好茶，以及巴東所產真茗。陶氏是從茶的藥用價值方面來看待茶的。

　　唐代著名道家茶人大概首推女道士李冶。李冶，又名李季蘭，出身名儒，不幸而為道士。據說，陸羽幼年曾被寄養李家，李冶與陸羽交情很深。後來，她在太湖的小島上孤居，陸羽親自乘小舟去看望她。李冶彈得一手好琴，長於格律詩，在當時頗有名氣。天寶年間，皇帝聽說她的詩作得好，曾召之進宮，款留月餘，又厚加賞賜。德宗朝，陸羽、皎然在苕溪組織詩會，李冶是重要成員，陸羽《茶經》中老莊道家思想肯定受到李冶的影響。所以完全有理由說，是這一僧、一道、一儒家隱士共同創造了唐代茶道格局。李冶本是個才華橫溢，喜歡談笑風生的人，為陸羽飲茶集團增添過不少情趣，但到晚年處境淒涼。她有《湖上臥病喜陸鴻漸至》詩云：

昔去繁霜月，今來苦霧時。

相逢仍臥病，欲語淚先垂。

強勸陶家酒，還吟謝客詩。

偶然成一醉，此外更何之。

第八章 老莊思想對茶文化的影響及道家所做的貢獻
二、道家茶人與服食袪疾

老友相逢，強顏歡笑，心境卻十分淒苦。

明代優秀茶人朱權，晚年是兼修釋老的。他明確指出：

（1）　茶是契合自然之物；

（2）　茶是養生的媒介。這兩條都是道家茶文化的主要思想。他認為，飲茶主要是為了「探虛玄而參造化，清心神而出塵表」。

為什麼道家對茶都有這麼大的興趣呢？除了茶有助於空靈虛靜的道家精神要求外，道家思想宗教化之後所進行的修煉方法顯然與茶相宜。

道教的修煉方法，一曰內丹，即胎息以煉自身之氣；二曰存思，即將自己的意念寄託於天地山川或身體某個部位，求得「忽兮恍兮，其中有象」的效果；三曰導引沐浴，用意念引導陽光、雨露、星月之輝沐浴己身而去除污濁之氣；四曰服食燒煉，即通過食品中化學物質或草木果品，幫助健身強體。道教的修煉方法，是典型的中國「現實主義」，來世先不必去求，今生首先要做個壽星，成個「神仙」。用現代科學道理分析，這不過是一套氣功修煉的方法。修煉氣功，人不能睡，但又要在儘量虛靜空靈的狀態下才能產生效果。除去其中的宗教迷信色彩，這原來是氣功保健和開發特異智慧的好方法。要打坐，煉內丹，必有助功之物。道家煉所謂「金石之藥」，雖然對中國古代化學研究做出貢獻，但真的吃下去卻常常出問題，甚至喪生。而服用草木果實，卻是很有道理的。茶能提神清思，而且確實有升清降濁，疏通經絡的功效，所以不僅道家練功樂用，佛家坐禪也樂用。因此，可以說道家研究茶的藥理作用是最認真的。從葛洪的《抱樸子》到陶弘景著《本草經》，都是從藥理出發來認識茶的作用。

道家修煉，又主張內省。當飲茶之後，神清氣爽，自身與天地宇宙合為一氣，在飲茶中可以得到這種感受。

三、老莊思想與茶人氣質

　　茶在中國流行太普遍了，三教九流都與茶相關。不過真正的「茶仙」「茶癖」「茶癡」，卻真有些特殊的風度。除去帝王、公侯以茶人自我標榜者外，一般茶人，不論儒、道、佛的信仰，都有些共同特點，即追求質樸、自然、清靜、無私、平和，但又常常有些浪漫精神和浩然之氣。茶人們這種特殊的氣質和修養，與老莊思想的影響有很大關係。試例舉一二：

　　【老子的清心寡欲與茶人廉潔之風】道家是主張清心寡欲的，這與中國長期的封建社會和小農經濟有關。既然自然資源有限，生產力發展受到很大限制，當然還是不要無休止地索取與紛爭為好。從現代社會發展看，這種觀點有消極的一面，但即使在現代工業社會裡，人的物質需求也不可能完全得到滿足。拼命追求物欲而不顧現實條件，會造成許多破壞和危機。比較起來說，中國人主張簡樸，倒是化解當今危機的辦法之一。老子說：「不貴難得之貨，使民不為盜；不見可欲，使民心不亂。」拼命追求不大適用的金銀寶貨，盜賊便多了；人人貪心太大，天下便不會和平。茶人們正是吸收了這種精神，而多崇尚簡樸。歷史上以茶養廉的事我們已經說了不少，下面說個現代的偉人。

　　孫中山先生是力主宣導飲茶的。他在《建國方略》《三民主義·民生主義》等重要論著中明確論述茶對國民心理建設的功能。他說：「中國不獨食品發明之多，烹調方法之美為各國所望塵不及，而中國之飲食習尚暗合於科學衛生，尤為各國一般人所望塵不及也。」「故中國窮鄉僻壤之人，飲食不及酒肉者，常多壽。」「中國常人所飲者為清茶，所食者為淡飯，而加以菜蔬、豆腐。此等之食料，為今衛生家所考得為最有益於養生者也。」孫先生認為，喝水比吃飯甚至還重要。把飲茶提到「民生」的高度，茶被稱為「國飲」確實有據了。中山先生本人就是極愛飲茶的，尤其愛喝西湖龍井和廣東功夫茶。1916年，他從上海到杭州，特地視察茶店、茶棧，然後品嘗龍井茶。到虎豹泉觀光，取水烹茗，並贊道：「味真甘美，天之待浙何其厚也！」中山先生還指出，要推廣飲茶，從國際市場上奪

第八章 老莊思想對茶文化的影響及道家所做的貢獻
三、老莊思想與茶人氣質

回茶葉貿易的優勢，應降低成本，改造製作方法，「設產茶新式工廠」。中山先生的民生思想中，是提倡茶的簡樸，「不貴難得之貨」的。從陸納的以茶待客，到陸羽「隨身惟紗巾、藤鞋、短褐、犢鼻」，到南宋陸游《啜茶示兒輩》的簡約生活……一直到中山先生提倡以茶為國飲、為民生大計，都是提倡簡約自持。

【老莊的無限時空與茶人的闊大胸懷】表面看來，老莊主張「無為」，實際上，無為之中包含有為，包含著一個闊大無邊的大宇宙觀。莊子的思想往往是天上地下，無邊無際地遨遊，一會兒是直上九重霄漢的大鵬，一會兒是游於三江四海的鯤魚。道家認為，事物是不斷發展變化的，所謂一生二，二生三，三生萬。唐宋以後儒家趨向保守，畏天命而謹修身；佛教雖出現了許多適應中國士大夫口味的流派，但總的來說是認為在劫難逃。只有道教，用無邊的宇宙和生息不斷的觀念鼓舞自己「長生不死」「羽化飛升」，表現了中華民族對生命的無限熱愛，所以，不能一概以「唯心主義的幻想」來看。抱著這種樂觀的理想飲茶，使許多茶人十分注意從茶中體悟大自然的道理，獲得一種淡然無極的美感，從無為之中看到大自然的勃勃生機。所以，真正的茶人胸懷經常是十分闊大的，虛懷若谷，並不拘泥茶藝細節。自我修養要「忘我、無私」，與大自然契合，由茶釜中沫餑滾沸想到那滾滾的江河、湖海、大氣、太極。最後，自己忘掉了，茶也忘掉了，海也忘掉了，大氣和星河也忘掉了，人、茶、器具、環境渾然一氣，這才能真正身心愉悅，即所謂大像無形也。所以，中國茶道精神要在無形處、無為處、空靈虛靜中自然感受，無形的精神力量大於有形的程式。這正是受道家影響的結果。這種精神不僅是茶人的精神，也貫徹於全民族之中。中華兒女以天地宇宙為榜樣，把忘我、無私視為自己追求的目標。

【老莊的憤世嫉俗與茶人的退隱勵志】老莊思想在自然觀方面無疑是相當積極的，不信「天命」，而要與天地同在。但在政治觀上，確實有消極的一面，用現在的話說，是「見著矛盾躲著走」，去尋自己的安適，不是與他們師法天地的自然觀相矛盾，很有些自私嗎？老莊思想是主張避世的，但應當看到，這種表面消極的政治態度後面，又有憤世嫉俗、對舊制度猛烈抨擊的一面。莊子生逢亂

君不可一日無茶
中國茶文化史

世，心情很痛苦，很矛盾，在表面的灑脫下，有一顆憂國憂民的心，不然就不會「著書十餘萬言」（《史記》本傳），對當時的政治作出激烈的嘲諷和抨擊。他的退隱思想，是表示與統治者不合作的態度，「天子不得臣，諸侯不得友」，自己「洸洋自恣以適己」，一則避免「中於機辟，死於網罟」；二則表明自己不能苟同於世俗的價值觀，把自己從功名利祿中退出來，保持自己的精神自由和獨立人格。所以，與其說是厭世，不如說是憤世、嫉世。中國著名的茶人，許多退隱思想濃重，並不是逃避責任，而是表明不苟同世俗的人格。這一點，受道家思想影響很明顯。陸羽幼年也曾決心精研儒學，但當他真正長大成人後才看透了當時的社會，拒絕做朝廷官吏，而做了「陸處士」。白居易早期參與政治，其詩歌中諷喻作品很多，筆鋒直刺權貴。但自貶官之後，傷感和閒適的內容漸增，也開始以茶自適。但走上這條路並非出於自願，而是因為「濟世才無取，謀身智不周」（《履道新居二十韻》），於是不得不隱退，不得不從茶中去尋找自我。「遊罷睡一覺，覺來茶一甌」，「從心到百骸，無一不自由」，他是從茶中自我開解。朱元璋的第十七子朱權，曾就藩大寧，威震北荒，並且是靖難功臣，但因受永樂帝猜忌，不得不深自韜晦。宣宗時，又上書論宗室不應定等級，宣宗大怒加責，他不謝罪退隱怕是終會招致殺身之禍的。所以晚年在緱嶺上建生墳，自稱丹丘先生、函虛子，最後變成了著名的茶道專家。可見，茶人的退隱，既是為社會所迫，也是自己找尋的在艱難中生存和磨礪志向的辦法。元、明都以「苦節君」「苦節君行省」等比喻茶具，其心中的苦水可知矣。所以，茶人多以清苦自適來要求自己，這種精神，造成中國不少文化人富於氣節。「餓死事小，失節事大」，到近現代帝國主義入侵、抗日戰爭爆發，許多知識份子先是茶水、菠菜、豆腐，後來茶水變成了白開水，菠菜豆腐也吃不上了，但也決不做帝國主義的奴才！這也正是茶人留下的優良傳統。

【莊子傾聽自然的音律，茶人與大自然為友】在莊子的筆下，有一個無限的空間系統，人的精神可以自由縱橫其間，無論山川人物，鳥獸魚蟲，甚至一個影子，一個骷髏，都可以與他對話。巨鯤潛藏於北溟，隱喻著人的深蓄厚養；大鵬直飛九萬里，象徵著人的遠舉之志。莊子大概出身很窮，曾處窮閭陋巷，靠

第八章 老莊思想對茶文化的影響及道家所做的貢獻
三、老莊思想與茶人氣質

織草鞋度日，才華橫溢，但終身未仕。這使他只能從自然中找尋歸宿，因為在社會上找不到出路。社會上不自由，莊子便把自己變成一隻蝴蝶，夢見自己在宇宙大花園裡無拘無束地漫遊。道家茶人把這一思想引入中國茶文化，在茶人面前展開了一個美麗的自然世界。他們與江流、明月相伴，與松風竹韻為友，使自己回歸於大自然之中。這是對自由的嚮往，也符合人天真爛漫的本性。尤其到現代工業社會，與其人與人互相傾軋，還不如多一點天真浪漫為好。有人說，中國人「天生」不懂得「民主」「自由」。以在下看來，中國人最懂自由的價值。茶人們追求自由的精神，便是一個極好的例證。

【莊子的價值轉換論與茶人的孤傲自重】老子和莊子，對世俗的價值觀念都持鄙視態度。《老子》第二十章說：「眾人熙熙，如享太牢，如登春台，我獨泊兮其未兆，……眾人皆有餘，而我獨若遺，……俗人昭昭，我獨昏昏；俗人察察，我獨悶悶。」這位李老先生專與一般人唱反調。莊子則更形象、明白地說明這一點：人家說聖人好，他說天下糊塗人太多了，才有所謂聖人，甚至說聖人不死，天下就沒太平；人家說富了好，他說錢太多了就有人偷你！人家說木瘤盤結的大樹不成材，他又說要不是結那麼多樹瘤子，早就被人砍了，還能長那樣大？人家說，犀牛好大呀，他偏說大有什麼用，它會捉老鼠嗎？

看來，中國的茶人們真學了莊子的脾氣，很愛與世俗唱對臺戲。陸羽的性情人們就覺得怪。一般人看不起伶人，他偏去做戲子；朝廷請他做官不去，偏要研究茶；別人多顧個人安危，他為朋友不避虎狼。許多茶人即使做官，也經常因直諫被貶。王安石也好茶，而且很懂水品，好不容易做了宰相，卻偏要變法，連小說家都叫他「拗相公」。老舍先生學問很大，偏要寫北京的市民生活，不是祥子、虎妞，便是《茶館》裡的三教九流。在茶人們看來，所謂榮華富貴薄如白開水，倒不如做個自在的茶仙為好。「作花兒比作官到有拿手」（《金玉奴棒打薄情郎》），人窮，卻總有幾分傲氣。茶人中像宋代丁謂之流的畢竟是少數，大多數茶人有一身窮骨氣。即便富的茶人也大多不苟同世俗，很懂得雅潔自愛，又總愛發表些怪論。即使不敢公然指責權貴，也總是明譏暗諷地對抗幾下子。茶人的

這種精神，培養了許多知識份子忠耿清廉的性格，對封建世俗觀念常常唱反調。

如果說儒家茶文化更適合士大夫的胃口，而道家茶文化則更接近普通文人寒士和平民的思想。它以避世的消極面目出現，與占統治地位的儒家思想處於不同的境地，因此絕不可忽視。談中國茶道精神者往往揚儒貶道，這有很大的片面性。

第九章　佛教中國化及其在茶文化中的作用

談到中國茶文化，人們經常注意到其與佛教有重大關係。日本還經常談到「茶禪一味」，中國也有這種說法。禪，只是佛教中的許多宗派之一，當然不能說明整個佛教與中國茶文化的關係。但應當承認，在佛學諸派中，禪宗對茶文化的貢獻確實不小。尤其在精神方面，有獨特的體現，並且對中國茶文化向東方國家推廣方面，曾經發揮重要作用。大家可能注意到，日本佛教的最早傳佈者，既是中日文化交流的友好使者，又是最早的茶學大師和日本茶道的創始人。倘若中國茶文化中，佛教沒有獨特的貢獻，不可能引起日本僧人如此的注意。

但是，茶文化是與現實生活及社會緊密關聯的，而佛教總的來說是彼岸世界的東西；中國茶文化總的思想趨向是熱愛人生和樂感的，而佛教精神強調的是苦寂，這兩種東西怎麼會如此緊密地連袂相伴？要解決這個問題，我們就必須首先從中國佛教的發展演變過程說起，然後再談佛與茶的具體關聯。

一、佛道混同、佛玄結合時期的「佛茶」與養生、清思

中國是一個大熔爐，任何一種外來思想若不在這個熔爐中冶煉、適應，便很難在這塊土地上紮根，更談不到發展。佛教，在中國古代史上是影響最大的外來文化，它之所以能在中國不斷發展，正是因為首先有這樣一個與中國傳統交

君不可一日無茶
中國茶文化史

融、適應,甚至被改裝打扮的過程。在完成這個過程之前,佛教還談不到自己對茶藝、茶道的獨立作用。

　　佛教發源於印度,創始人釋迦牟尼卻出生於今尼泊爾,他生活的時代與中國孔子的時代差不多。當時印度社會同樣充滿了壓迫和苦難,佛教的產生正是為對抗印度占統治地位的婆羅門教,反映了當時印度社會的種種矛盾和問題。最初的佛教教義並不十分複雜,有宗教精神,但也是一種自我修行的方法。經過長期發展,才變成一個龐大複雜的唯心主義宗教體系。佛教自漢代傳入中國,但由於語言翻譯的困難,中國人初與佛教見面,並不完全理解它的實質,還以為是與道教、神仙等差不多的東西。佛教本身因為初來異國,立腳未穩,也樂於人們如此模糊看待,以此作為「外來戶」的謀生之道。所以,漢代的佛教只是皇家的御用品,供宮廷、貴族賞玩,以為可以祈福、祈壽、求多子多孫或保護國家安寧。所謂「誦黃老之微言,尚浮屠之仁祠」,把佛與黃老之術相混同。此時,中國飲茶也還不十分普遍,所以漢代尚未見僧人飲茶的記載。而文人已開始飲茶,可見儒士們對茶的認識還是走在佛、道之前。

　　魏晉時期,佛教經典日增,出現了以「般若」為主的義理思想。「般若」是「先驗的智慧」。這一點成為後來佛教茶理中重要的內容,但在當時,「般若」的義理並未與飲茶結合。這時,僧人們已開始飲茶,但與文人、道士一樣,不過是作為養生和清思助談的手段。之所以如此,是因為佛教仍未擺脫對中國原生文化的依附狀態。兩晉之時,清談之風大起,玄學占上風,佛教便又與玄學攀親戚、相表裡。一些人把佛學與老莊比附教義,甚至把一些名僧與竹林七賢之類相比。那時,和尚們樂與道士及文人名流相交際,文人與道士皆愛喝茶,後期的清談家也愛飲茶,於是僧人們也開始飲茶。僧人飲茶的最早記載正是在晉朝,見於東晉懷信和尚的《釋門自鏡錄》,文曰:「跣足清談,袒胸諧謔,居不愁寒暑,喚童喚僕,要水要茶。」可見當時的和尚戒律不嚴,可以如文人道士一般諧謔,「要茶要水」也不過助清談之興,與清談家沒多大區別。《晉書》亦載,敦煌人單道開在鄴城昭德寺修行,於室內打坐,平時不畏寒暑,晝夜不眠,「日服鎮

第九章 佛教中國化及其在茶文化中的作用

一、佛道混同、佛玄結合時期的「佛茶」與養生、清思

守藥數丸，大如梧子，藥有松蜜、姜桂、茯苓之合時，復飲茶蘇一二升而已」。這條記載說明，寺院打坐已開始用茶，但仍未與般若之理結合，單道開飲茶，第一為不眠，是作為「鎮靜劑」來用；第二，同時又服飲其他藥物，是與道家服飲之術相同的，這也說明直至晉代，佛與道仍常相混雜。

南北朝時，佛教有了很大發展，開始以獨立的面目出現。這時，人們才發現，原來外國的佛與中國的神仙、道士不是一回事。於是中國的道教和其他傳統文化與佛教展開了爭奪地位的大辯論。北朝的少數民族統治者對深沉的儒家文化一時難以領會，而佛教又宣傳人間禍福不過是因果報應，你受苦，因為前輩子沒行善。這對於統治者來說，是很有用的百姓麻醉劑、帝王統治術，所以不僅北朝，此後歷代皇帝都樂於利用，佛教因此發展，並出現不同學派體系。但就飲茶一節，佛教仍未有什麼新的

宋李嵩《羅漢圖》

君不可一日無茶
中國茶文化史

創舉。《釋道該說續名僧傳》說：「宋釋法瑤，姓楊氏，河東人。永嘉中過江，遇沈台真，請真君武康小山寺，年垂懸車，飯所飲茶。永明中敕吳興，禮至上京，年七十九。」這條記載，是作為僧人飲茶能長壽的例子來說，仍反映了道家服飲養生的觀念。不僅南朝飲茶，當時飲茶之風也傳到北朝。北魏時王肅自南齊來歸，是一名著名茶人。北魏是鮮卑族建立的政權，北方民族食肉喝奶，王肅吃不慣羊肉，自己吃魚羹，飲茶茗。京師士子見他一杯一鬥地不住飲，很奇怪，說明茶飲在北方還不常見。後來魏定都洛陽，鼓勵南人「歸化」，洛陽有歸化裡、吳人坊。南人愛飲茶，這種習慣在洛陽城裡也逐漸傳播開來。歸化裡一帶多寺院，《洛陽伽藍記》中便多有在寺院飲茶的記載，想必不僅是俗人到寺院裡去飲，寺內僧人也必然會飲茶的。但飲茶與佛教思想有何關聯仍看不明白。總之，佛教在中國發展的早期既依附於其他思想，在飲茶方面也難以有自己的精神創造。這時，中國茶文化已經萌芽，文人以茶助文思，政治家以茶養廉對抗奢侈之風，帝王開始用於祭祀，而僧人飲茶仍停留在養生、保健、解渴、提神等藥用和自然物質功能階段。

　　早期促進茶文化思想萌發的是儒士和道家，佛家落後了一步。當南北朝道家故事中把飲茶與羽化登仙的思想開始結合起來時，佛家飲茶並未與自己的思想、教義相關聯，即使偶爾有人用茶幫助打坐修行，但並未像後來那樣與明心見性、以茶助禪、茶理與禪理密切結合。佛教在後來，尤其在唐代，對推廣飲茶雖起了重大作用，但在中國茶文化發展的早期不可估價過高。有人認為中國茶文化最初是由佛教推動起來的，是對歷史失於考察。總之，當佛教尚未與中國文化傳統完全交融的時候，在茶文化方面也不可能有太多的發明創造。有一則達摩佛祖割眼皮的故事，說明佛與茶的關係。據說達摩是禪宗祖師，來到中國「面壁九年」，昏沉中，一生氣把眼皮割下，棄置地上。說來奇怪，眼皮子拋下地竟閃閃發光，冒出一棵樹來。弟子們用這小樹的葉子煎來飲用，居然使眼皮不再閉，難得打瞌睡，這便是「茶」。即便達摩真的愛飲茶，頂多也是為防止睡魔。說達摩眼皮子產生了茶樹也不過是「中國茶樹外來說」的古本謊話。佛教剛剛過關入境之時，僧人即便飲茶也並未把兩種精神結合起來，而只有當它被認真改造之後，

第九章 佛教中國化及其在茶文化中的作用
二、中國化的佛教禪宗的出現使佛學精華與 茶文化結合

才成為茶文化中一支重要的精禪力量。這並非否認茶與佛,特別是茶與禪的有機結合,而只是說不能把佛對中國茶文化的貢獻說得太高、太遠。

二、中國化的佛教禪宗的出現使佛學精華與茶文化結合

　　佛理與茶理真正結合,是禪宗的貢獻。佛教剛入中國還與玄道、神仙相伴,到後來便露出其本來面目。佛有大乘和小乘,所謂小乘,好比一條狹窄的小路,只是一個人可以通過,是個人修行。而大乘,據說不僅自己可得正果,而且可以普度眾生。所以,小乘很快便消失了,中國流行的多是大乘。大乘又有許多宗派,有三論宗、淨土宗、律宗、法相宗、密宗等,都是自天竺傳來,佛教徒簡單搬用,不敢有隻字懷疑,唯恐得罪了佛,有所報應,甚至被打入地獄。但這些宗派的教義很不合中國人的胃口。比如,三論宗認為不應「怖死」,而應「泣生」,可是中國人那樣熱愛生命,你讓他把死了才看作快樂是很難的。淨土宗則認為人類世界便是一塊穢土,說只有佛的世界才是極樂。律宗強調各種戒律,不殺生。害蟲、害獸任其氾濫嗎?不娶妻生子,與中國人多子多福的觀點也不相符合。戒律又十分繁瑣,連上廁所都有一定儀式。密宗又近乎中國的巫術,文化人難以相信。一般百姓生活在苦難中,說來世可以求得樂土還可以接受,帝王將相哪肯捨掉現有的快樂!所以唐太宗自稱是老子李耳的後代,下敕規定道教在佛教之上。有僧人說:陛下之李出自鮮卑,與老聃無關。太宗大怒,說你講觀音刀不能傷,先念七天觀音,拿你試刀!這和尚無計,只好說陛下就是觀音,我念了七天陛下。這才免了一刀,遭到流放。在這種情況下,佛教若不尋求與中國文化傳統相結合的辦法便無法生存。於是出現了天臺宗、華嚴宗等與中國思想接近的宗派,但均不如禪宗中國化得徹底。

君不可一日無茶
中國茶文化史

　　禪宗的出現使佛理與中國茶文化結合才有了可能,所以我們還要首先介紹禪宗的理論,然後再說茶的問題。

　　禪,梵語作「禪那」,意為坐禪、靜慮。南天竺僧達摩,自稱為南天竺禪第二十八祖,梁武帝時來中國。當時南朝佛教重義理,達摩在南朝難以立足,便到北方傳佈禪學,北方禪教逐漸發展起來。禪宗主張以坐禪修行的方法「直指人心,見性成佛,不立文字」。就是說,心裡清靜,沒有煩惱,此心即佛。這種辦法實際與道家打坐煉丹接近,也有利於養生;與儒家注重內心修養也接近,有利於淨化自己的思想。其次主張逢苦不憂,得樂不喜,無求即樂。這也與道家清靜無為的思想接近。禪宗在中國傳至第五代弘忍,門徒達五千多人。弘忍想選繼承人,門人推崇神秀,神秀作偈語說:「身是菩提樹,心如明鏡台,時時勤拂拭,勿使惹塵埃。」弘忍說:「你到了佛門門口,還沒入門,

明陳洪綬《參禪圖》

第九章 佛教中國化及其在茶文化中的作用
二、中國化的佛教禪宗的出現使佛學精華與茶文化結合

再去想來。」有一位舂米的行者慧能出來說:「菩提本無樹,明鏡亦非台,佛性常清靜,何處染塵埃?」這從空無的觀點看,當然十分徹底,於是慧能成為第六世中國禪宗傳人。神秀不讓,慧能逃到南方,從此禪宗分為南北兩派。慧能對禪宗徹底中國化做出了重要貢獻,綜合他的觀點,一是主張「頓悟」,不要修行那麼長時間等來世,你心下清靜空無,便是佛,所謂「放下屠刀,立地成佛」,這當然符合中國人的願望。二是主張「相對論」,他對弟子說,我死後有人問法,汝等皆有回答方法,天對地,日對月,水對火,陰對陽,有對無,大對小,長對短,愚對智……即說話考慮這兩方面,不要偏執。這既與道家的陰陽相互轉換的思想接近,又與儒家中庸思想能相容納。不能把這種觀點看作詭辯騙人的把戲,從哲學上說,它豐富了矛盾觀的內容。第三,認為佛在「心內」,過多的造寺、佈施、供養,都不算真功德,你在家裡念佛也一樣,不必都出家。這對統治者來說,免得寺院過多與朝廷爭土地,解決了許多矛盾;對一般人來說,修行也容易;對佛門弟子來說,可以免去那麼多戒律,比較接近正常人的生活。所以禪宗發展很快。尤其到唐中期以後,士大夫朋黨之爭激烈,禪宗給苦悶的士人指出一條尋求解除苦惱的辦法,又可以不必舉行什麼宗教儀式,做個自由自在的佛教信徒,所以士人也推崇起佛教來。而這樣一來,佛與茶終於找到了相通之處。唐代茶文化之所以得到迅猛發展確實與禪宗有很大關係。這是因為禪宗主張圓通,能與其他中國傳統文化相協調,從而在茶文化發展中相配合。

1・推動了飲茶之風在全國流行

唐人封演所著《封氏聞見記》說:「南人好飲之,北人初不多飲。開元中,泰山靈巖寺有降魔師大興禪教。學禪,務於不寐,又不夕食,皆許其飲茶,人自懷挾,到處煮飲。從此轉相仿效,遂成風俗,自鄒齊滄棣至京邑,城市多開店鋪,煎茶賣之,不問道俗,投錢取飲。其茶自江淮而來,舟車相繼,所在山積,色額甚多。」有人說,僧人為不睡覺喝茶,不過像喝咖啡提神一般,談不到對茶文化的貢獻。禪理與茶道是否相通姑且不論,要使茶成為社會文化現象首先要有大量的飲茶人,沒有這種社會基礎,把茶理說得再高明誰能體會?僧人清閒,有時間

品茶，禪宗修煉也需要飲茶。唐代佛教發達，僧人行遍天下，比一般人傳播茶藝更快。無論如何，這個事實是難以否認的。

2・對植茶圃、建茶山做出了貢獻

據《廬山志》記載，早在晉代，廬山上的「寺觀廟宇僧人相繼種茶」。廬山東林寺名僧慧遠，曾以自種之茶招待陶淵明，吟詩飲茶，敘事談經，終日不倦。陸羽的師傅積公，也是親自種茶的。唐代許多名茶出於寺院，如普陀山寺僧人便廣植茶樹，形成著名的「普陀佛茶」，一直到明代，普陀僧植茶傳承不斷。明人李日華《紫桃軒雜綴》：「普陀老僧貽余小白岩茶一裹，葉有白茸，瀹之無色，徐飲覺涼透心腑。」又如宋代著名產茶盛地建安北苑，自南唐便是佛教勝地，三步一寺，五步一剎，建茶的興起首先是南唐僧人們的努力，後來才引起朝廷的注意。陸羽、皎然所居之湖州杼山，同樣是寺院勝地，又是產茶勝地。唐代寺院經濟很發達，有土地，有佃戶，寺院又多在深山雲霧之間，正是宜於植茶的地方，僧人有飲茶愛好，一院之中百千僧眾，都想飲茶，香客施主來臨，也想喝杯好茶解除一路勞苦，自己不種茶當然划不來，所以僧院植茶是很順理成章的事。推動茶文化發展要有物質基礎，首先要研究茶的生產製作，在這方面禪僧又做出了重要貢獻。

3・創造了飲茶意境

有人反對「茶禪一味」說，認為僧人們「吃茶去」的口語猶如俗人「吃飯去」「喝酒去」「旁邊待著去」，至多也只能說明僧人有飲茶嗜好，大多是些茶癡、茶迷，談不到茶與禪的一味或溝通。其實，所謂「茶禪一味」也是說茶道精神與禪學相通、相近，也並非說茶理即禪理。否定「茶禪一味」說還有個重要理由，即禪宗主張「自心是佛」，外無一物而能建立。既然菩提樹也沒有，明鏡台也不存在，除「心識」之外，天地宇宙一切皆無，添上一個「茶」，不是與禪宗本意相悖嗎？我們今人所重視的是宗教外衣後面所反映的思想、觀點有無可取之處。

第九章 佛教中國化及其在茶文化中的作用
二、中國化的佛教禪宗的出現使佛學精華與茶文化結合

禪宗的有無觀，與莊子的相對論十分相近，從哲學觀點看，禪宗強調自身領悟，即所謂「明心見性」，主張所謂有即無，無即有，不過是勸人心胸豁達些，真靠坐禪把世上的東西和煩惱都變得沒有了，那是不可能的。從這點說，茶能使人心靜，不亂，不煩，有樂趣，但又有節制，與禪宗變通佛教規戒相適應。所以，僧人們不只飲茶止睡，而且通過飲茶意境的創造，把禪的哲學精神與茶結合起來。在這方面，唐代僧人皎然做出了傑出貢獻，我們已在上編有敘，在談到中國茶藝時也有所介紹。說禪加上了茶就不是真禪，那能有幾個真禪僧？本來禪宗就主張圓通的。皎然是和尚，愛作詩，愛飲茶，號稱「詩僧」；懷素是僧人，又是大書法家，不都是心外有物嗎？范文瀾先生早就從宗教的虛偽性方面譏諷過他們並非心無掛礙，同樣饑來吃飯，困來即眠。不過，僧人之看待茶，還真與吃飯、睡覺不同。尤其是參與創造中國茶藝、茶道的茶僧，雖然也是嗜好，但在茶中貫徹了精神。皎然出身於沒落世族，幼年出家，專心學詩，曾作《詩式》五卷，特別推崇其十世祖謝靈運，中年參謁諸禪師，得「心地法門」。他是把禪學、詩學、儒家思想三位一體來理解的。「一飲滌昏寐，情來朗爽滿天地」，既為除昏沉睡意，更為得天地空靈之清爽。「再飲清我神，忽如飛雨灑輕塵。」禪宗認為「迷即佛眾生，悟即眾生佛」。自己心神清靜便是通佛之心了，飲茶為「清我神」，與坐禪的意念是相通的。「三碗便得道，何需苦心破煩惱。」故意去破除煩惱，便不是佛心了，「靜心」「自悟」是禪宗主旨。皎然把這一精神貫徹到中國茶道中。所謂道者，事物的本質和規律也。得道，即看破本質。道家、佛家都在茶中融進「清靜」思想，茶人希望通過飲茶把自己與山水、自然、宇宙融為一體，在飲茶中求得美好的韻律、精神開釋，這與禪的思想是一致的。若按印度佛的原義，今生永不得解脫，天堂才是出路，當然飲茶也無濟於事，只有乾坐著等死罷了。但禪是中國化的佛教，主張「頓悟」，你把事情都看淡些就「大覺大悟」了。在茶中得到精神寄託，也是一種「悟」，所以說飲茶可得道，茶中有道，佛與茶便連接起來。道家從飲茶中找一種空靈虛無的意境，儒士們失意，也想以茶培養自己超脫一點的品質，三家在求「靜」，求豁達、明朗、理智方面在茶中一致了。但道人們過於疏散，儒士們終究難擺脫世態炎涼，倒是禪僧們在追求靜悟方面執著

得多,所以中國「茶道」二字首先由禪僧提出。這樣,便把飲茶從技藝提高到精神的高度。有人認為,宋以後《百丈清規》中有了佛教茶儀的具體程式規定,從此才有「茶道」。其實,程式淹沒了精神,便談不上「道」了。

4・對中國茶道向外傳佈起了重要作用

熟悉中國茶文化發展史的人都知道,第一個從中國學習飲茶,把茶種帶到日本的是日本學僧最澄。至於最澄是否把中國茶中之道在唐代便帶到日本就不得而知。第一位把中國禪宗茶道帶到日本的又是僧人,即榮西和尚。不過,榮西的茶學著作《吃茶養生記》,主要內容是從養生角度出發,是否把禪的精神與茶一同帶去,又不大清楚。但自此有了「茶禪一味」的說法,可見還是把茶與禪一同看待。這些問題下面還有專章討論,不再多說。但起碼說明,在向海外傳播中國茶文化方面,佛家做出了重要貢獻。從這一點說,佛家茶文化是發揮了帶頭作用的。

三、《百丈清規》是佛教茶儀與儒家茶禮結合的標誌

佛教戒律太嚴不適合中國人的胃口,但完全去掉戒律也就不能稱為佛教了。禪宗主張圓通,但圓通得過了分,到後來有的禪僧主張連坐禪也不必了,這對禪宗本身的存在便構成威脅。所以,到唐末禪宗自己開始整頓。和尚懷海採用大小乘戒律,別創「禪律」,因懷海居百丈山,稱《百丈清規》,把僧人的坐臥起居、飲食之規、長幼次序、人員管理等都作了規定。僧人一律進僧堂,連床坐禪,晨參師,暮聚會,聽石磬木魚聲行動,飲食用現有物品隨宜供應,以示儉樸。德高年長的僧人稱長老,長老的隨從稱侍者,各種管事稱寮司,僧徒犯規,焚毀衣缽。整個僧院儼然像一個封建大家庭。宋真宗時,佛教徒楊億向朝廷呈《百丈清

第九章 佛教中國化及其在茶文化中的作用

三、《百丈清規》是佛教茶儀與儒家茶禮結合的標誌

規》，從此佛教清規取得合法地位。宋代大儒家程顥游定林寺，見僧堂威儀濟濟，驚歎地贊稱：「三代禮樂盡在其中。」可見此時的佛教完全中國化，儒家能夠認可了。以後歷代禪僧對禪禮皆有新的發揮、補充。《百丈清規》既然包括了僧人的一切行為規範，茶是禪僧良友，對飲茶的規矩自然也規範得明白。從此佛家茶儀正式出現。

唐宋佛寺常興辦大型茶宴。如餘姚徑山寺，南宋甯宗開禧年間經常舉行茶宴，僧侶多達千人。宋代徑山寺茶品質很高，徑山寺以佛與茶同時出名，號稱江南禪林之冠。茶宴上，要坐談佛經，也談茶道，並賦詩。徑山茶宴有一定程式，先由主持僧親自「調茶」，以表對全體佛眾的敬意。然後由僧一一獻給賓客，稱「獻茶」。賓客接茶後，打開碗觀茶色，聞茶香，再嘗味，然後評茶，稱頌茶葉好，茶煎得好，主人品德高。這樣，把佛家清規、飲茶談經與佛學哲理、人生觀念都融為一體，開闢了茶文化的新途徑。

禪門清規把日常飲茶和待客方法也加以規範。元代德輝所修改的《百丈清規》，對出入茶寮的禮儀、「頭首」在僧堂點茶的過程，都有詳細記載。蒙堂掛出點茶牌，點茶人入寮先行禮訊問合寮僧眾。寮主居主位，點茶人於賓位，點茶過程中要焚香，點完茶收盞，寮主「起爐」、相謝。然後請眾僧入，點茶人複問訊、獻茶。茶喝畢，寮主方與眾僧送點茶人出寮……儀式雖然複雜，但合乎中國古代社會禮儀，所以不僅禪院實行，俗人也競相效仿。到元明之時，出現「家禮」「家規」，也效仿禪院禮儀，把家庭敬茶方法也規定進來。

飲茶作為禮儀，早在唐代已在朝廷出現，宋代更加以具體化。但朝廷茶儀民間是難以效仿的，倒是禪院茶禮容易為一般百姓接受。所以，在民間茶禮方面，佛教的影響更大。

歷代愛飲茶的僧人都很多。唐代僧人從諗常住趙州觀音院，人稱「趙州古佛」。此人嗜茶成癖，他的口頭禪是「吃茶去」。據說有僧到趙州拜從諗為師，他問人家：新近曾到此地嗎？僧人答：曾到。他說：「吃茶去！」再問一遍，僧人又說不曾到。他仍說：「吃茶去！」其實，這不過是從諗的口頭語，猶如說：

「旁邊待著去！」但其他僧人卻替師父圓謊，說：「這是讓你把茶與佛等同起來了。」從此，僧人們卻真的把茶中之道與佛經一樣認真看待起來。

把「茶禪一味說」看得過於認真，倒容易失去禪學宗旨。禪宗認為世界上的一切事物既可看作有，也可看作無，「一月普現一切水，一切水月一月攝」，事物是互相包含的，要認識的是事物的本質。今人一般把佛學簡單地當作唯心主義來批判，世界上的物質本來是客觀存在，佛教硬說一切皆空，當然覺得是唯心主義。但如果從相對主義而言，卻包含辯證的道理。茶是客觀物質，但物質可以變精神，從看得見、聞得到、品得出的色、香、味，到看不見、摸不著的「內心清靜」，不正是從「有」到「無」嗎？所以，禪把茶禮正式定入《百丈清規》，不過是提醒人們不要把飲茶僅僅看成止渴解睡的工具，而是引導你進入空靈虛境的手段。從這點說，中國的茶道精神確實又從禪宗茶禮中得到最明確的體現。所以，「吃茶去」成為禪林法語便不足為怪了。「吃茶」，在禪人們修行過程中，就含隱著坐禪、談佛。趙樸初先生1989年為「茶與中國文化展示周」題詩曰：

七碗愛至味，一壺得真趣。

空持百千偈，不如吃茶去。

這首詩說明，既要從茶中體會禪機，但又不可執著過分，如此便反失茶的宗旨、禪的宗旨。

第九章 佛教中國化及其在茶文化中的作用

三、《百丈清規》是佛教茶儀與儒家茶禮結合的標誌

君不可一日無茶
中國茶文化史

第三編

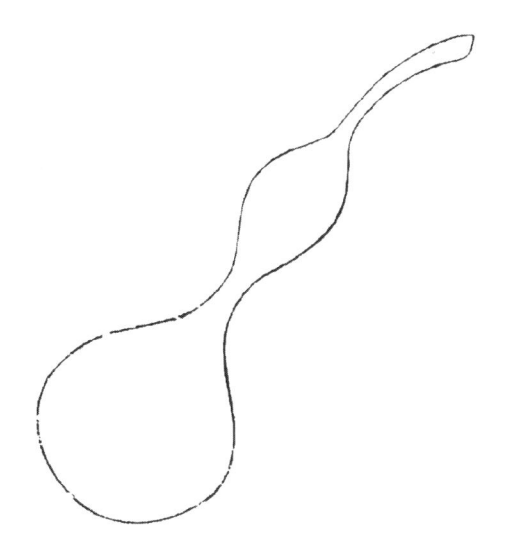

茶文化與各族人民生活

第九章 佛教中國化及其在茶文化中的作用
三、《百丈清規》是佛教茶儀與儒家茶禮結合的標誌

　　我們在前兩編中，側重於對上層茶文化的介紹。歷史上的文人，常常附屬於統治階級，所謂「正宗茶文化」或「正宗茶人」，常有鄙薄民間文化的偏見。比如，唐宋以來，茶器日精日奢，茶湯益求完美，唐宋茶人金玉其器，金銀器盛茶稱「富貴湯」，用玉器稱「秀碧湯」，用瓷器稱「壓一湯」，而用瓦器則為「減價湯」了。至於民間飲茶，許多文人更以為粗陋無味。如《紅樓夢》裡描寫大觀園裡的小尼姑妙玉，自己本是攀扯貴族，寄人籬下，卻專擺些臭架子，說什麼一杯為品，二杯為飲，三杯便是飲牛飲騾了。劉姥姥進得櫳翠庵喝她一杯茶，好好一個官窯杯子要扔，還要人挑水洗地，實在「酸」得太厲害，其實不過是假清白。所以，歷代茶書，記民間茶文化甚少，僅有宋代北苑鬥茶及個別俗飲茶畫涉及民間茶藝。然而，恰恰是歷代茶山裡的億萬蒼生，以自己的血汗澆灌了中國茶文化的基礎。有閒階級若偏要把自己與百姓們隔開，那不如乾脆自己種茶、製茶。但他們又沒有陸羽那種與民共苦，日行層巒幽谷，夜宿「野人家」的志氣。即便接了天上「無根水」，收得梅花瓣上雪，難道那天上雨露、雪花，不是由處處蒼生皆在的田野中蒸發的嗎？所以，民間茶文化應視為整個中國茶文化體系中必不可少的組成部分。沒有這一部分，不能視為完整的「中國茶文化學」。這不僅是由於現代上層茶文化大量失傳，民間潛藏著許多古藝精華，而且就茶道精神而言，已變為中華民族文化的重要部分。

　　不過，民眾文化有自己的特點，其雕琢甚少，又散於市農工商、各族各地，整理、認識這部分茶文化，正如沙裡淘金、石中認玉，因而必有十分的誠意，百分的努力，才能得來。民間茶文化又不像文人、寺院、宮廷茶文化，有獨立形式，而常與日常生活、民間習俗相互滲透、交融，因而更需要以多種手段，從採風、問俗，到用民眾文化的特殊視角和特殊方法去工作。近年來，中國茶文化學研究漸露繁榮勢頭，然而在這個領域裡仍是薄弱環節。本人於此，也只是作些入徑探幽的嘗試。

第十章　民間茶藝　古道擷英

近代以來，中國古老的茶藝形式大多失傳。研究中國茶道者，往往把注意力集中於大量的古代文獻，以便從中找出茶文化的發展脈絡與蹤跡。這些工作當然十分必要，但許多人卻往往忽略另一塊重要的寶藏——民間茶文化。其實，民間茶文化不僅是現實生活的反映，而且往往以特殊的形式保留了歷史文化的精華。這些文化內容，雖不見於經傳，但卻是一座座無字碑，蘊藏著十分豐富的內容。不過，由於散於民間，又無文人的裝點修飾，極容易為人所忽略。所以，就需要有一番調查研究和集萃擷英的工夫。這是一項十分艱巨的工作，需要廣大茶人和茶文化研究者長期的努力，非一朝一夕所能完成。這裡僅從百花園中摘取數朵清麗的小花，以饗讀者。

一、《茶經》誕生地，湖州覓古風

浙江湖州，是中國古老的產茶勝地之一，也是茶聖陸羽創作《茶經》的地方，被稱作陸羽的「第二故鄉」和「中國茶文化發源地」。我們覓古擷英的工作先從這裡開始。

湖州北臨太湖，煙波浩渺，水天一色；西南有天目山脈，峰巒起伏，重嶺疊翠；山間溪水環繞，河湖密佈。湖光、山色、沃土、清流，造成宜於植茶的自然環境。早在唐代，此地便是產茶勝地，最有名者稱顧渚紫筍，產於顧渚山。唐代，湖州的長、湖二縣相鄰之啄木嶺金沙泉最宜烹茶。每歲採茶季節，二縣官吏

第十章 民間茶藝古道擷英
一、《茶經》誕生地,湖州覓古風

前來祭泉,州牧亦來主祭。境內又多古剎,當年陸羽、皎然、顏真卿等正是於此地品茶論茗,山亭聚會,開創了流芳千古的中國茶文化格局。正所謂人傑地靈,集好茶、好水、好景及偉大茶人於一地。因而民間飲茶,相沿成風。苕溪為陸羽結廬著書處,苕溪民間大有陸氏古風。有人統計,處於東苕溪的德清縣三合鄉的幾個村莊,如上楊、下楊、三合幾村,僅 750 戶人家,3800 口,每年 每戶平均飲茶可達 2.84 公斤,人均年飲茶 1015 碗。也就是說,大人、孩子,每天平均起碼 3 碗左右。

顧渚紫筍

　　湖州人不僅飲茶量大,更重要的是,保存了許多古老的茶藝形式,有一套從程式到精神的完整內容,可以說是典型的「民間茶道」。所謂「民間茶道」,比文人茶道簡樸,的確更顯生動、清麗。

　　隨著時代的前進,湖州人也用泡茶法,但程式十分講究。大體分延客、列具、

君不可一日無茶
中國茶文化史

煮水、沖泡、點茶、捧茶、品飲、送客、清具等十幾道程序。有客來,主人早早備下好茶、佐料、果品及清洗好的茶具及清水、竹片。客人入,主人禮請上坐。這時,吊起專用的燒水罐,這罐,可以看作陸羽「茶釜」的變形。然後以竹篾燒起火來,同樣包含著以水助火,以火燒水的自然關係。開水滾沸,主人取出珍藏的小包細嫩茶葉,以三指撮出,一撮撮放入碗中。隨手又取來泡茶桌上的佐料,用手抓一把用青豆醃漬烘乾的熟烘豆,再以筷子夾其他佐料入碗。這時,便以沸水罐居高臨下沖在烘豆中,水要沖到容積七成,然後以筷子攪拌茶湯。這種用力打茶和加佐料的飲茶法,皆為唐人遺風,後代怕奪真香,文人、上層多不取,而在民間卻一直流傳下來。這時,茶性發揮,烘豆漸軟,茶與水、料交融,香氣襲人,水汽蒸騰,恰是品飲最好時刻。於是,女主人以恭敬的儀態,嫻熟的動作,一碗碗捧至客人面前,口中還要說:「吃茶!」接著,捧出乾果、瓜子之類,放置桌子中央,大家邊飲、邊食、邊談。烘豆泡茶是咸茶,一般沖上三開,客人便應將茶與佐料、豆子一起吃掉。再飲,需再原泡原沖。若是年節或客中有兒童,也有在茶中不用豆而加橄欖和糖的甜茶。這時主人捧茶要說一句:「您,甜甜!」意為祝福生活的甜美。

這套茶藝形式,好像一首清麗的詩,無論器物、水品、料品、茶湯都清香無比,主人的動作還要嫻熟、優美,使你在煮茶、敬客、品飲中體會茶的清新、人的美好和彼此的情誼。在湖州民間,有貴客來,沒有這種敬茶方式是不能表明待客之禮的。

湖州地區的「打茶會」,更能表明這套茶儀的思想內涵。在這裡,已婚的婆婆、嫂嫂們,每年要相聚專門品茶數次,苕溪稱為「打茶會」,大概是陸羽、皎然茶會的遺風吧。但到民間女子中間,便更自然、歡快。欲聚會時,先約某家主持。主人至該日下午已備好清水、竹片、茶具、好茶、佐料、果品。姐妹們滿面春風而來,主人熱情地一一請大家列坐。然後以上述程式煮水、點茶、捧果、品飲。因是鄉里親人,氣氛更和諧歡快。這時,婦女們就邊飲邊「打」。所謂「打茶」,便是以茶為題說些讚頌、吉慶之詞,又可以茶敘姐妹友好情誼。茶是什麼

第十章 民間茶藝古道擷英

一、《茶經》誕生地，湖州覓古風

茶，水是何種水，由茶、由水又贊及人，猶如古代文人品茶作詩、聯句一般，只是更質樸地直表心跡。品一口說：「這茶好！」又品一口：「這茶清香，顏色碧綠！」主人謝客：「您真會品茶！」客人又說：「這茶全靠保管好！」有的姊妹便開始由物引到人：「你家茶好，人也好！」接著對主人家的刻苦耐勞、待人和善等都可借茶讚頌，主人自然又有一番回贊與自謙。於是，茶香、水美、人情、厚誼，對客人的熱情、對主人的感謝、對姐妹的祝福，都融進這茶中。歡聲笑語，半日方休。過幾日，又可另於一家相聚。而無論是吃鹹茶，說「請吃」，還是吃糖茶，說「您，甜甜」，都包含和寄寓著對生活的信念與體味。這種茶會，有茶藝程式，有聚會形式，有精神內容，顯然絕非飲茶解渴而已。它沒有文人茶會的琴棋詩畫，但美韻貫徹於姐妹的自然韻律之中；它沒有王公貴族的豪華器具，但更多了幾分古樸、熱情；它沒有寺院的誦經聲、鐘磬聲，但歡聲笑語比深山古剎更符合自然的人生追求。這種茶會，對茶、器、水以及烹飲技藝都有一定要求，是茶藝形式與精神內容的統一，所以完全可稱為「民間茶道」。其內容，以節律和諧，氣氛歡快，程式井然，精神質樸、淳厚為特徵。

縱觀湖州民間茶道，可以看出它與中國古代茶道有許多相通之處：

1. 茶藝形式有一定之規，在優美的操作中先造成品飲的氣氛。
2. 保存了中國古代茶中加放佐料的習慣。
3. 茶要「原泡」，不能像北方一大壺沖來沖去，這也是古代茶藝要求。
4. 點茶方法雖也是「泡」，但要又沖，又打（攪），以發茶性，與元明以來民間俗飲相通。
5. 充分表示禮敬，顯然不是只為臨時解渴，而是一種人際關係調協方式，這與路過家門說「大嫂，行人口渴，討杯茶吃」顯然大不相同。
6. 保存了古老的茶會形式。湖州「打茶會」，可以說是典型的民間茶儀。
7. 在精神內容上，不像古代隱士、道人、僧徒的淒苦，而更突出了中國人熱愛生活，喜歡交際，愛好「眾樂樂」，而非隱士的「獨樂樂」或

僧人的苦行，所以歡快的味道相當濃重。茶會中用一個「打」字，多少活潑妙趣便被「打」了出來。

與湖州飲茶古俗相仿的，還要說南潯蠶鄉的熏豆茶會。南潯與湖州相鄰，同處太湖南岸，地處江浙之交，民間多務桑事蠶。這裡同樣愛喝豆子茶，而且茶會的內容從婦女中間擴大到整個鄉民。每年春季，蠶農們常搖了小舟漂過太湖，去湖中山島上用山芋、菜蔬購換新鮮茶葉，回來珍藏在小甕裡。秋來豆熟，便開始剝豆、熏豆。老年人愛集體剝豆，剝完你家剝我家，剝好了又加以炮製存放。製好豆再做吃茶的另一種伴食：黑豆腐乾。這種豆腐乾以三年陳醬、冰糖、素油、茴香等精心炮製。然後再醃些胡蘿蔔片，整個冬季太湖茶會的料物便齊全了。江南冬季仍綠被四野，河湖蕩漾，但農活相對減少，人們便乘這閒暇時候舉行茶會。水鄉居民星布，誰家搞茶會便操起儂軟的吳音甜甜地喊起：「喂——今晚到我家喝茶嘍！——」於是，有沿田畦而至，有乘小舟而來，點茶方法大體與湖州相近，而茶會內容卻更為廣泛，可以敘友情，也可借茶會調解日常矛盾或糾紛，有的還伴以說唱等娛樂活動。有時，村與村之間發生糾紛，也以茶會調解。湖光、山色、水居、扁舟，伴著炊煙、茶香、歡聲、笑語，一次次的聚會，一次次的和諧與歡樂，把茶協調人際關係的功能發揮得淋漓盡致。一邊吃茶，一邊嚼豆子，吃黑豆腐乾，說著今年蠶寶寶結了多少繭，誰家收成好，看著太湖燈光，聽著耳邊槳聲，生活中的苦惱、勞動的疲累，都隨著茶會消弭在太湖煙波之中。

二、「功夫茶」中說功夫

功夫茶，流行於中國東南福建、廣東等地。關於功夫茶名稱由來眾說不一，有的說是因為泡功夫茶用的茶葉製作上特別費功夫；有的說是因為這種茶味極濃極苦，杯又特別小，須花上好長時間一口口品嘗，品茶要磨功夫；還有的說，是

第十章 民間茶藝古道擷英

二、「功夫茶」中說功夫

因為這種品茶方式極為講究，操作技藝需要有學問，有功夫，此為功力之功。看來，諸說皆有道理，尤以後者為重要。特別是論茶藝、茶道一節，主要是講沏泡的學問、品飲的功夫。功夫茶在各地方法技藝又有區別，我們且以廣東潮州、汕頭地區為例來談，即所謂潮汕式功夫茶。

潮汕功夫茶，是融精神、禮儀、沏泡技藝、巡茶藝術、評品質量為一體的完整茶道形式。潮汕功夫茶一般主客共限四人，這與明清茶人主張的茶客應「素心同調」，不宜過多的思想相近。客人入坐，要按輩分或身份地位從主人右側起分坐兩旁，這很像中國古代宗社、祖廟裡以昭穆分兩側列位的方法，貫徹了倫序觀念。

客人落座後，主人便開始操作。正宗潮汕功夫茶真乃是中規中矩、謹遵古制，一絲不爽的。無論對茶具、水質、茶葉、沖法、飲法都大有講究。

茶具，包括沖罐（茶壺）、茶杯和茶池。茶壺，是極小的，只有番茄般大小，杯是瓷的，杯壁極薄。茶池形狀如鼓，瓷製，由一個作為「鼓面」的盤子和一個作為「鼓身」的圓罐組成。盤上有小眼，一則「開茶洗盞」時的頭遍茶要從這些小眼中漏下；二來泡上茶之後還要在壺蓋上繼續以開水沖來沖去以加熱保溫，這些水也從小眼中流下。真正的「茶池」則是指鼓身，它為盛接剩水、剩茶、剩渣而設。功夫茶的壺是十分講究的，中國明清之後茶藝返璞歸真的思想濃重，猶重紫砂壺。而潮汕式功夫茶茶壺，用一般紫砂陶還不行，要用潮州泥製壺。此地土質鬆軟，以潮州泥所製陶壺更易吸香。談到此，亦應瞭解中國不同品類茶葉須用不同器具。如花茶最宜用瓷壺，方能保其茶香不至逸失。綠茶本來清淡，而砂壺最易吸其味，亦不相宜，最好用瓷杯，或以玻璃杯直沖，既保其香，又可觀察茶葉形狀及色澤。而對於紅茶、半發酵茶來說，最宜用砂陶，不僅外在古樸且因易發散，使茶不餿，無「熟湯氣」，久而久之，壺本身便會含香遍體。喝功夫茶的茶壺，不是買來就用，而先要以茶水「養壺」，而潮州泥壺含香、養壺最易。一把小壺，買得家來先以「開茶」之水頻頻倒入其中，待「養」上三月有餘，小壺便「香滿懷抱」了，這時方正式使用。功夫茶杯子也極小，如核桃、杏子一般。

君不可一日無茶
中國茶文化史

壺娘、壺子皆小巧玲瓏，但又不失古樸渾厚。

《清稗類鈔》記載了一則有趣的故事，說明這「養壺」的重要。據說，潮州某富翁好茶尤甚。一日，有丐至，倚門而立，不討飯，卻討茶，說：「聽說君家茶最精，能見賜一壺否？」富家翁聽了覺得可笑，說：「你一個窮乞丐，也懂得茶？」乞丐聽了說：「我原來也是富人，只因終日溺於茶趣，以致窮而為丐。今雖家破，但妻兒均在，只好行乞為生。」富翁聽了，以為遇到「茶知己」，果然賞他一杯上好的功夫茶。這丐者品了品滋味說：「果然泡的好茶，可惜味不夠極醇。原因呢，是壺太新。」說著，從懷中掏出一個舊壺，色雖暗淡，但打開蓋子香氣清冽。丐者說是他平素常用壺，雖家貧如洗，凍餒街頭從不離身。富翁愛之不已，請求以三千金購壺，那乞丐卻捨不得，說：「只要你一半錢，從此你我共用此壺如何？」富翁欣然允諾，自此相共一壺，至成故交。這是說，未曾泡茶，這養壺先要下功夫。

至於沖泡，則更要一番高超的技巧。標準的功夫茶茶藝，有所謂「十法」，即後火、蝦須水（剛開未開之水）、揀茶、裝茶、燙杯、熱罐（壺）、高沖、低斟、蓋沫（以壺蓋把浮面雜質抹去）、淋頂。

客人坐好，主人親自操作，首先以手將鐵觀音茶放入小小的壺中。功夫茶極濃，茶葉可占容積七分，以浸泡後茶葉漲發，葉至壺頂，方為恰當分量。第一泡的茶，並非飲用，而是直接以茶水沖杯洗盞，稱為「開茶」或「洗茶」。主人將初沏之茶澆洗杯子，一開始便造成茶的精神、氣韻徹裡徹外的氣氛。洗過盞，沖入二道水，這時，不僅葉已開漲，而且性味具發，主人便開始行茶。乃將四隻小小杯子並圍一起，以飽含精茗的小壺巡迴穿梭於四杯之間，直至每杯均至七分滿。此時二泡之茶水亦應恰好完畢。此種行茶方法稱為「關公跑城」。而到最後餘津，亦須一點一抬頭地點入四杯之中，稱為「韓信點兵」。四杯並圍，含主客相聚之意；「關公巡城」既有優美的技巧，又含巡迴圓滿的中國「圓跡哲理」；「韓信點兵」，亦示纖毫精華都雨露均分的大同精神。關公、韓信皆古之豪傑，小中見大，纖美中卻又包含雄渾。這套民間茶藝設計真是再巧妙不過了。這時，四支

第十章 民間茶藝古道擷英

二、「功夫茶」中說功夫

小杯的茶色若都均勻相等，而每杯又呈深淺層次，方顯出主人是上等功夫。而假如由一泡至五泡都又呈不同顏色，便是泡茶高手了。這一段是顯示泡沏的功夫。

此時，主人將巡點完備的小杯茶，雙手依長幼次第奉於客前，先敬首席，然後左右佳賓，最後自己也加入品飲行列。吃這種茶，也講個「吃」的「功夫」。無論你味覺如何，也不能一飲落肚，而要讓茶水巡舌而轉，激發起舌上每一個味蕾對茶味的「熱情」，充分體味到茶香方能將茶咽下，這才不算失禮。飲完後還要像飲酒一般，向主人「亮杯底」，一則表示真誠領受主人厚誼，二則表示對主人高超技藝的讚美，這才像個功夫茶的真正「吃家」。

這樣吃過一巡又一巡，飲過一杯又一杯，主客情義、對茶的體味都融融洽洽，到泡至五六次時，茶便要香發將盡，禮數也差不多了。最後一巡過後，主人會用竹夾將壺中餘葉夾出，放在一個小盅內，請客觀賞，此舉稱為「賞茶」，一則讓客人看到精美的葉片原形，回到茶葉的自然本質；二則表示葉味已盡，地主之誼傾心敬獻，客人走後不會再泡這些茶葉。

這樣講究的功夫茶，不要以為只是有錢人家才做得起。在潮汕地區，常見小作坊、小賣攤在路邊泡功夫茶，甚至農民上山挑果子，休息時也端出茶具，就地燒水泡茶。至於農家工餘消閒，泡功夫茶更是經常之舉。現代的城鎮中，招待所、飯店都是現代化，但居然也有在櫃檯前泡了功夫茶來接待客人的。托人辦事，送的禮品是茶；賣茶不論斤兩，而事先以一壺大體標準分包，問你「買幾泡？」可見功夫茶在潮汕地區普及之廣，它實在是地地道道的「民間茶文化」。對水，功夫茶也極為講究。山村農民，本來並不太富裕，但老潮汕人花錢買山泉水以備泡茶的婆婆、老翁卻也不少。古樸的茶具，深厚的情誼，使潮汕人與功夫茶結下了不解之緣。經常在勞苦中度日的平民百姓，一旦喝上這功夫茶，便如舌底生香，風生腋下，千般苦、萬般累都飄灑到九天雲外了。

潮汕功夫茶的內涵極為豐富。它既有明倫序、盡禮儀的深刻儒家精神；又有優美的茶器及藝茶方式，不愧為高明的茶藝；有精神與物質、形式與內容的完整統一；有小中見大、巧中見拙、虛實盈虧的哲理；有中華兒女對生的圓滿、充

實和同甘共苦理想精神的追求。誰說中國茶文化繁華已盡、落葉凋零？單講這功夫茶，便包含了多少內容。

三、茶樹王國尋古道

　　談起中國茶文化，人們大多以文人、墨客、隱逸、仙道、僧釋為「正宗」。這誠然有理。因為正是這一文化階層將中國飲茶推入文化的巔峰，其特點是技中有藝，藝中含道，物我一體，情景交融，且能將茶道與天地自然、人文藝術、諸般境界交融一體。這樣高深的茶藝，在一般人看來，現代社會裡簡直是可望不可求。但是，假如我們步入滇茶世界、「茶樹王國」，便處處可見這種自然、和諧、充滿韻味的茶藝芳蹤。

　　中國是茶的故鄉，雲貴高原又是中國茶的原生故地。雲南，既有宜茶的人文環境，又有宜茶的自然環境。大約在二億五千萬年前，雲南還處於所謂「勞亞古大陸」的南緣，面臨泰提斯海。地勢平坦、氣候溫和、雨量充沛。後經過地質年代二疊紀、三疊紀、白堊紀、第三紀的漫長歲月，許多種被子植物在這裡發生、滋長、演化。後來，第四紀以來的幾次冰河期，毀滅了世界上許多植物的家園，而唯有中國雲南南部和西南部受害最輕。這形成雲南益於植物生長的古地理、古氣候條件。故雲南現有高等植物一萬五千多種，占中國一半以上，向有「植物王國」之稱。古老的茶樹也是雲南最多。世界上茶科植物共二十三屬，三百八十多種，分佈在中國西南的就有二百六十多種，其中又以雲南最多，僅騰衝縣就發現八屬、七十多種。按組分類法，茶組植物世界上有四十個種，中國有三十九個種，雲南占三十三個種。所以向有「雲南山茶甲天下」之說。野生大茶樹是印證茶的原產地的重要根據，雲南有四十多個縣發現大茶樹。猛海縣巴達地區有棵大茶樹直徑一點二一米，樹高達三十四米，已活了一千七百多歲，真是茶祖爺了。此樹

第十章 民間茶藝古道擷英
三、茶樹王國尋古道

名震海內外,驚動了海峽彼岸的臺灣同胞,騰空跨海前來祭拜、訪問。大家說,這是來尋祖、找根、結誼、「吃奶」。

確實,雲南造就了中國母親最好的乳汁——茶。雲南不僅茶多、茶好,而且有宜茶的好山、好水和會烹茶、敬茶的各族好兒女。蒼山腳下、洱海之濱、滇池之畔,到處都是茶山、茶樹、茶花、茶人。中國古代茶人講究品茶環境,而整個雲南就可看作天下最美的「自然茶寮」。四季如春,山水如畫,人人都在畫中;茶歌、茶舞、茶的神話,天地人間,人人都在茶中。這樣的香茗故鄉,怎麼會沒有上好的茶藝、茶道?古代茶人飲茶,愛伴青山流溪,你到了雲南,自然立即進入茶的意境。中國的「茶之路」,正是從這裡開始,而當茶進入文化領域之後,經過各族人民長期的文化交流,茶文化同樣返歸茶的故鄉,在這裡深深紮根。

不要以為這只是一種對自然和社會發展的推論,當我們步入雲南一個個村寨、一戶戶人家,便會發現這完全是美好的現實。

首先,讓我們從雲南的省會昆明開始。

到了昆明,不可不領略九道茶的風味。九道茶,是昆明書香人家待客的茶儀。昆明號稱「花城」,讀書人更愛花。飲昆明九道茶,先把你帶入一個花的氛圍,主人家一般都植有各種名花奇卉,山茶花更是獨壓群芳,必不可少的。日本茶道講苦、寂,而中國人,既耐得苦澀、寂寞,更愛好繁花似錦,這更多了些真正的「人文精神」。而室外的鮮花,並不能奪去室內的雅潔。讀書人家,尤其是愛茶的文人,總要在壁間掛一些與茶相關的書畫。如白居易的「坐酌泠泠水,看煎瑟瑟塵。無由持一碗,寄與愛茶人」。又如據晉人左思《嬌女詩》,畫上一幅《吹噓對鼎圖》,都是為襯托品飲的意境。中國茶道自陸羽《茶經》始,便主張邊飲茶邊講茶事、看茶畫,昆明九道茶繼承了這種優良傳統。肅客入室,九道茶便開始了。所謂「九道茶」,是指茶藝的九道程式,即:評茶、淨具、投茶、沖泡、浸茶、勻茶、斟茶、敬茶、品飲。雲南姑娘具有天然的清麗、雅潔氣質,故這些工作常由少女擔任。她們會在父母的示意下首先擺出珍藏的幾種好茶,任客

君不可一日無茶
中國茶文化史

評論選擇。這也是雲南自然條件所決定。若在其他地區，一種好茶尚不易得，哪有挑選批評的餘地？客人選好某種茶葉後，少女把蠟染茶巾和各種器具，當著客人的面洗滌，表示器具清潔無汙，然後投茶，沖水，打拌均勻以發茶性。待茶香溢出，茶色正好，便以嫻熟優美的動作斟入杯中。再以客人年紀、輩分或身份次序一杯杯敬獻於你的面前。家主隨即說「請茶」，客人便可品飲了。茶過幾巡，主人往往講一些有關茶的故事與傳說，以及雲南的湖光、山色、景物、風情。一遍九道茶喝過，茶鄉的美韻，主人的情誼，便盡在其中了。

白族的三道茶又是一番風味。這裡的「三道」，與昆明的「九道」含意不同，不是指程式，而是請你品飲三種不同滋味的茶飲。操作一般也由女兒們進行。第一碗送來，你發現是加糖的甜茶，首先向你表示甜美的祝願。第二道，卻專尋苦葉濃重的純茶，不加佐料。這時，便可敘家常、談往事，既有對過去生活的艱苦經歷介紹，也可以某些生動的故事使人體味人生歷程的艱辛與美好。比如說，從前如何有個美麗的王國，忽然一個暴君如何食人眼睛，破壞了美好的一切，如何又有勇敢的青年請來野貓，咬斷暴君的喉嚨，重新喚回美好的生活。苦茶使你心明眼亮，辨別世上的偽、惡、醜與真、善、美，也使你想到人生道路的苦辣酸甜，寓事理於茶中，頗有引導意味。最後敬獻一道，便是可以咀嚼、回味的米花茶，同時也象徵祝你未來吉祥如意。這就是白族三道茶，主要包含的「人生之道」。

至於傣族的竹筒茶、愛伲人的土鍋茶、基諾人的涼拌茶、布朗族的青竹茶，以及其他族的烤茶、鹽茶、罐罐茶，方法各異，大多保持中國古代自採、自製、自烤、自烹、自吃的傳統，突出一個「自然」意境。這些具體烹食方法，將另章介紹。

我們這裡講雲茶之藝，主要是從某些既古老、又清新的茶道含意、茶藝意境出發，從這裡，我們更多地看到中國茶文化自然清麗、質樸而又優雅的一面。如果偏要歸入哪家思潮的話，雲茶與文人山野茶趣、道家服飲之法和萬物冥合的觀念十分接近。不似中原民間茶禮那樣古板，而比東南地區的功夫茶又多了些清新的野趣。在雲南，茶道精神順乎自然，茶藝方式順乎自然，人與自然，人與茶

第十章 民間茶藝古道擷英
三、茶樹王國尋古道

得到更自然的交融,這裡有茶故鄉的「原生味道」。茶,本是自然精華的凝聚。但為人所用,特別是為統治階級所用之後,登堂入室,乃至薦於宗廟,貢獻皇家,儘管抬高了身份,節制禮儀、貢獻於社會,但畢竟是「入」,經壓、被磨,從外形到脾性,均被人過分雕琢拘束。而雲茶藝苑,卻畢竟是茶的本鄉、本土、故里風光。越是在工業社會的現代化生活中,雲茶的風味或許更受人青睞,有更多發掘價值。

雲南的罐罐茶

第十一章　從民俗學角度看民間飲茶習俗的思想內涵
三、茶樹王國尋古道

第十一章 從民俗學角度看民間飲茶習俗的思想內涵

　　民俗，是一個民族重要的心理表徵之一，是民族文化的重要組成部分。表面看，它不像其他文化那樣，既有書本記載，又有理論體系，或以某種形式系統出現。如宗教、哲學、文學、藝術、語言文字等等，各有各的明顯體系，各有各的表現方法，看得見，聽得著，講得清。民俗則不然。它是在一個國家、一個民族、一個地區，通過人們的長期生活積累，演變發展，世代相襲，通過爺爺、奶奶、爸爸、媽媽口傳心授，而自然積澱起來的文化現象。既有傳承性，又有變異性，既十分古老，又總是不斷打上每個時代前進中新的印記。民俗的區域性特徵又十分突出。常言說：「十裡不同風，百里不同俗。」這既造成它的紛繁多姿，又使人難以把握。所以，經常為人們所忽略。然而，恰恰在民俗中間，最能反映深刻的文化心理。飲茶也是如此。表面看，民間飲茶，既不像儒、道、佛各家有系統的茶文化體系，表現形式也不那麼規範。除了個別地區程式講究、禮儀規範，思想內容十分鮮明外，大多數民眾，是把飲茶的精神內容貫徹於生產生活、衣食住行、婚喪嫁娶、人生禮俗、日常交際之中。但正是這些最為常見的現象，更為集中地體現了中國茶文化精神與民眾思想的有機結合。文人的茶道精神往往是曲折、含蓄地加以表現。而民間飲茶習俗，卻更為質樸、簡潔、明朗。表面看，民間茶道精神不像上層茶文化那樣深沉、優雅，但卻多了些歡快，更多反映了人民對美好生活的積極追求與嚮往，表現了勞動者優秀的精神與品德。

君不可一日無茶
中國茶文化史

一、「以茶表敬意」與禮儀之邦

　　中國號稱「禮儀之邦」。所謂禮，不僅是講長幼倫序，而且有更廣闊的含義。對內而言，它表示家庭、鄉里、友人、兄弟之間的親和禮讓；對外而言，則表明中華民族和平、友好、親善、謙虛的美德。子孫要敬父母、祖先，兄弟要親如手足，夫妻要相敬如賓，對客人更要和敬禮讓，即使是外國人，只要你不是來欺壓侵略，中國人總是友好地以禮相待。中國人「以茶表敬意」正是這種精神的體現。

　　「以茶待客」是中國的普遍習俗。有客來，端上一杯芳香的茶，是對客人的極大尊重。各地敬茶的方式和習慣又有很大不同。

　　北方大戶之家，有所謂「敬三道茶」。有客來，延入堂屋，主人出室，先盡賓主之禮。然後命僕人或子女獻茶。第一道茶，一般來說，只是表明禮節，講究的人家，並不真的非要你喝。這是因為，主客剛剛接觸，洽談未深，而茶本身精味未發，或略品一口，或乾脆折盞。第二道茶，便要精品細嘗。這時，主客談興正濃，情誼交流，茶味正好，邊啜邊談，茶助談興，水通心曲，所以正是以茶交流感情的時刻。待到第三次將水沖下去，再斟上來，客人便可能表示告辭，主人也起身送客了。因為，禮儀已盡，話也談得差不多了，茶味也淡了。當然，若是密友促膝暢談，終日方休，一壺兩壺，盡情飲來，自然沒那麼多講究。所謂「三道茶」，不過初交偶遇的基本禮節。至於一些達官貴人，擺些臭架子，客人剛落座，主人便端了茶站起來，不過表示彬彬有禮地請你出去，那實在是官場陋俗，既非「三道茶」的含義，也非待客之道。中國江南一帶保持著宋元間民間飲茶附以果料的習俗，有客來，要以最好的茶加其他食品於其中表示各種祝願與敬意。湖南待客敬生薑豆子芝麻茶。客人新至，必獻茶於前，茶湯中除茶葉外，還泡有炒熟的黃豆、芝麻和生薑片。喝乾茶水還必須嚼食豆子、芝麻和茶葉。吃這些東西忌用筷子，多以手拍杯口，利用氣流將其吸出。湖北陽新一帶，鄉民平素並不多飲茶，皆以白水解渴。但有客來則必須捧上一小碗沖的爆米花茶，若加入麥芽糖或金果數枚，敬意尤重。江南一帶，春節時有客至家，要獻元寶茶。將青果剖

第十一章　　從民俗學角度看民間飲茶習俗的思想內涵

一、「以茶表敬意」與禮儀之邦

開，或以金橘代之，形似元寶狀，招待客人，意為祝客新春吉祥，招財進寶。

客人進家要以茶敬客，客人不來，也可以茶敬送親友表示情誼。宋人孟元老《東京夢華錄》載，開封人人情高誼，見外方之人被欺凌必眾來救護。或有新來外方人住京，或有京城人遷居新舍，鄰里皆來獻茶湯，或者請到家中去吃茶，稱為「支茶」，表示友好和相互關照。後來南宋遷都杭州，又把這種優良傳統帶到新都。《夢粱錄》載：「杭城人皆篤高誼，……或有新搬移來居止之人，則鄰人爭借動事，遺獻茶湯，……朔望，茶水往來，……亦睦鄰之道，不可不知。」這種以茶表示和睦、敬意的「送茶」之風，一直流傳到現代。浙江杭州一帶，每至立夏之日，家家戶戶煮新茶，配以各色細果，送親戚朋友，便是宋代遺風。明人田汝成《西湖遊覽志餘》卷二十載：「立夏之日，人家各烹新茶，配以諸色細果，饋送親戚比鄰，謂之'七家茶'。富室競侈，果皆雕刻，飾以金箔，而香湯名目，若茉莉、林檎、薔薇、桂蕊、丁檀、蘇杏，盛以哥、汝瓷甌，僅供一啜而已。」江蘇地區則變「送七家茶」為「求七家茶」。據《中華全國風俗志》記載，吳地風俗，立夏之日要用隔年炭烹茶以飲，但茶葉卻要從左鄰右舍相互求取，也稱之為「七家茶」。江蘇儀征，新年親朋來拜年，主人肅請入座，然後獻「果子茶」，茶罷方能進酒食。

至於現代，以茶待客，以茶交友，以茶表示深情厚誼的精神，不僅深入每家每戶，而且用於機關、團體，乃至國家禮儀。無論機關、工廠，新年常舉行茶話會，領導以茶表示對職工一年辛勤的謝意。有職工調出，也開茶話會，敘離別之情。群眾團體時而一聚以茶彼此相敬。許多大飯店，客人入座，未點菜，服務小姐先斟上一杯茶表示歡迎。

總之，茶，是禮敬的表示、友誼的象徵。親和力特別強，是中華民族一個突出的特徵。要想加強親和力，首先要有彼此的包容和尊重，又要禮讓和節制。中國民間茶禮，突出反映了勞動者這種篤高誼、重友情的優秀品德。從元代的《同胞一氣》的茶畫，到清人以「束柴三友」為題做茶壺；從宋代汴京鄰里「支茶」，到南宋杭城送「七家茶」；從唐人寄茶表示友人深情，到今人以茶待客和茶話會，

茶都是禮讓、友誼、親和的象徵。

二、漢民族的婚俗與茶禮

除以茶表示禮敬之外，茶禮最廣泛用於民間的，莫過於婚俗。戀愛、婚姻是人生大事，重視血緣親情和子孫繁衍的中國人對婚姻看得比西方人更為重要。茶作為文化現象反映在婚俗之中，是因為它是純潔、堅定和多子多福的象徵。中國人向來認為茶性最潔，所以把它作為男女愛情冰清玉潔的表徵。中國古人認為茶只能直播，移栽則不能成活（今人已發明移栽技術，又當別論），所以茶又稱為「不遷」，表示愛情的堅定不移。茶多籽，中國人向來主張多子多福，茶又成了祈求子孫繁盛，家庭幸福的象徵。於是，無論漢族與邊疆，茶用於婚俗的便多種多樣了。而漢族婚俗中，茶又與古代的婚姻制度相結合，成為人生禮儀的重要組成部分。

漢民族訂婚，男方要向女家納彩禮，而在南方則稱為「下茶禮」。江南婚俗中有「三茶禮」。所謂「三茶禮」有兩種解釋。一種是從訂婚到結婚的三道禮節，即訂婚時「下茶禮」；結婚時「定茶禮」；同房時「合茶禮」。另一種解釋，則是指結婚禮儀中的三道茶儀式，即第一道白果，第二道蓮子、棗兒，第三道才真的是茶。不論哪種形式，皆取情堅不移之意。

茶用於婚禮，大約自宋代開始，當時求婚要向女家送茶，稱作「敲門」。媒人又稱「提茶瓶人」。結婚前一日，女家要先到男家去掛帳、鋪房，並送「茶酒利市」。明代湯顯祖的《牡丹亭》中亦有：「我女已亡故三年，不說到納彩下茶，便是指腹裁襟，一些沒有。」清代孔尚任《桃花扇》亦云：「花花彩轎門前擠，不少欠分毫茶禮。」《紅樓夢》中亦載，鳳姐對黛玉說：「你吃了我家的茶，為什麼不給我家做媳婦！」可見，茶作為婚姻的表徵由來已久。江蘇舊時婚俗，

第十一章　　從民俗學角度看民間飲茶習俗的思想內涵
二、漢民族的婚俗與茶禮

茶在許多場合都是必備之物。男方對女家「下定」，又稱「傳紅」。先由媒人用泥金全紅送去女方年庚「八字」，男方則要送茶果金銀。其中，茶葉要有數十瓶甚至上百瓶。迎親之日，新郎興馬而來，至岳家門口卻要等待開門。待進得門來，又要走一重門，作一個揖，直到堂屋，才得見老嶽公及左右大賓，然後飲茶三次，才能到岳母房中歇息，等待新娘上轎，此謂「開門茶」。

　　湖南、江西皆為產茶勝地，茶在婚禮中也有十分突出的地位。瀏陽等地，有「喝茶定終身」之說。青年男女經介紹如願見面交談，由媒人約定日期，引男子到女家見面。若女方同意，便會端茶給男子喝。男子認為可以，喝茶後即在杯中放上「茶錢」；若不中意，亦要喝茶表示禮敬，然後將杯倒置桌上。付「茶錢」，兩元、四元、百元不定，但一定要雙數。喝過茶，這婚姻便有成功的希望了。湖南沅江等地，則用「雞蛋茶」來表示對婚事的意見。無論女方去男家，或男方去女家，都要請茶、吃雞蛋。女方去男家，男方如中意，拿出三個以上的蛋，不中意只拿兩個出來。女方看是三個以上便高高興興地吃了，說明雙方皆有誠意。男子若去女家，女方看中了，也要請吃茶吃蛋，看不上，只供清茶，不供茶蛋。

　　湖南邵陽、隆回、桂陽、郴州、臨武等地，訂婚也行「下茶」禮，而且別具一格。舊時經媒人說合兩家同意後，男方向女家「下茶」，除送其他禮物外，必須有「鹽茶盤」。即用燈芯染色組成「鸞鳳和鳴」「喜鵲含梅」等圖案，又以茶與鹽堆滿盤中空隙，此為「正茶」。女家接受，便表示婚姻關係確定，自此不能反悔。

　　湖南各地婚禮中多有獻茶之禮。婚儀之後，客人落座，新娘新郎要抬著茶盤，擺幾隻茶杯，盛滿香茶，向長輩行拜見禮。長輩喝了茶，則摸出紅包拜見錢放於茶盤之上。有些地方，新婚夫婦要喝「合枕茶」，猶如北方的「交杯酒」。新娘入洞房，新郎捧茶至前，雙手遞上一杯清茶，請新娘先喝一口，自己再喝一口，便表示完成了人生大禮。

　　鬧洞房，是中國各地普遍的習俗。湖南各地鬧洞房卻是以茶作題，別開生

面。有「合合茶」「吃抬茶」「鬧茶」等名目。「合合茶」，早在《中華風俗志》中即有記載，至今在不少地方流行。至時，讓新人同坐一凳，相互將左腿置對方右腿上，新郎以左手搭新娘之肩，新娘則以右手搭新郎之肩。空下的兩隻手，以拇指與食指共同合為正方形，由他人取茶杯放置其中，斟滿茶，鬧洞房的人們再上去伸口品嘗。「抬茶」則是令新人共抬茶盤，上置盛滿茶的杯子，鬧房人或坐或立，新人抬盤依次請吃。鬧房人要先說些讚語再吃茶，贊得出才能吃，贊不出便讓下一位。有些地方，對長輩，不僅要獻抬茶，還要獻茶蛋，長輩吃了抬茶、茶蛋就要給紅包錢。

浙江湖州一帶，與湘贛婚俗茶禮有許多相似之處，女方接受男家聘禮叫「吃茶」或「受茶」；結婚儀式中，謁見長輩要「獻茶」，以表兒女的敬意。長輩送些見面禮，稱為「茶包」。北方女孩子出嫁三天要回娘家，叫作「回門」。浙江一些地方卻是在第三天由父母去看女兒，稱為「望招」。至時，父母要帶上半斤左右的烘豆、橙皮芝麻和穀雨前茶，前往親家去沖泡。兩家親家翁、親家婆，邊飲邊談，稱為「親家婆茶」。

生兒育女是婚姻的繼續，也離不開茶。浙江湖州地區，孩兒滿月要剃頭，須用茶湯來洗，稱為「茶浴開石」，意為長命富貴，早開智慧。

總之，茶是清潔的象徵，象徵愛情的純貞；茶是吉祥的象徵，用茶祝福新人未來生活美滿。茶是親密、友愛的象徵，中國人民把茶禮用於夫妻禮敬、兒女尊長、居家和睦、親家情誼、多子多福等多種美好的祝願。

中國民間，還有不少以茶象徵愛情的美好傳說與故事。安徽的黃山毛峰是中國著名的佳茗。毛峰中的「屯綠」，又被譽為「綠色的金子」。上等屯綠，又稱「茶寶」「茶女紅」。這「茶寶」中，便有一個美麗的愛情故事。據說，從前黃山腳下有一個孤女名喚蘿香，不僅採得一手好茶，唱得一手好歌，而且生得如茶一般嬌嫩，花一般美麗。於是達官貴冑、秀才書生、財主家少爺、富商子弟皆來求婚。蘿香不勝其擾，告知父老鄉親：她用自採的「茶寶」以訂婚姻。三月八日，鄉民群集黃山腳下，富家子弟趨之若鶩，窮家兒郎亦不甘落後。蘿香於門前設案，

第十一章　從民俗學角度看民間飲茶習俗的思想內涵

三、少數民族婚俗中的茶

每個求婚者面前放下一隻杯子，沖下香茗，並稱：「蘿香今日擇婚，望神靈保佑。我蘿香精氣已鬱結於茶，誰的茶杯中現出蘿香身影便是我的丈夫。」這番話引得求婚者皆觀注於杯中茶湯，但皆不見姑娘身影。唯有砍柴郎石勇杯上，香氣繚繞，一片翠綠的葉子在湯麵上展開，一會又變成一棵茶樹，只見蘿香於樹下採茶，水中人、水外人，水中茶、山間茶，宛然一體，難辨內外。就這樣，蘿香嫁給了砍柴郎。此信傳至官府，縣官強奪蘿香「茶寶」獻於朝廷。誰知「茶寶」雖清香襲人卻不現人影。縣官又捕石勇拷打至死，蘿香取來黃山泉水，以黃山泉、綠茶寶救活了石勇。原來，這「茶寶」只有得黃山神泉之水方有現奇觀、救回生的奇效。這則故事編得十分巧妙，它既反映了中國人民以茶象徵愛情堅貞的思想，又把水茶一體、茗藏萬象的茶道哲理蘊藏其中，不愧為中國民間茶道思想的精華。

三、少數民族婚俗中的茶

　　中國少數民族的婚姻，向來比漢族要自由得多。如果說漢族的婚俗茶禮中除了表示愛情的堅貞和美好的祝願等積極思想之外，還烙上了所謂三媒六證、三從四德等封建觀念的印記；邊疆民族中的「茶」則更多了些純貞、美好、活潑的內容與精神。尤其是西南少數民族，生活在茶的故鄉，婚姻又相當自由，茶主要不是「媒證」，而是「媒介」。

　　雲、貴、川、湘的少數民族，把茶引入婚俗是相當普遍的。尤其在雲南，青年男女從戀愛到結婚，總是離不開茶。雲南大理白族，生活在蒼山下、洱海邊，這裡是茶的故鄉，婚俗中滲透的「茶精神」尤為突出。白族居家飲用的是烤茶，年輕的姑娘都有一手烤茶的好本領。堂屋裡鐵鑄的三腳架上煨水，旁邊的小砂罐裡以火烤茶，茶葉發出醉人的香味，沖入沸水，滋滋幾聲，罐口冒出繡球花一般的沫花。新婚的媳婦能否一進門便給公婆敬獻一杯這種美妙的烤茶，也是評價新

君不可一日無茶
中國茶文化史

人的標誌之一。白族婚禮中，也有「鬧房」習俗，參加鬧房的大都是新郎的同輩或晚輩年輕人。對參加鬧房的人，新郎新娘不是敬烤茶，而要敬三道茶。這種三道茶與敬客又不同，不是先敬糖茶，而是先敬苦茶，第二道才是加了紅糖、果仁的甜茶，第三道則是用了揉碎的牛乳扇和紅糖的乳茶。這三道茶稱為「一苦、二甜、三回味」，充滿了人生哲理。

雲南猛海縣的茶樹王，已聞名海內外。當地有種風俗，新娘要爬上大茶樹，爬得越高，採的茶越多才算吉利。你若問新郎這是什麼意思，他會紅了臉：「啊喲喲，不好意思說囉。」你再三追問，他才會告訴你：「採了茶樹王的茶葉，是托茶樹王的福喲！我們的情感要像茶樹王一樣長久，生命像茶樹王一樣旺盛，還保佑我們的兒孫像茶樹王的葉子一樣多！」倘若客人正遇上新娘採來茶樹王的葉，這對年輕夫婦會當場把茶揉製、烘烤，給你熬好清香的「土鍋茶」，表示對客人的禮敬與歡迎。

瀾滄江畔的拉祜族，婚姻是自由的。青年男女要先經過探察、對歌、搶包頭、幽會、定情等一系列有趣的戀愛過程才結婚。心心相印的青年男女私定終身後，才告知父母。男方請媒人去女家求婚，媒人帶去一雙蠟燭、煙、茶等物，別的禮物可以不帶，茶卻是必須要帶的。拉祜族認為，沒有茶的婚姻，不能算數。婚禮中，拜堂以後新郎新娘還要去抬水，敬獻父母、媒人，有茶有水才算美好婚姻。

居住在廣西西北部的毛南族，結婚儀式中茶也佔有重要地位。迎親日，男方迎親人在女家吃過午飯，正午時娘家人開始「疊被」。新娘的母親端來個大銅盆，盛滿了紅蛋、糯米、穀穗、蜜橘、瓜子、銅錢等物，還必須有茶。姑嫂、嬸娘們把被子疊成方形，放到一個叫作「崗」的木架上，兩頭一邊放銅盆，一邊放錫茶壺。四周掛滿由新娘親手做的布鞋。毛南族盛行「兄終弟繼」「弟終兄繼」的「轉房婚」，這種換婚儀式稱為「換茶」。

阿昌族，媒人說親要帶茶、煙草、糖各兩包。婚後第三天，女家才來送嫁妝和「大飯盒」。這時，男家先敬酒一杯說：「請騎大白馬。」然後再敬茶一杯，說：「請騎大紅馬回去！」

第十一章　　從民俗學角度看民間飲茶習俗的思想內涵

三、少數民族婚俗中的茶

　　四川阿壩地區的羌族婚俗中，茶禮運用極有趣味性。茶為當地特產，結婚送禮、請茶自然是不可少的。更有趣的是，「吃茶」要隨迎親隊伍一路而行。迎親日，每過一村寨先放禮炮三聲，寨中人便要出來看熱鬧，送親、迎親隊伍也要暫停。男女雙方親戚，事先都有所準備，拿出用玉米、青稞、麥子、黃豆製成的糖和茶水來招待送親、迎親的人。茶飲罷、糖吃過，方能繼續前進。村村吃一遍茶，寨寨吃一遍茶，即便走上八個、十個村莊，停隊吃茶村村不能少，沿途茶吃夠了，對新人的祝福、雙方的友情，都從一路飲茶中得到充分體現，新娘才能娶到家。

　　比較而言，西北民族婚姻中的茶禮，除表示堅貞、禮敬之外，則更表示財富的多少。這是因為，茶在西北民族中，既是生活中必需的物質但又十分難得。居住在青海的撒拉族，訂婚時，男方要擇吉日請媒人向女方送「訂婚茶」。一般為耳墜一對，茯茶一封，這叫「系定」。甘肅積石山下的保安族訂婚，是由男方的父親、叔伯或舅舅偕同媒人親送茯茶兩封、耳環一對、衣服幾件去「系定」。甘肅的裕固族把茶看得更重，傳統習俗中，一塊茯茶要用兩隻羊才換得來，娶一個妻子，男方一般要拿一馬、一牛、十幾隻羊、二十塊布、兩塊茯茶。西北地方，回族較多，回民提親，稱為「說茶」。男家父母看女家的未來兒媳，女家也要「相女婿」，如果相中了，媒人在到女家回話時，首先要帶來茯茶，女方同意便收下。正式訂婚，稱為「訂茶」「吃喜茶」。女家要把男家送來的茯茶分成小塊，送親友鄰里。

　　藏族婚俗中，茶也是很重要的。藏族男女戀愛自由，儀表和人品為主要標準，不重家境和聘禮。青年男女私定終身，要唱定情歌，歌中也是將茶比喻愛情：

　　兩個袋裡的糌粑合起來吃好嗎？

　　兩個鍋坐的茶水合起來熬好嗎？

　　金手鐲和銀戒指可以交換嗎？

　　長腰帶和短腰帶可以交換嗎？

　　可見，藏族人民把茶看得和金手鐲、銀腰帶一樣重要。至於婚禮中的酥油

茶，自然更不可少。

滿族是由女真族演變而來。早在金代，女真族婚俗中就有以茶入禮的習慣。當時，居住在黑龍江地區的生女真，還保留著母系制度的殘餘，男子向女家求婚亦稱「下茶禮」。待到迎親時，女家要合族羅坐炕上，男家則全體向女家跪拜。拜罷了，才坐下來共同吃茶、吃蜜餞。到清代，滿族繼承女真遺俗，訂婚也稱「下茶禮」。而實際上，吃茶的內容已減少了。

中國這樣多的民族，婚俗中的茶禮竟運用得如此普遍，從中原到邊疆，從西南到西北、東北，到處都把茶放在婚俗的重要位置上，足見茶象徵堅定、純潔、親愛、吉祥的思想多麼深入人心。

四、喪俗、祭俗與茶儀

喪葬與祭祀用茶為祭品由來已久。《茶經》引《異苑》，說剡縣陳務之妻年少，與二子寡居，好飲茶茗。因宅中有古墓，常以茗祭鬼神。其子欲掘墓，母苦諫方罷。至夜夢鬼來相謝云：吾居此三百餘年，卿二子欲毀墓，賴卿相護，並常賜佳茗，吾當報汝恩！次日，於庭院中得錢十萬。這大約是民間以茶為祭的最早記載。

考古學的發現，也證明了以茶為隨葬品的禮俗。著名的湖南長沙馬王堆漢墓中有茶葉一箱。這是貴族以茶為隨葬品的證明，比《茶經》所記南齊世祖皇帝遺詔以茶為祭品及《異苑》陳務妻祭鬼記載還要早。河北宣化遼墓中有遼代壁畫，畫面上還描繪了點茶、飲茶的生動場面。河南白沙宋墓浮雕壁畫中，有仕女捧茶圖，又有墓主人品茶的景象。在中國人看來，死亡是現實生命的結束，但又總盼望死後能繼續生時的生活。一方面說人死又會輪回托生，而同時又自相矛盾地創造一種想像中的地下生活，活著愛喝茶，死了也要把茶帶到地下去飲。

第十一章　　從民俗學角度看民間飲茶習俗的思想內涵

四、喪俗、祭俗與茶儀

不過，在民間喪葬禮俗用茶，又加上了許多附會出來的迷信故事。中國各地都有人死後會被陰間鬼役「灌迷魂湯」的傳說。有的說讓新死的人喝迷魂湯，是為讓他忘卻人間的舊事；有的說是為把鬼魂導入迷津去讓惡鬼欺辱或服役。總之，中國人希望人是理智、清醒的，所以喝迷魂湯總是壞事。而茶能使人清醒，所以許多產茶之地把茶作為喪俗、葬禮的重要內容。《中華全國風俗志》載，浙江一些地方認為：「人死後，須食孟婆湯以迷其心，故臨死時口銜銀錠之外，並用甘露葉做成一菱附入，手中又放茶葉一包。以為死去有此兩物，似可不食孟婆湯。並有杜撰佛經曰：『手中自有甘露葉，口渴還有水紅菱。』此兩句於放置時家屬喃喃念耳。」安徽等地也有這種習俗。同書記載壽春葬俗說：「凡人死後，俗以為必須過孟婆亭、吃迷魂湯。故成殮時以茶葉一包，加以土灰，置之死者手中，以為死者有此物即可不吃迷魂湯矣。」此法不僅用於死人，有時也用於生人。江蘇有些地方，小兒偶爾有疾，舊時迷信，說是「丟了魂」，須行招魂之儀。至時一人持小兒衣物，以秤桿挑著，一人提燈籠，沿途呼叫，一人呼，一人應，同時又要於途中灑米與茶葉。這種儀式稱為「叫魂」。其中灑茶葉的含義，大概也是怕走失的孩子魂靈會被鬼灌了「迷魂湯」。

北方茶少，葬禮中用茶者不多見，但在祭祀中用茶飲也是較普遍的。不僅祭鬼、祭祖先，祭祀神靈也用茶。不過，說來頗為好笑。中國人是泛神論，山有山神，水有水神，城市有城隍，農村有土地爺，樹有神，穀有神，花有神，蟲也有「蟲娘娘」。一家之中，最重要的有兩種神，一是門神，那是歷史上的英雄人物變的，保佑一家安寧；另一位便是灶王爺。據說，臘月二十三是灶王爺上天日，中國各地至此日普遍流行「祭灶」。中國人對神是又敬、又不敬。比如對這灶王爺便頗有些不恭，甚至有戲謔之意。臘月二十三家家辦「灶糖」，北方又叫「糖瓜」，據說是為讓灶王粘住嘴，免得到天上胡說八道，「打小報告」。東北遼陽地區又在灶糖之外加上了茶水一項。其日，先以高粱稭紮成狗馬，作為灶神夫婦上天的坐騎，天黑後取茶杯兩個，一盛水，一盛草料，有的說這杯茶是飲灶馬的，有的說是給灶王爺潤口的。既讓灶王潤口，又不讓人家多說話，「上天言好事，下地保平安」，這灶王也實在難當。看來還是人力量大，神不過被人捉弄而已。

君不可一日無茶
中國茶文化史

　　表面看，這些習俗盡是些愚昧、迷信而已，但剝去迷信的外衣，卻包含著中國人的人生哲理。中國人主張，活要活得明白，死要死得清楚。活著，正視生活，反對醉生夢死，糊糊塗塗過日子。死了，仍要爭取自己掌握自己的道路，反對被鬼神隨意擺佈。西方人表面看來比中國人自主、自由，但這些觀念後面有很大的神學背景，一到上帝那裡，便不可能自由。活著「今朝有酒今朝醉」，死去，任憑被上帝打進地獄。中國人卻更熱愛現實的人生。印度佛教認為人生在世上便是來受苦，只有死後才能進天堂，中國人不接受，所以把印度佛教屢加改造，出現禪宗的「頓悟」觀。所以，民間葬俗用茶、祭祀用茶，都含有清醒、理智的人生觀念。中國自唐宋以來，便流傳著一個「茶酒爭功」的故事。這在敦煌變文中已有發現，稱作《茶酒論》。其中說，一天茶與酒爭執起來，各誇各的功勞，吵得不可開交，最後水出來和解，說二位不論誰無我皆不能有功，還是和解了吧，由此罷論。其中，茶謂酒曰：「我之茗草，萬木之心，或如碧玉，或似黃金。名僧大德，幽隱禪林，飲之話語，能去昏沉。供養彌勒，奉獻觀音，千劫萬劫，諸佛相欽。」這是說坐禪念佛也不可昏寐失性。而對酒，則認為「酒能破家散宅，廣作邪淫」，或者「為酒喪其身」。可見，在中國茶民俗中所反映的思想是相當深刻的。《茶酒論》實際是把茶放在酒之上，但並不認為兩者個性全不可調和，最後水出來說話，還是希望他們二位「長做兄弟，須得始終」。這正是中華民族寬容大度的表現。總的來說，中國人主張節制、清醒，活著清醒，死去也要明明白白。但生活總不是一帆風順的，憂悶難解時酒便成了「借酒消愁」的「解憂君」；但中國人更重視遠大的目標，不希望一時困難便糊糊塗塗地去喝「迷魂湯」，而要清清醒醒地對待人生，也清清醒醒地對待死亡。

第十一章　從民俗學角度看民間飲茶習俗的思想內涵

五、飲茶與「家禮」

五、飲茶與「家禮」

　　飲茶，不僅是敬客，居家生活也要以茶表示相敬相愛，以茶明禮儀倫序。早在宋元時期，對長輩敬茶便成為家禮的重要組成部分。中國人重視血緣、家族關係，主張敬老撫幼，長幼有序。向長輩敬茶是敬尊長、明倫序的重要內容。中國舊時，大戶人家的兒女清晨要向父母請早安，常有長兄、長姊代表兒女們向父母敬一杯新沏的香茶。南方這種規矩更普遍。新婦過門，第三天便開始早早起床，向公公、婆婆請安，請安時也首先捧上一杯新沏的香茶。新婦敬茶有三種含意：一是表明孝敬翁姑，不失為婦之道；二是表明早睡早起，今後是一個勤儉持家的能手；三是顯示是個巧手好媳婦。在茶鄉，不會烹茶、敬茶的媳婦，會被認為是既拙笨又不明事理。

　　茶鄉稍微富有的人家，每種人喝什麼茶，有一定之規。江西大家庭裡，有包壺、藤壺、小杯蓋碗茶之分。包壺，是一個特大錫壺，用棉花包起來，放在一個大木桶中，木桶留一小缺口，伸出壺嘴，稍一傾斜即倒了出來。這種茶是供下人、長工、轎夫喝的。藤壺是略小的瓷壺，放於藤製盛器中，有點像明代的「苦節行省」。倒茶時提出瓷壺，斟在杯中。這是一般家人和一般來客喝的。而一家之主，喜慶節日，貴客臨門，卻要新茶原泡的蓋碗茶。這其中，雖然多了些「等級觀念」，但以茶明長幼的含意卻十分明確。

　　這些漢族家庭的茶禮，也影響到少數民族。大理白族地區，幾乎家家都有兩種愛好：一是種花，二是烤茶、品茶。逢年過節，全家人一邊賞花，一邊品茶已是白族家庭的普遍習俗。有條件的人家，有專門飲茶的小花園；沒條件的，也要在庭院中、臺階上，栽些花木，擺幾件盆景，花伴茗飲是白族家庭茶會的突出特點。閒暇時或請賓客來家賞花、烤茶；過年過節，則是家人賞花、品茗，從茗飲中享受闔家親睦、天倫之樂的時刻。教孩子懂禮貌，首先要他學會給家長敬茶，給來客端茶。新媳過門，第一個考驗便要看她在第二天拂曉，是否人勤手巧，孝敬公婆，能搶在公婆起床前把兩杯香噴噴的茶送到公婆床前。若不能做到這點，

便認為是人懶手笨，沒有家教。總之，「奉茶明禮敬尊長」，是中國家庭茶禮的主要精神。封建時代，家庭茶禮中也包含有男尊女卑等消極成分，但總的說來，中國家庭茶禮是提倡尊老愛幼，長幼有序，和敬親睦，勤儉持家，以清茶淡飯而宣導儉樸的治家之風。像現代青年夫婦，讓「小皇帝」「小公主」飲可樂、雪碧，自己只喝白開水，這在中國傳統的家禮中是不可以的。

中國兒女遠行，父母常賜一杯水酒，以壯行色。而出行的兒女，則要向父母回敬一杯香茶，有的還要敬妻子、兄弟、姐妹，並說一些祝家庭平安，不必掛念的話。抗戰時期，中國北方流行一首戰士出征前的敬茶歌：

第一杯茶呀，敬我的媽呀，兒去參軍保國家呀。媽在家中莫心焦啊，兒行千里不忘媽呀！

第二杯茶呀，敬我的妹呀，哥去參軍你陪嫂睡呀。待到哥哥返家時啊，紅花頭繩謝妹妹呀！

第三杯茶呀，敬我的妻呀，丈夫參軍你在家裡呀。少擦胭脂少戴花呀，少在門前打哈哈呀！爹媽妹妹你照料啊，多做軍鞋送前線啊。待到 勝利回家轉啊，立功獎狀送我妻啊！

香茶敬給媽與妻呀，我到前線去殺敵呀。三杯香茶敬親人哪，男兒不忘家鄉水啊！待到打走日本鬼呀，香茶美酒闔家會呀！

這首敬茶歌，有對親人的囑託，有對勝利的信心和期望，有男兒報國的雄心壯志，既有慷慨悲壯，卻又不乏家庭的道德倫序與兒女之情。中華兒女向來有家國一體的遠大理想和責任心，一杯茶，既是表敬意、明倫理、敘親情，又以茶勵志；既清醒地面對殘酷現實，又充滿生活信心和必勝的信念，確實不愧為民間茶道精神的佳作，也可以說是家庭茶禮精華的集中表現。

第十二章　　區域文化與 茶館文明
五、飲茶與「家禮」

第十二章 區域文化與茶館文明

「人，是社會的動物」，人們都這麼說。因此，就大多數人的本性而言，是喜歡集體、樂於群體活動的。生產如此，生活如此，一般文化活動如此，茶文化同樣如此。有人喜歡離群索居，或者因為社會生活過於緊張，或者是對人世間勾心鬥角、爾虞我詐的厭惡，都是迫不得已。文人、隱士、道家、佛教的茶文化，都有隱幽、沉寂的傾向。三五友人，坐於古利、清溪、幽谷、茶寮之間，或者乾脆自己獨以芳茗為伴，以便在清寂中獨立地思考。而民間茶文化的特點，則是傾向於集體與歡快。鄉間，是以血緣、村社、親戚構成以茶交際、歡愉的集體氛圍。到了城市，血緣和家族關係淡化了，人們重新以職業、行當或經常性社會活動進行交往，構成新的人際關係和人際環境，茶文化便又以新的形式來出現。於是，出現了新的茶文化內容——市民茶文化。市民茶文化最典型的表現，便是遍佈於中國各地大小城鎮的茶館、茶樓、茶肆、茶坊。所以，又可稱為「茶館文化」。有人認為，以飲食構成的集體活動場所，在東方有酒樓、飯館，在西方有飯店、酒吧、咖啡廳，茶館也不過是這種集體飲食環境中的一種，談不到多少「文化」。其實，這是太不瞭解茶館文化了。早期的茶館，或許確實僅為行人與過往商賈歇腳、解渴的地方。但自宋以後，茶館的功能遠遠超過了「飲食」本身的意義。尤其值得注意的是，近代以來中國茶文化在不少領域確實出現衰落趨勢，唯有代表市民茶文化的茶館文化，不僅沒有衰亡，反而日益興旺、獨樹一幟。這或許因為，它與現代生活的節奏更能適應，因此，我們對它便更應予以重視。

中華文明，並非只有一個古老源頭，而是多源流長期交流、融合 的結果。這一點已為考古界、文化人類學界、史學界等大多數學者所認可。所以，近年來對區域文化的研究越來越受到重視。共性之中包含著個性，沒有個性也就談不到

共性。茶文化同樣如此。我們不僅要從中國茶文化發展歷程進行研究，而且要從區域文化角度研究其特殊性。表面看來，各地茶館大同小異，實際上所顯示的文化內涵卻區別不小。

若論整個中國茶文化，長江流域要超過黃河流域。但市民茶館文化，卻是從黃河中下游發源。這是因為，在中國古代史上，黃河文明畢竟起了排頭兵的作用，中原城鎮發育早，而且充分。所以，我們的茶館文化研究，先從黃河中游開始，再沿長江向外走，最後回到古老的都城北京。

一、唐宋城市經濟的繁榮與市民茶文化的興起

唐唐宋之間，中國城市經濟有了很大發展。就中國城市起源來說，大多兼有經濟中心和政治、軍事中心的兩重性。而在早期，軍事、政治原因比重更大。但到封建社會中期以後，城市的經濟功能大為加強，自唐宋以後，首都逐漸東移，也正是經濟中心向江淮轉移，東部城市經濟繁榮的結果。城市經濟的繁榮，帶來一個很大的市民階層。他們既不是經常調動崗位的文人官吏與士卒兵丁，也不是完全老死鄉里的農民，而是活躍在各城鎮的商人、工匠、挑夫、販夫，以及為城鎮上層服務的各色人員。這些人，較之鄉民見識廣，而比上層社會更重人情、友誼。生活在城市中，毗鄰而居，街市相見，卻又不似鄉間以血緣、族親為紐帶。活躍的市民階層需要彼此溝通，茶文化一出現，溝通人際關係便是其重要功能之一。於是，茶館文化便應運而生了。

茶館，古代名稱各異，至今也不統一，但大體都是指市鎮集體飲茶場所，所謂茶肆、茶坊、茶樓、茶園、茶室，內涵大體相仿。

茶肆、茶坊從唐代便開始萌芽，宋代便形成高潮。《封氏聞見記》說：「茶，……南人好飲之，北人初不多飲。」但自從泰山靈岩寺降魔禪師在北方大

第十二章　　區域文化與茶館文明

一、唐宋城市經濟的繁榮與市民茶文化的興起

興禪教,僧人興起以茶助禪之風,北方一下子便被「茶風」薰染了。僧人雲遊四方,沿途客店投其所好,設茶飲以待。僧人一飲,過路商客也要飲,不久,便成為沿途邑鎮店舍的必備之物,「自鄒、齊、滄、棣漸至京邑,城市多開店鋪,煎茶賣之,不問道俗,投錢取飲。其茶自江淮而來,舟車相繼,所在山積,色額甚多」。這是唐代茶肆情況,當時大約是與旅舍、飯店結合的,並未完全獨立。

宋代茶肆、茶坊便獨立經營了。我們在第一編中曾談到,宋代茶文化發展的重要貢獻之一是市民茶文化的興起,並介紹了汴京開封茶肆、茶坊的興旺情景。其實,宋代不只開封茶肆興旺,各大小城鎮幾乎都有茶肆。

《水滸傳》是明人所著,但《水滸傳》故事,自宋以來便在民間廣為流傳,其反映宋人經濟、生活的內容有很大真實性,僅在這本書中,就有許多地方談到市鎮的茶肆、茶坊。即便不完全是宋代茶肆風格,夾雜了元、明以後的情況,對研究宋、元、明茶館也有很大價值。第三回,寫史進來到渭州,進城便到了一個小小的茶坊。揀副座位坐了,茶博士問:「客官,吃甚茶?」史進道:「吃個泡茶。」魯達進來,茶博士說這人知王教頭去處,史進忙道:「客官,請坐拜茶。」可見茶坊已是會客相見之地。魯智深對史進一見投緣,要約他去吃酒,便走出茶坊,並對茶博士說:「茶錢酒家自還你。」說明茶肆、酒店是分開的,而且茶坊可以賒帳,足見有許多常客。魯達打死「鎮關西」,逃到雁門,被送上五臺山當了和尚,趙員外送他上山,智真長老先請趙員外「方丈吃茶」,這時寺院茶禮已興且不去說,證明由宋至明,北方飲茶已十分普遍。

第十八回,寫晁蓋等智劫生辰綱後洩露消息,州府派觀察何濤去鄆城縣捉人,正好退了早衙,何濤等便到縣對門一家茶坊中吃茶等待。剛吃了個泡茶,宋江便走來,茶博士指點,何濤請宋江來茶坊坐了說話,先道:「且請押司到茶坊裡面吃茶說話。」宋江知道要拿晁蓋,大吃一驚,把何濤安頓在茶坊中,飛身上馬去東溪村給晁蓋送信,然後回縣城在住處拴了馬,方又來至茶坊見何濤。可見這鄆城縣前的茶坊是個可以久坐的場合。

第二十回說,宋江以閻婆惜為外室,張三要勾搭婆惜,「那婆娘留住吃茶,

君不可一日無茶
中國茶文化史

成了此事」。並云「自古道：風流茶說合，酒是色媒人」，足見茶作為男女情感媒介，在市民生活中已十分習慣，並成為民諺。至於陽谷縣武大鄰居王婆茶坊情景，書中描寫更為具體，前編已述，不再重複。

第三十三回，寫宋江到了清風寨，見那鎮上亦有「幾座小勾欄，並茶坊酒肆」。這是小鎮的茶坊。第四十四回，寫戴宗等來到薊州也就是幽燕之地了。宋代之薊州，其實不歸宋，而屬遼，即今天津薊縣。小說家不分南北、時限，把歷史與現實合為一體原是常有。只說從這薊州見到石秀、楊雄，又引出一些中等州城的茶事。那潘巧雲要為前夫做功德，請來色膽包天的和尚裴如海，石秀照料家人「點出茶來」。潘巧雲有意於和尚，又叫丫鬟捧茶，「那婦人拿起一盞茶來，把帕子去茶鐘口邊抹一抹，雙手遞與和尚」。這中間雖是寫居家以茶待客，也包含「自古風流茶說合」的含意。做佛事中間，潘巧雲又為僧人們送些茶食、果品、煎點。這是說薊州的市民飲茶風尚。其實，遼人記事、宋人筆記早有記載，北宋時期幽燕城市飲茶風尚一如宋朝。不僅幽燕，宋人北上草原，在中京地區亦見有奚人效仿中原設飯店茶肆於沿途。宋代遼宋貿易，茶為大宗。而早在此前，五代初軍閥劉仁恭禁江南茶來幽燕販賣，以北京西山之樹葉充茶已見史冊，證明市民飲茶風習在北宋普及幽燕已是毫無問題。

回頭再說《水滸傳》。第七十二回寫宋江等元宵節到汴京城裡觀燈，聽說徽宗天子與名妓李師師有來往，想走個「後門」，以為將來招安之計。到李師師家門口，不敢貿然而入，便先到對門一個茶坊中來，邊吃茶邊向茶博士打聽消息。燕青先去李師師家買通了虔婆，李師師聽說便道：「請過寒舍拜茶。」宋江等入座，奶子捧茶，李師師親手換盞，茶罷，「收了盞托」。茶託自唐代已有，只是官宦人家才用，李師師雖是妓家，但與皇帝老兒攪在一起，自然飲茶氣派不同常人。這是京師妓家茶規。此風一直延續到後代，妓院請客有時皆稱「請茶」「拜茶」「打茶圍」。

第一百一十回寫宋江等被招安後得勝來東京「獻俘」，朝廷卻不許進城，燕青、李逵進城，又入豐丘門內一個小茶肆中來聽消息。對席有個老者想與他們

第十二章　　區域文化與茶館文明

一、唐宋城市經濟的繁榮與市民茶文化的興起

說閒話,「便請會茶」。這是講不相識的茶客湊到一起聊天叫「會茶」。

宋 佚名 《白蓮社圖卷》（局部）

縱觀《水滸傳》前半部,東自齊魯大小城鎮,西到晉、陝渭水之濱,北到幽薊、河北諸地,南到黃河中游,無處不設茶肆、茶坊。有專為公人候時、辦事的衙門前茶坊,有小鎮閒坐的茶坊,也有王婆專門說媒拉纖的茶坊。茶坊中有普通泡茶,有加佐料的薑茶、薄荷茶,有梅湯,有合和湯⋯⋯看來,其他飲料也與茶一起賣。茶坊的簾子稱「水簾」,有專門燒茶的「茶局子」,燒水用炭火,茶局子裡有茶鍋、風爐。至於開封的京都勝地、高級妓院,吃茶更成風氣,氣派也更非一般城鎮可比。茶坊中,有閒來無事「會茶」聊天的,有打發時光等待上班辦公的,有偶爾相聚專找茶坊說話的,吏、卒、工、商各色人等,皆以茶館為聚會之地。可見,唐人《封氏聞見記》所說不假,只不過到宋以後茶館、茶坊便從飯館、旅舍獨立出來。北方茶肆尚如此發達,長江流域自不必說。尤其是南宋以後,北方城市茶肆之風皆為南人學習。從此,茶肆、茶坊成為市民茶文化中的突出代表。唐宋茶館內容除飲茶外,就社會功能講還只是市民交往場所。雖然據《東京夢華錄》等文獻記載,開封茶館已有曲藝活動,也有與飲食結合的,但在一般

城鎮並不十分普遍。南宋杭州茶肆則更多與書畫藝術結合，但對一般城鎮來說，茶館還只是起市民消閒聚會的作用。

由明清到近代，茶館文化有了長足進步。尤其是近代以來，在中國上層茶文化衰落的情況下，茶館文化能夠繼續繁榮，一枝獨秀，並與區域文化相交織、結合，形成斑斕多彩的局面。

所以，我們便應結合區域文化一一研究了。

二、巴蜀文化與四川茶館

巴山蜀水之間，是中國古老的原始文明地區之一。早在距今約六千年以前，這裡便分佈著新石器文化。考古界認為，巴蜀文明既受到北方先進文化的影響，又具有自己的特點。在新石器時代，川東地區三峽之地與大溪文化有著直接關係；川北則屬於馬家窰文化範疇。這是一個既有長江文明特徵，又很早受到黃河文明影響的地區。而在它的西南，雲貴高原上，也是重要的古文明發源地。但到後來，黃河文明很明顯地走在各地區的前列，巴蜀文明又自然地與秦嶺以北的黃土文化相交融。就茶葉從原生地傳播來看，首先是由雲貴高原沿江流入川，然後再沿長江東出三峽。所以，四川是茶由它的故鄉原生之地向外行進的第一站。而正是在這裡，茶與中原黃土文化相遇了。周初，武王伐紂，巴蜀兩個小的邦國前來相助，便以茶作為獻給周的貢品，中原知茶，其實主要是從這時開始。待到周王室結束，秦王朝統一全國時，巴蜀已與中原連為一氣，成為中央統轄下的郡屬，它比雲貴、嶺南甚至長江下游接受中原文明早，但又比黃河流域用茶的歷史早，這造成茶文化在此地發展的優越條件。所以，中國歷史上最早的茶人，幾乎都是蜀人，而且都是大文化人。如寫《僮約》的王褒是四川人，他首次記載了中國買茶、飲茶的情況。大文學家司馬相如也是茶的知音，揚雄同樣懂茶。所以晉人張載寫《登成

第十二章　　區域文化與茶館文明
二、巴蜀文化與四川茶館

都樓賦》，想到前輩飲茶先生們時說：「借問揚子舍，想見長卿廬」，「芳茶冠六情，溢味播九區」。可見，在兩漢之時，川人飲茶的經驗遠遠走在各地之前。但是，在中唐以後，中國的經濟中心明顯向長江中下游轉移，而唐代，正是茶文化形成的時期。這樣一來，荊楚、吳越反而後來居上，成為真正的中國茶藝、茶道的發源地，四川茶文化反而因全國經濟、文化中心的東移而相對落後了。

但是，巴蜀畢竟是中國最古老的產茶勝地之一。在茶鄉不可能無茶事。川民一直保留了喜好飲茶的習慣。茶事最突出的表現便是川茶館。有諺語說四川「頭上晴天少，眼前茶館多」，且不論這諺語本身是對自然環境的描繪，還是對舊中國政治的諷刺揭露，四川茶館多確是真的。而四川茶館又以成都最有名，所以又有「四川茶館甲天下，成都茶館甲四川」的說法。成都的茶館有大有小，大的多達幾百個座位，小的也有三五張桌子。川茶館講究從待客態度、鋪面格調、茶具、茶湯、操作技藝等方面配套服務。正宗川茶館應是紫銅茶壺、錫杯托、景瓷蓋碗、圓沱茶、好么師（茶博士）樣樣皆精。

不過，四川茶館之所以十分引人注目，還不僅僅是因為數量多，服務技巧嫻熟，態度和氣、周到，更是由於它的「社會功能」。

四川，山水秀麗，物產豐富，但四周環山，中間是一塊盆地。巴山蜀水使四川多出文化人。特別是漢魏時期，長江下游尚未充分開發，四川與當時的政治中心長安接近，又是秦漢時期重要的經濟區，故古代文化相當發達。司馬遷《史記貨殖列傳》中多記川蜀之事，其中有蜀之卓氏，於臨邛鼓鑄，「富至僮千人，田池射獵之樂，擬於人君」。還有位「巴寡婦清」，一個寡婦掙了好大家業。而到三國時期，諸葛亮幫助劉備入川建蜀國，對開發巴蜀文化起了重大作用，並給川民留下了關心國事的好傳統。但四川天然閉塞，川民想瞭解全國形勢實在不易，這樣，近代四川茶館便首先突出了「傳播資訊」的作用。川人進茶館，不僅為飲茶，而首先是為獲得精神上的滿足，自己的新聞告訴別人，又從他人那裡獲得更多的新聞與資訊。川茶館的第一功能是「擺龍門陣」，一個大茶館便是個小社會。重慶、成都，以及其他四川大小城鎮茶館都很多。許多重慶人，過去一起床便進

君不可一日無茶
中國茶文化史

茶館，有的洗臉都在茶館裡。然後是品茶、吃早點，接下去便擺開了龍門陣。四川茶館陳設並不十分講究，但瀟灑舒適。茶館有桌凳，有的還設一排竹躺椅。你可以坐著品，也可以躺著品。有人說四川飲茶談不到茶藝。這不能絕對化，四川茶館裡的行茶師傅便都有一手絕活。客人進門，在竹椅上一躺，夥計便大聲喊著打招呼，然後沖上茶來。若是集體飲茶，你便會看到一場如「雜技小品」一般的沖茶表演。茶博士瞬間托一大堆茶碗來陳列桌上，茶碗都是有蓋的。這時，茶師傅左手揭蓋，右手提壺，一手翻，一手沖，左右配合，紋絲不亂，而速度又快得驚人，甚至數十隻杯，轉眼間翻蓋沖水即畢，桌上可以滴水不漏。這種行茶方法，既體現了中國茶文化中「精華均勻」的傳統，又表現出一種優美韻律和高超的技藝。川人愛飲沱茶，這是一種緊壓茶，味濃烈，清香久，且對持久品飲以伴長談最相宜。沱茶經泡，一盅茶可以喝半天，有的人清晨喝到中午，臨走還吩咐「么師」：「把茶碗給我攔好，吃罷飯晌午我還來。」四川人口才好，腦子快，能言善辯，不論老友新知，一進茶館皆是談友，大事小事都能說個天方地圓，如雲如霧。所以，「資訊交流站」是四川茶館的第一項重要作用。

四川茶館又是舊社會「袍哥們」談公事的地方，「舵把子」關照過的朋友，每個茶館都會關照。一架滑竿抬來客人，只要在當門口桌子上一坐，茶館老闆便認為是「袍哥大爺」，上前問聲好，恭恭敬敬獻上茶來。茶罷，還不收茶錢，說：「某大爺打了招呼，你哥子也是茶抬上的朋友，哪有收錢的道理？」可見，四川茶館的又一功能，是「民間會社聯誼站」。

四川茶館還有一項極特殊的功能，有人叫它「民間法院」。鄉民們有了糾紛，逢「場」時可以到茶館裡去「講理」，由當地有勢力的保長、鄉紳或袍哥大爺來「斷案」。至於公道不公道，自有天知道。但它卻說明，川人看待茶館，起碼是有茶的「公平」「廉潔」內容。四川茶館的「政治」「社會」功能似乎比其他地區更為突出。

要說四川茶館完全俗陋少文也不全面，不少茶館是文人活動場所。據說，有些四川作家寫作專到茶館裡「鬧中取靜」，沒有茶館便沒有靈感。又如臺灣女

第十二章　　區域文化與茶館文明

三、吳越文化與杭州茶室

作家瓊瑤筆下《幾度夕陽紅》中的重慶沙坪壩茶館，便是文化人經常聚會的地方。在那裡，學生們可以吟詩、作畫、談心，成立什麼「南北社」，比一般茶館多了些風雅氣氛。四川不僅大中城市茶館多，小的鎮邑也總有茶館，甚至在鄉間場上也佔有重要地位。碰上趕場天，茶桌子一直擺到街沿上。在那裡，你可以觀賞到川劇、四川清音、說唱，還有木偶戲。這是民間文化活動場所。

四川茶館有一項重大作用常為人們所忽視，即「經濟交易所」。在四川，民間主要生意買賣都是在茶館進行的。成都有專門用來進行交易的茶館，在那裡一般都設有雅座，有茶，有點心，還可以臨時叫菜設宴，談生意十分方便。舊時買官鬻爵，也是在茶館裡講價錢。至於鄉間茶館，更是生意人經常聚會的地方。

總之，四川茶館是多功能的，集政治、經濟、文化功能為一體，大有為社會「拾遺補缺」的作用。雖然少了些儒雅，但茶的文化社會功能卻得到充分體現，這是四川茶館文化一大特點。

三、吳越文化與杭州茶室

要想瞭解江南的茶文化風格，首先要認識古老的吳越文化。

在長期的傳統觀念中，黃河流域一直被認為是中華文明的發源地，而其他地區則是步黃河文明的後塵而來。不僅封建時代的歷史文獻這樣說，早期的考古學者也這樣看。但到了 20 世紀 60、70 年代，大量的考古發現打破了這種傳統觀念。有人提出，中國如此之大，到處都發現新石器時代遺址，很難說哪裡是源頭，哪裡不是源頭，因而認為中華文明是多源頭互相滲透、交融、凝聚的結果。

首先發難的便是浙江。20 世紀 50 年代末，浙江嘉興馬家浜發現新石器遺址，開始對長江下游是龍山文化南下的傳統說法提出疑問；而當 1973 年，浙江

君不可一日無茶
中國茶文化史

餘姚發現河姆渡遺址後，更把這一新的理論推進了一大步，或者說使其得到了確認。這裡出土的大量黑陶和生產、生活器具以及杆欄式房屋建築，有力地證明了在距今七千年到五千年前不同階段的社會面貌，說明長江下游的新石器時代可能與同期的黃河仰紹文化同步發展。這種觀點很快得到考古界不少學者的支援，認為長江流域原始文化是中華民族古文化重要來源之一。當然，夏、商、周幾代，中原黃河文明是走在了前列。而長江下游，長期被稱為東夷之地。然而，或許正因為其距全國政治中心的偏僻、遙遠，這一地區更多保留了自己獨立的文化特徵，構成古老吳越文化的獨特風貌。周代，吳越雖與中央保持隸屬關係，但經濟文化自成體系。越王勾踐用范蠡、計然，十年而國富，臥薪嚐膽而國強。不過，較之中原，吳越直到漢代仍落後不少。司馬遷在《史記·貨殖列傳》中說「楚越之地，地廣人稀，飯稻羹魚，或火耕而水耨，果隋蠃蛤，不待賈而足」，「是故江淮以南，無凍餓之人，亦無千金之家」，陶朱公是極少的。現代人看沿海地區比內地既開放，又富足，古代遠不是那麼回事。但自三國以後，吳越經濟不斷發展；隋唐以後，長江中下游經濟則壓倒黃河流域。直至現代，江南仍是中國最富庶的地區之一。吳越地區的這種歷史軌跡造成它自己的區域文化特徵：既接受黃河文化的影響，但更多表現了本地區特點；早期的落後與中、晚期的先進形成鮮明對照；一方面是富庶的經濟生活，同時又保留更多古風古俗。吳越、閩粵，都有這種特點。上海有最現代的工業，但至今總愛「阿拉」長、「阿拉」短，不願說普通話；蘇州話委婉動聽，蘇州評彈的清揚低回，細膩婉轉更獨具風格；閩南語沒有多少其他地區的中國人能懂；廣東是現今最開放的地區，但唯獨語言不肯開放，甚至以講粵語為榮耀。這使他們的文化總在古老與革新兩種潮流的巧妙結合中獨放異彩。

　　吳越茶文化正反映了這一突出特點。這個地區，也是中國產茶勝地。浙江綠茶在中國綠茶中占舉足輕重的地位。除了這個基本條件外，還有幾個重要因素使該地區成為中國茶文化的真正發源地。

　　第一，吳越地區山水秀麗，風景如畫，不僅有產茶的自然條件，而且有品茶

第十二章　　區域文化與茶館文明

三、吳越文化與杭州茶室

的自然藝術環境。在這裡，經常是集名茶、名水、名山為一地。中國茶文化向來主張契合自然，吳越地區的太湖南北、錢塘江畔，本身就是一個天然大「茶寮」。

第二，中國東南地區向來是佛、道勝地，而且，正因為這裡的人民有尊古風、重鄉情的特點，佛教在此地不可能如青、藏和其他西部地區接受其「原味」多，不論何種文化，到這裡總是要經過一番改造，接近本地「土風」。所以，青藏密宗為多，保持了印度佛教原色；北方律宗為多，已被中國文化改造了不少；而在吳越地區，主要是完全被改革的禪宗占主要地位。然而也正是禪宗與中國「原種」文化的道家、儒家思想更為貼近。於是，儒、道、佛三家在這一產茶勝地集結，共同創造了江南的茶文化體系。

第三，自隋唐以後，長江下游經濟發達，南宋建都臨安，又使這一地區文化得到突飛猛進的發展。「山性使人塞，水性使人通。」江南水域使這一地區總是帶來清新的文化氣息。但是，自成體系的文化格局，又使它新風之中好融古俗。近代以來，中國古老的茶文化受到嚴重衝擊，但在這些地區（不僅吳越，也包括閩粵），卻悄悄地把中國茶文化的精髓保留下來。至今浙江茶事最為興盛，便有力地證明了我們的判斷。從陸羽、皎然飲茶集團，到湖州民間「打茶會」，從杭州現代化的中國茶葉研究所到兼古通今的茶葉博物館，從西子湖畔一座座茶室，到集茶肆、茶會、茶學研究為一體的「茶人之家」，都證明了這一點。

杭州的茶館同樣說明了上述觀點。

杭州茶館文化，起於南宋。金人滅北宋，南宋建都於杭州，把中原儒學、宮廷文化都帶到這裡，使這座美麗的城市茶肆大興。《夢粱錄》載：「杭城茶肆，……插四時花，掛名人畫，裝點店面，四時賣奇茶異湯，冬月添七寶擂茶、饊子、蔥茶，或賣鹽豉湯，暑天添賣雪泡梅花酒。」說明早在南宋，杭州茶肆便有與書畫結合的特殊風格，並有各種民間俗飲方法。擂茶，是以茶與芝麻、米花等物搗碎而成，是一種既開胃又健身強體的飲料。鹽豉湯，可能即指今浙江流行的鹽豆茶。至於茶中加蔥與姜也是宋代民間普遍流行的吃茶法。

當代的杭州茶館，可能不如四川成都數量多，整個吳越地區，大概也不像

君不可一日無茶
中國茶文化史

整個四川大城小鎮茶館櫛比林立。這是因為，浙人飲茶大部分是在自己家裡。但是，若比茶館的文化氣氛，杭州卻大勝一籌。

杭州茶室有幾大特點：

第一，是講名茶配名水，品茗臨佳境，能得茶藝真趣。

表面看，杭州茶室既沒有功夫茶的成套器具，也沒有四川茶館座椅壺碗配套及「么師」的行茶絕技，但貴在一個「真」字。杭州人喝茶，主要講西湖龍井，真正的絕品龍井並不在龍井村，而在獅峰，一般人自是難得。但稍好一點的特級、一級龍井，也大可品嘗了。龍井茶屬典型綠茶類，它最好地保持了茶的本色。一杯茶沏出來，清澈無比，葉芽形狀美麗而不失真。味亦清淡甜美，確有如飲甘露之感。西湖龍井所以能保持這種特點，與水有很大關係。虎跑為天下名泉，其他地區水質稍遜，但較內地江河之水也美得多。到杭州，遊西湖，上靈隱，虎跑水加上等龍井，那是極大享受。妙就妙在無論茶與水，都不失真味。對茶中色、香、味的體驗，不需雕琢粉飾。人們常說：「欲把西湖比西子，淡妝濃抹總相宜。」西湖茶室也如此，不論在亭台樓榭之中，或是山間幽谷之處，或繁或簡，總透著自然的靈氣。

第二，西湖茶室，多了些「仙氣」「佛氣」與「儒雅」之風。

在杭州，各種茶室一般皆典雅、古樸，像京津那種雜以說唱、曲藝的茶室不多；更沒有上海澡堂子與茶結合的「孵茶館」，也很少像廣州、香港，名曰「吃茶」，實際吃點心、肉粥的風氣。杭州茶館所以叫「茶室」，是別有意境的，一個「室」字，既可以是文人的書室，又可以是佛道的淨室。可是配以杭扇、竹雕、濟公小像等賣工藝品的小賣部，也可以賣茶兼沖西湖藕粉，但總離不開雅潔、清幽的意境。

沿湖而行，蘇堤、白堤，茶室中體會到的是湖天一氣，人茶交融。到了虎跑，淙淙的泉水，清幽的茶室，大虎、二虎「跑來佳泉」的民間故事，使你領略到一種道家的神仙味道。而假如你到靈隱，古刹鐘聲，嫋嫋香煙，虔誠的佛門弟子，汨汨的泉水流淌，再到茶室飲上一杯龍井，不是佛教徒，也便好像從茶中觸動

第十二章　　區域文化與茶館文明

三、吳越文化與杭州茶室

了禪機。至於西泠印社之側，茶人之家的內外，書畫詩文，更構成自然的儒雅風格。所以，你到杭州茶室，體會茶的「文化味道」，不能僅從烹茶、調茶程式、方法來領會，而要從那種歷史氛圍中去感受。面對葛洪、濟顛、白娘子的遺跡，你不是仙，那茶中也自然沾上了「仙氣」。所以，在杭州茶室飲茶，不伴以對吳越歷史文化的瞭解，你難以成為真正的西湖茶人。

第三，整個杭城山水是構成西湖茶室文化的自然氛圍。

筆者1989年到杭城，用了整整兩天，步尋茶室。到得雲棲，參天的竹林，篁間石徑，山間雲霧，和路旁賣鮮茶的大嫂，自然使你明白，為什麼茶人喜歡伴以竹林松風。那種幽隱的韻律，你在其他城市茶館，絕難體味。來到龍井村，進入龍井寺，面對起伏的茶山，看著穿紅著綠的採茶姑娘隱現在茶樹叢中，自然會產生九天玄女「下凡會茶」的聯想。而到得滿覺231中國茶文化隴，桂子飄香，乳石滴泉，才又領略皎然詩中以茶伴花的意境。所以，整個杭城，構成一個「大茶寮」，不必刻意雕琢。茶與人，與天地、山水、雲霧、竹石、花木自然契合一體；人文與自然，茶文化與整個吳越文化相交融了。這便是杭州茶室表面無特色，內中最有特色，西湖茶室使人終生難忘的原因，這又應了「大象無形」的哲理。

杭州茶室可作為「吳越茶館文化」的代表。其他江浙市鎮，除上海外，其茶館文化大體相仿。湖州茶館在接受杭州茶肆風格外又多了些民間情趣。據民國《湖州月刊》記載，1932年湖州尚有茶館、茶肆六十四家，兼聽書、交易、評理。如府廟的金貴園、啟園、順元樓；南門的同春樓、清和樓；北門的岳陽樓、九江樓；還有天韻樓、玉壺春、狀元樓、薔芳樓、一升天、升風閣等。單從名稱看，便可體會湖嘉地區的茶肆茶樓，雖處鬧市，但仍保持與自然、儒雅相結合的韻味。此地茶館也有兼理民事糾紛的功能。民間發生糾紛，在兩廂情願的前提下可以相約到茶館當眾去講理、調解。不過，在茶的氛圍中，明明是矛盾、糾紛，申辯也變成輕言細語，當眾裁判，輸者出「茶鈿」，稱為「吃品茶」。紛爭用茶一協調，是非分明了，但又和氣不傷感情，「中庸原則」「無為而有為」，在這裡被融進茶理之中。中國人運用文化之巧妙，外國人是很難理解的。至於蘇州茶館，則加

上些幽雅的評彈、曲藝。

像北京老茶館中可以紅火熱鬧的「跳加官」，吳越之地則少見。總之，仙氣、佛氣、儒雅特色與契合自然，是吳越茶館文化的主要特徵。

四、天津茶社、上海孵茶館與廣東茶樓

我們把這南北相距遙遠的地區茶館文化一起談，當然不是說他們是古老的共同文化區域，而是從近現代城市茶館文化的特點來看，有著相類之處，即都是調節現代城市生活的產物。但茶館的風格又各有異趣。天津是金元以後由於運河與海漕的需要而形成的，近代以來是北方的重要工商都會。其地雖近京師，也學習了北京茶館文化的一些內容，但主要特點還是服務於工商和一般市民的需要。天津茶館也叫茶樓、茶社，除正式茶館外，集體飲茶之地在舊中國還有澡堂、妓院、飯莊、茶攤。

天津的正式茶樓類似北京的大茶館，經常是賣茶兼有小吃、清唱、評書、大鼓。每客一壺一杯，連袂而至者可以一壺幾杯。茶客三教九流，邊飲、邊吃、邊欣賞節目。有的借茶樓來「找活」，漆工、瓦工、木匠，一坐半天，等待主顧。茶樓也常是古玩交易之地。「三德軒」茶樓，早晨是工匠喝茶找事做的時間，中午則添唱、評書、大鼓。「東來軒」茶樓，早茶多是廚師，晚茶則是演員與票友聯誼清唱，如著名京劇演員侯喜瑞等便是東來軒的常客。還有些茶樓是不同階層的人消閒、看報、交流資訊或棋友們下棋的場所。總之，天津的茶樓不像北京那樣分類細緻，也不像四川、杭州地方風味獨特，大多是適於各方客商的綜合性活動場所。

天津的飯莊，舊時客人到來要先上高檔茶，一則表示迎客禮儀，二則也為提神開胃，吃罷茶方正式上菜，而酒飯之後則又要上茶，以便消食醒酒，同時給

第十二章　　區域文化與茶館文明
四、天津茶社、上海孵茶館與廣東茶樓

客人稍坐休息的機會,不能飯一罷便驅客。這也是一種好傳統。總之,天津茶館主要是發揮社會和經濟功能。天津人用茶量很大,老天津衛講究一日三茶,但若論文化氣氛則不突出,這是一般北方市民茶館的共同特點。

上海也是個近代工商城市,但茶館裡文化氣氛便稍濃重了些。舊時,上海公園裡有茶室,經常高朋滿座。多有貴家公子小姐來學「文明氣派」,附庸風雅,也有些真正的文化人來茶室聚會,較之北京的清茶館雖書香氣息不夠,但在上海灘算是儒雅之舉了。最具上海地方特點的茶館要算老城隍廟一帶。如「老得意樓」,樓下吃茶,多挑夫販夫,門口有燒餅攤,基本是勞動者歇息、解渴、解餓的;二樓吃茶兼聽評書,便增加了文化氣息;三樓供玩鳥者聚會,增加了些市中野趣。最幽雅的上海茶室是在與城隍廟比鄰的豫園。這座傳統的南方私人園林,雖不及蘇州,卻也千曲百折,幽雅動人,內中幾處茶室,臨池伴竹,紅肥綠瘦卻也十分雅致。上海人稱上茶館叫「孵茶館」,一個「孵」字,道出了老上海身處鬧市,無法消遣,到茶館暫借清閒的心境。這說明,越是現代化城市對茶館的需求愈甚。然而茶價低廉,經營者利薄難為,久而久之,茶館越來越少。到現代,咖啡廳、冷飲店更是興旺,而老茶人卻越來越沒了去處,這也是現代化帶來的新問題。

同是現代城市,廣州茶館的「富貴氣派」便更多了,廣州稱茶館為茶樓,吃早點叫吃早茶,廣州茶樓是茶中有飯,飯中有茶。廣東人說「停日請你去飲茶」,那便是請你吃飯。舊時廣東茶館飲食並不貴,老茶客一般是一盅兩件:一杯茶,兩個叉燒包或燒賣、蝦餃之類,花費還有限。現今不同了,廣東改革步子邁得大,有錢人多了,茶樓也更氣派了。你上茶樓入座,服務小姐先上一壺釅茶,然後食品車推過來,各種廣東小吃琳琅滿目,什麼脆皮鯪魚餃、鮮酥、蓮蓉堆、煎釀禾花雀、馬蹄糕、荔枝奶凍、豉汁排骨、鳳爪、雞翅等,不一而足。如今深圳、香港的茶樓氣派更大,但文化氣息卻總使人覺得被「吃沒了」。

倒是廣東鄉間的小茶館,傍河而建,小巧玲瓏,半依岸,半臨水,或是水榭式,或是竹茶居,樹皮編牆,八面臨風。雖然也講「一盅兩件」(一盅是粗梗大葉茶,兩件是蒸燒麥等小吃),但飲茶的意境卻比在廣州、香港更貼近「文

化」。那賀樓的韻味,雖不比西湖茶室的儒雅,但多了許多水鄉情趣。早茶,在河上茶居看朝日晨霧;午茶,看過往船隻揚帆搖櫓;晚茶,看玉兔東升,水浸月色。鄉民們終日的勞累便在這三茶之中消融、化解了。所以,廣東水鄉稱坐茶館為「歎茶」。歎,可以是歎息,也可以是感歎,在「歎茶」中體會茶的味道,也體會人生的苦辣酸甜。比較之下,這比大城市的茶樓、茶肆更富有自然和人生的哲理。

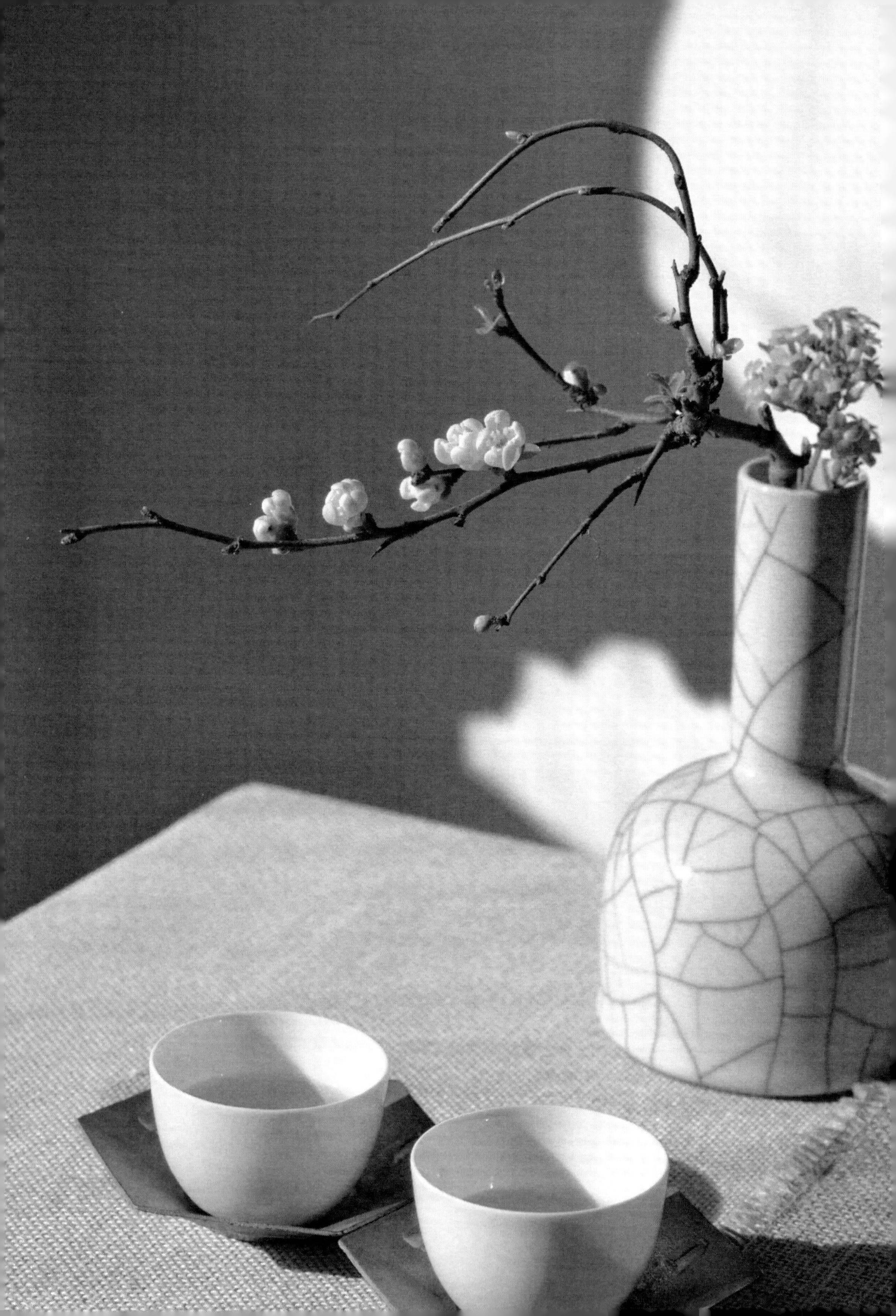

第十三章 北京人與茶文化

　　北京是中國封建社會中後期的古代都城，至今仍是中華人民共和國的首都。首都，常被人們稱為「首善之地」，加之北京歷史特別悠久，人們常說它是集各種優秀文化傳統的大成之所。但談到茶文化，人們對北京卻大多是貶多褒少。有人認為，北京既非產茶勝地，北方人又少儒雅之風，飲茶向來不大講究。北京人愛喝的「茉莉花茶」「香片」「高碎」，在「正宗」茶人看來，不過是茶中俗品，即使飲龍井，也要加香花，稱為「龍睛魚」「花紅龍井」，既奪茶的真香，又多了些「俗媚之氣」。至於民間家居飲茶或市間茶棚，碗不厭其大，水又要全沸噗噗有聲，皆屬被恥笑之類。於是便有人認為「北京談不到茶文化」。這些批評並非全無道理，但若由此認定北京根本沒有茶文化，或北京人根本不懂茶文化，便大錯特錯了。每個地區都有自己的長短，若僅就飲茶技藝本身而言，北京人飲茶既無閩粵功夫茶的精巧，也無杭州西湖茶室的優雅清麗，更無雲南茶藝的多彩多姿和邊疆風味。再講飲茶的歷史和傳承關係，北京人也確實晚得多，北京人飲茶，是向「南人」學來的。

　　然而，北京確實有茶文化，特別是就飲茶的文化含意和社會功用而言，甚至比其他地區更為突出。老北京的達官貴人飲茶家禮且不說，單就民間茶館而言，其文化內涵、社會效應便絕非一般城鎮所能比擬。至於宮廷茶文化，更達到十分高深的地步，甚至直接與朝廷的文事、教化、禮儀相結合。北京是都城，是人文薈萃之地；北京文化的吸收力很強，一切優秀文化傳到北京，都不是簡單抄襲，而往往被加工提煉，很快打上「京味」的印記。如果把北京說成全國茶文化最優秀的地區當然不妥，但它確有自己獨特的風格。單就高深的茶藝、茶道而言，即使南方產茶勝地，也不是處處都有、人人皆知。若從集萃擷英的角度說，北京

第十三章　　北京人與茶文化

一、紫禁城裡話茶事

卻大有值得稱道之處。特別是宮廷茶文化與市民茶文化，北京有自己獨特的優勢與創造。至於在文人中間，更不乏茶的知音。首都，在文化上向來是十分敏感的地區。遼、金、元、明、清幾代，北京在茶文化的吸收、發展方面，表現出鮮明的特徵。因此，絕不可因其不處產茶之地而加以忽視。

一、紫禁城裡話茶事

　　北京是遼金元明清五代帝都。遼朝以幽州為燕京，幽燕是契丹人與南朝進行茶葉貿易的榷場。有遼一代，遼與後晉、後漢、後周、北宋的茶葉貿易均在幽州以南的雄、霸諸州進行。特別是入宋以後，遼宋貿易中茶葉、茶具向為大宗。契丹是一個很愛好學習的民族，特別是自遼朝中期聖宗皇帝之後，處處以南朝為榜樣，公開提出「學唐比宋」的口號，宋朝有的，遼朝樣樣注意學習。《遼史·禮志》所記朝廷茶儀、茶禮比《宋史》中一點不少。燕京雖為陪都，但卻是遼朝諸京中文化、濟最發達的地方，這些茶儀、茶禮自然在這裡舉行。金承遼制，定都燕京並改名「中都」，中都的朝廷茶禮亦如遼朝。中國自唐以來，便以茶與邊疆民族貿易，但北方民族用茶數量雖大，卻多出於飲食生活需要。幽燕為中原的「邊塞之地」，雖因貿易交流有飲茶之好，但多受北方民族影響，並無多少文化內容。而自遼金之後，由於朝廷提倡，飲茶活動一下子被引入國家的禮儀規範，使幽燕人對茶的認識提高到一個新的高度。所以，到蒙古人建元朝定鼎大都之後，這個從「馬上得天下」的民族儘管不大擅長飲茶品茗的儒雅之事，但民間仍須向朝廷貢獻團茶。而在大都民間，飲茶與文化藝術、民間倫理結合更成為極鮮明的特徵。這一點，從元雜劇中可以得到明顯的反映，從趙孟頫等的俗飲圖中也可看出清晰的軌跡。不過，就總體情況而言，遼、金、元幾代的宮廷茶文化無論規模與內容，自然都難以與北宋、南宋相比。所以，若談北京宮廷茶文化，

君不可一日無茶
中國茶文化史

當然是以明清為代表。

明清宮中帝后嬪妃日常用茶之精美自不待言，從文化角度看則主要應從朝儀、朝禮入手，以發掘其更高深的含意。談到這裡，就不能不說紫禁城裡的文華殿、重華宮與乾清宮。因為，這三處所在恰是宮廷茶事的代表之地。

進入故宮，過午門之後迎面可見太和門。太和門東側有一座獨立的院落，其中主要有三重建築：最前的主殿稱文華殿，中間是主敬殿，最後面是文淵閣。清代，這裡是皇帝祭祀先師孔子、與群臣舉行經筵和存放《四庫全書》的地方，是紫禁城裡的「文化區」。茶，正是在這裡體現出它典型的文化含意，被用於皇帝的經筵。

其實，早在明代，文華殿的經筵即形成制度，並將賜茶作為重要禮儀，與講經論史相結合。明朝每月三次由皇帝與大臣在文華殿共同講經論史。至時，講官進講，先書，次經，再史。講罷經史，一個重要內容便是皇帝於文華殿向講官及群臣「賜茶」。在這裡，賜茶並不是僅作為講書潤喉之物出現，而是作為宣揚教化的象徵物來使用。清代，承繼了文華殿經筵制度，而且禮儀更加隆重。有關史料記載，乾隆朝曾舉行四十九次大型經筵，每次規模都十分可觀。清代經筵不像明代那樣頻繁，常選春秋仲月舉行，但禮儀更為隆重，賜茶的禮儀也被放到更典型的意義之中。每次，先由翰林院列出講官名單及宣講篇目，皇帝欽定。至時先在傳心殿祭皇師、帝師、至聖先師，然後設御案、講案，南北相向。翰林官捧講章，並按左書、右經的序列陳於禦案，滿漢講官及各部官員分立左右，又以孔子之後衍聖公立東班首位。皇帝到來，諸官行禮，首先由滿漢官員四人進講四書，然後由皇帝親自闡發四書之意，與會官員全部跪聽。再講五經，同樣又按例一遍。宣講完畢，皇帝給予講官及與會官員的最高禮遇：一是賜座，二是賜茶。在這樣莊嚴的氣氛中飲茶自然既無林泉野趣，也沒有茶寮的風雅，但卻把飲茶的含義提高到空前的莊重意義上。誠如敦煌本《茶酒論》所說，在這裡，茶的功用是為「闡化儒因」，強調「素紫天子」「君臣交接」的君臣父子的儒家觀念。明清之時，朝廷禮儀中「賜茶」之儀遠不如宋遼金幾代比重為大，但唯在四書、五經講筵之

第十三章　　北京人與茶文化

一、紫禁城裡話茶事

時，卻是一定要賜茶的。不僅在宮內，皇帝到孔廟和國子監舉行「視學禮」，也要對百官賜茶。這說明，賜茶與皇帝一般賜酒、賜物不同，它是闡發儒理，宣揚倫理、教化的象徵。

紫禁城中另一處大的茶事活動場所，便是重華宮。重華宮在西六宮之北一個院落中，清代這裡幾乎每年都有一次大型「茶宴」

茶宴起於唐，宋代朝廷開始舉行大型茶宴，由皇帝「賜茶」。蔡京曾作《延福宮曲宴記》說：「宣和二年十二月癸巳，召宰執親王等曲宴於延福宮」，「上命近侍取茶具，親手注湯擊沸，少頃乳浮盞面，如疏星淡月，顧諸臣曰：『此自布茶。』飲畢皆頓首謝」。宋徽宗趙佶確實是個懂茶的人，他在茶宴上親自注湯、擊茶，一則為表現自己的茶學知識，二則為向臣工表示其「同甘共苦」之意。這個風流皇帝雖然不會治國，但此舉確為文雅之舉，包含很深的寓意。從此，皇帝賜茶成為一種很高的禮遇。但一般皇帝其實並不真正懂茶，所以親自主持茶宴者也不多。

到清朝，又出了個極愛茶的皇帝，這就是乾隆。乾隆嗜茶如命，據說他在晚年準備隱退，有的大臣說「國不可一日無君」，乾隆卻笑著說：「君不可一日無茶。」且不論這傳說的可靠與否，乾隆好茶卻是真的。重華宮原是乾隆登基前的住所，後來登基，升之為宮。乾隆既好飲茶，又愛作詩附庸風雅，於是效法古代文士，把文人茶會搬到了宮廷，這便是在重華宮年年舉行的清宮茶宴。茶宴在每年正月初二至初十選吉日舉行，主要內容一是作詩，二是飲茶。最初人無定數，大抵為內廷當值詞臣。以後以時事命題作詩，非長篇不能賅贍。後定為七十二韻，直接在宮內參加賦詩茶宴者僅十八人，分八排，每人作四句。題目是乾隆親自指定，會前即預知。但「御定元韻」卻要臨時發下，憋一憋這些御用詞臣。詩成，先後進覽，不待匯呈。乾隆隨即賜茶並頒賞珍物，得賜者親捧而出，以為榮耀。重華宮內的十八人取「學士登瀛」之意，宮外還有許多人和詩，但不得入宴。向來茶宴皆是內直詞臣的專利，只有開四庫館時，總纂陸錫熊、紀昀，總校陸費墀，雖非內臣，每宴必與會，算是對他們的特殊恩典。乾隆以後，歷代皇帝也有在重

君不可一日無茶
中國茶文化史

華宮舉行茶宴的,但遠不如乾隆時之盛。據《養吉齋叢錄》載,清代自乾隆始,在重華宮舉行茶宴華宮舉行的茶宴便有六十餘次。這種茶宴詩會的作品自然都是些歌功頌德、阿諛奉承之詞。況且,深宮之中,侍衛森嚴,皇帝老兒又親自坐鎮,真正發揮「茶宴」的作用,像文人於山野之間,將茶與詩、人與自然、內心世界與客觀意境交融一體,那是根本不可能的。但通過茶宴,茶與文化界的關係進一步得到肯定。上行下效,對推動茶與藝術的結合還是起了重大作用。

若論宮廷茶宴的隆重和規模巨大,還算不上重華宮。清代最大的茶宴還要數乾清宮。

乾清宮坐落於北京故宮後三宮最南,同前三殿一起處於故宮主體建築中軸線上。寬九間,進深五間,整個宮內共四十五間,其後還有暖閣,前面可以辦公,暖閣可以居住,明代是皇帝寢宮。清代稍有改變,皇帝臨朝聽政,召對臣工,引見庶僚,內廷典禮,接見外國使臣,讀書學習,批改奏章,都可以在此進行。每逢喜慶節日,還舉行內朝賀儀。而康乾兩朝,還在此舉行了規模巨大的「千叟宴」,從而把宮廷茶宴推向茶文化史上最高最大的規模。康熙帝頗有作為,曾內平三藩之亂,外禦羅刹之擾,親征噶爾丹,擊敗了沙俄勾結蒙古叛部進行侵略的陰謀,並獎勵農耕,興修水利,使大清王朝出現一派繁榮景象。康熙五十二年,適逢康熙皇帝六十大壽,各地官員為逢迎皇帝,鼓勵一些老人進京賀壽。於是,康熙帝決定舉行「千叟宴」。不過,這首次千叟宴並未在故宮內,而是在暢春園舉行。當時,有六十五歲以上的退休文武大臣、官員及士庶一千八百餘人來京參加宴會,耗銀萬兩,服務人員則多達萬餘。千叟宴的一項重要內容便是飲茶。大宴開始,第一步叫「就位進茶」。樂隊奏丹陛清樂,膳茶房官員向皇帝父子先進紅奶茶各一杯,王公大臣行禮。皇帝飲畢,再分賜王公大臣共飲。飯後,所用茶具皆賜飲者。被賜茶的王公大臣接茶後原地行一叩禮,以謝賞茶之恩。這道儀式過後,方能進酒、進肴。中國自唐以來,向有「茶在酒上」之說,這從千叟宴上得到體現。九年之後,康熙又舉行一次千叟宴,這一次是在故宮內的乾清宮內外舉行,六十五歲以上老人又多達一千餘人。另外兩次則是在乾隆朝。乾隆五十年

第十三章　　　北京人與茶文化

一、紫禁城裡話茶事

正月的千叟宴多達三千人與會,最高齡者為一百零四歲。為參加這次活動,許多人提前多日便來到北京。嘉慶元年,再次舉行千叟宴,預定入宴者竟達五千人。乾清宮內外擺佈不下,又將甯壽宮、皇極殿也辟為宴席。殿內左右為一品大臣,殿簷下左右為二品和外國使者,丹墀角路上為三品,丹墀下左右為四品、五品和蒙古台吉席。其餘在甯壽宮門外兩旁。此宴共設席八百桌,桌分東西,每路六排,最少每排二十二席,最多每排一百席。這樣多的人參與宴會,並不都賜茶,但茶膳房官員向皇帝「進茶」卻代表了五千人的意思。被賞茶者得茶具,被賞酒者得酒具,也只有皇家才有這種能力。這大約是我國歷史上,也是世界各國集體茶會的冠軍之作了。

縱觀清代宮廷茶事,可以得出這樣幾點印象:

1.清代將茶儀用於尊孔、視學、經筵,與儒家思想進一步明確掛鉤,作為一種明君臣倫理的思想教化手段。

2.與宮廷詩會、文事結合,表示弘揚文明之意。如乾隆帝重華宮聯句,與《四庫全書》修纂活動結合,與視察國子監結合,都有這種含意。

3.用於祝壽、慶典、賀儀。這樣,便在傳統的「明倫序」「表敬意」「利交際」之外又延伸到祝福、喜慶的意思。中國歷史上的茶文化思想,向來是文人、道士、佛家重清苦、隱幽,而朝廷、民間重歡快、喜慶,清代宮廷茶宴把後一種推向高潮。

4.清代千叟宴的「進茶」與「賜茶」均用紅奶茶,清代宮廷日常生活中也愛用奶茶。《養吉齋叢錄》說:「舊俗尚奶茶。每日供御用乳牛,及各主位應用乳牛,皆有定數。取乳交尚茶房。又清茶房春秋二季造乳餅。」由此可知,清宮飲茶原有清茶與乳茶兩類。奶茶本是北方民族習慣,清宮用奶茶本來是從飲食保健角度出發,而在千叟宴中卻用於進茶的禮儀,使傳統的茶文化增加了北方民族色彩。它從一個角度表明中國茶文化與民族融合的進程同步而行,茶作為文化觀念已得到各民族的認同,而不僅是漢民族所獨有。

5.縱觀清代宮廷茶文化活動,最興盛的時期是在乾隆朝,最好茶的皇帝是

乾隆帝。自乾隆八年至乾隆六十年，五十二年間，除因皇太后喪事之外，四十八個年頭皆有茶宴。之所以如此，除乾隆本人特別愛茶之外，也是因為這一時期經濟上正處於康乾盛世，文化上也正是滿文化與漢文化大融合及文事大興的時期。這與整個中國茶文化的發展規律也是相符合的。一般說，茶文化的發展興盛有三個必備條件：一是經濟繁榮，二是文事興盛，三是和平安寧。清代乾隆朝茶事特多，再次證明了這個規律。

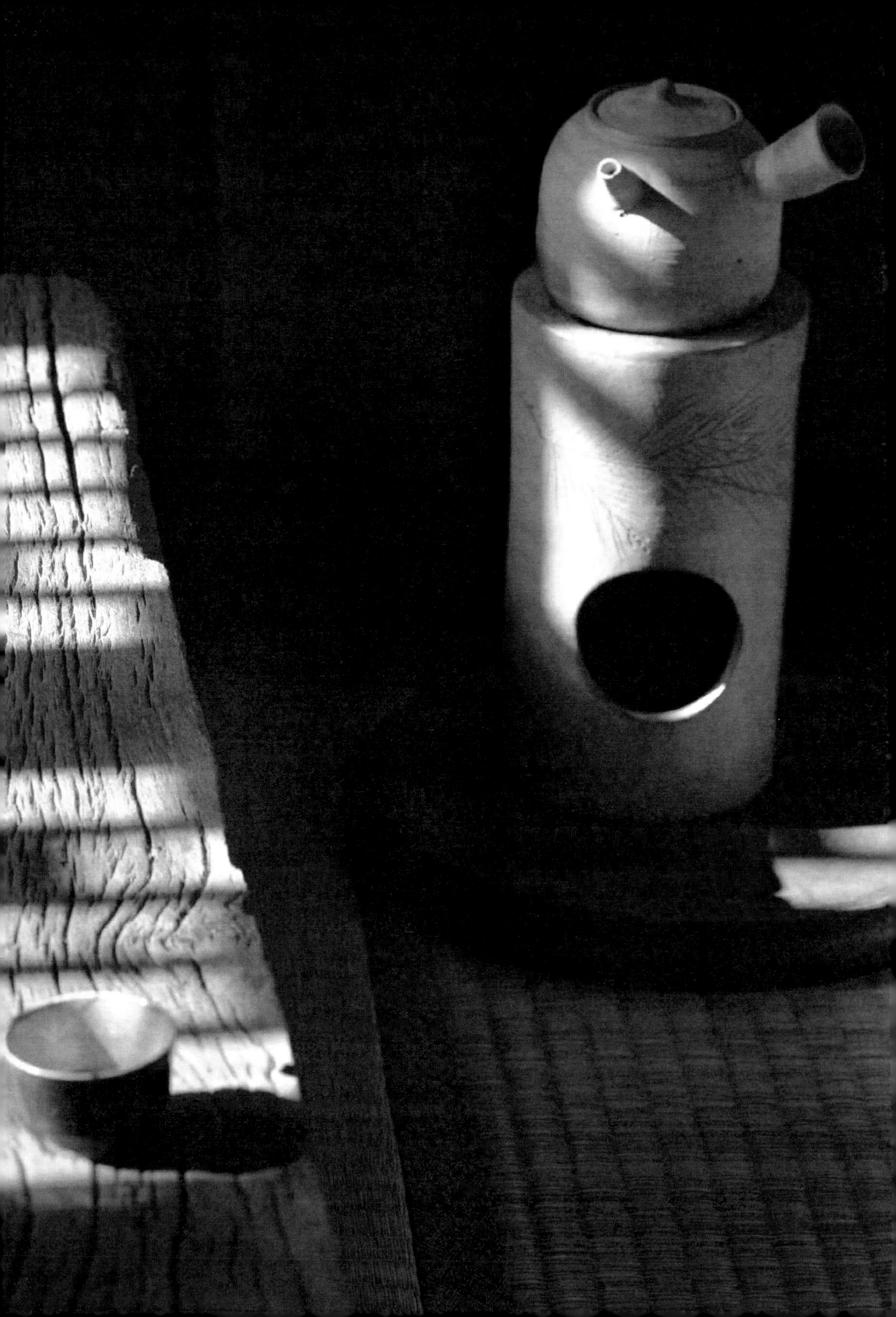

君不可一日無茶
中國茶文化史

二、北京茶館文化

每個地區的文化都有自己的區域特徵,就茶館文化而言,全國每個城市也是各有千秋。如果說四川茶館以綜合效用見長,蘇杭茶室以幽雅著稱,廣東茶樓主要是與「食」相結合,北京的茶館則是集各地之大成。它以種類繁多,功用齊全,文化內涵豐富、深邃,為重要特點。

北京歷史上的茶館是很多的,就形式而言,有什麼大茶館、清茶館、書茶館、貳渾鋪、紅爐館、野茶館等,至於茶攤、茶棚更不計其數。北京向來是文人多,閒人多。三教九流,五行八作,士民眾庶,於本業之外總要有適當的交往地點與場所。茶館較正式廳堂館所活動方便,較飯店酒樓用費低廉,較家中會友自由,無家無室的京客也可以找個暫時休歇之地。這種特殊的人口結構造成對茶館的極大需要。所以,老北京的茶館遍及京城內外,各種茶館又有不同的形式與功用。這裡,重點從文化、社會功用角度介紹幾種。

1．書茶館裡的評書與市民文學

在中國文學史上,明清小說佔有一個光輝的地位。然而,中國的古代小說與西方的古典小說不同。中國最優秀的古代小說,特別是長篇名著,大多數並不是完全由作家的書齋裡誕生,而是來自民間藝人的「話本」,是從城市裡的茶肆、飯館,從說唱藝人的口頭文學轉變而來。如《三國演義》《水滸傳》等名著,都經歷了這樣一個過程。所以,中國的古代小說比其他文學形式在民眾中植根更深,也更有生命力。在這個問題上,宋元以來的茶館文化做出了特殊的貢獻。北京的書茶館便是最好的說明。

老北京有許多書茶館,在這種茶館裡,飲茶只是媒介,聽評書是主要內容。評書一般分「白天」與「晚燈」兩班。「白天」一般由下午三點至六七時,「晚燈」由下午七八時直至深夜十一二時。也有在下午三時前加說一兩個小時的,叫作「說早兒」,是專為不大知名的角色提供的演習機會。這些書茶館,開書以前

第十三章　　北京人與茶文化
二、北京茶館文化

賣清茶，也可為過往行人提供偶飲一兩杯歇息解渴的機會。開書以後，飲茶便與聽書結合，不再單獨接待一般茶客。茶客們邊聽書，邊品飲，以茶提神助興，聽書才是主要目的。茶客中，既有失意的官員，在職的政客、職員，商店的經理、帳房先生，納福的老太太，也有一般勞苦大眾。聽書客交費不稱茶錢，而叫「書錢」，正說明書是主題，茶是佐興。舊北京的書茶館多集中於東華門和地安門外。東華門最著名者稱東悅軒，地安門的稱同和軒。

有人說天橋的「書茶館」最興旺，其實，天橋茶館主要是曲藝，介於書茶館與大茶館之間，並非典型的書茶館。著名的書茶館佈置講究，有籐椅藤桌的，有木椅木桌的，有的牆上還掛些字畫，首先造成聽書的氣氛。茶館預先請下先生，一部大書可以說上兩三個月。收入三七開，茶館三成，先生七成。先生也算文化人了，茶館老闆是十分敬重的。評書的內容，有說史的「長槍袍帶書」，如《三國演義》《兩漢演義》《隋唐演義》之類；有「公案書」，如《包公案》《彭公案》等；有「神怪書」，如《西遊記》《濟公傳》《封神演義》之類。也有說《聊

齋》的,《聊齋》雖然也是神怪故事,但多優雅的愛情篇章,很不好說,過俗失作品原意,過雅聽客不易明白,須雅俗共賞。有的藝人卻說得很好,把鬼狐故事說成人間世態炎涼,聽客們在飲茶中遨遊於人間地下與天上,似乎與茶的氣氛更容易一致。

天橋一帶的書茶館,主要是曲藝,什麼梅花大鼓、京韻大鼓、北板大鼓、唐山大鼓、梨花大鼓,種類很多。曲藝雖也說書講故事,但大多為片段,除了選取大部評書的段子外,還有些應時應景新編的故事,如《老媽上京》《辭活》《紅梅閣》等。

書茶館,直接把茶與文學相關聯,給人以歷史知識,又達到休閒、娛樂的目的,於老人最宜。記得中共政府成立初,鼓樓還有這類書茶館,我的外祖母常由一位拉三輪的老鄰居由黃化門帶到鼓樓,老人家一聽書便是一下午,傍晚拉車的大伯便把她捎回來,家中請老伯進幾頓晚餐,算是對他的報答。如今北京老年人問題越來越多,倘若能興起這種書茶館,老人們也可以有一個去處了。

2.「清茶館」「棋茶館」與北京人的遊藝活動

書茶館裡市民文化的味道雖濃,但畢竟單調一些。為適於各種人清雅的娛樂,北京還有許多清茶館。這些地方確實是專賣清茶的,飲茶的主題較為突出,一般是方桌木椅,陳設雅潔簡練。清茶館皆用蓋碗茶,春、夏、秋三季還在門外或內院高搭涼棚,前棚坐散客,室內是常客,院內有雅座。茶館門前或棚架簷頭掛有木板招牌,刻有「毛尖」「雨前」「雀舌」「大方」等名目,表明賣的是上好名茶。每日清晨五時許便挑火開門營業。到這種茶館來的多是悠閒老人,有清末的遺老遺少,破落子弟,也有一般市民。北京的老人有早起鍛煉的習慣,稱為「遛早兒」。朝日未出即提了鳥籠子走出家門,或是城外葦塘之邊,或是護城河兩岸,掛上鳥籠子,打打拳,伸伸手腳,人與鳥都呼吸夠了新鮮空氣,便回得城來,進了茶館。把鳥籠順手掛於棚竿,要上壺好茶,邊飲茶,邊歇息,邊聽那鳥的叫聲。鳥籠裡的百靈、畫眉、黃雀、紅靛、藍靛等便開始叫了起來。這些鳥

第十三章　　北京人與茶文化
二、北京茶館文化

兒經過訓練，不僅發出本音，而且會模仿喜鵲、山鵲、老鷹、布穀、大雁、家貓的叫聲，可有十幾套叫法。於是老茶客們開始論茶經、鳥道，談家常，論時事。在茶與自然的契合上，北京的老茶客有自己獨特的創造。清茶館的老闆為招攬顧客，還幫助知名的養鳥人組織「串套」，即進行「茶鳥會」。老闆要向老人發出花箋紅封的請帖，又於街頭「張黃條」，至時養鳥者皆來參與「聞鳴」。老人們以茶會為怡樂，茶館也利市百倍。而到冬天，茶客們除取暖聊天外，又養蝴蝶、鬥蛐蛐，用茶的熱氣熏得蛐蛐鳴叫，蝴蝶展翅，於萬物蕭疏之時祈望著新的生機，給老人們的暮年生活增添了不少情趣。這也算北京的一絕。中午以後，清茶館裡的老人們早已回家休息，於是又換了一批新茶客，主要是商人、牙行、小販。他們可以在這裡談生意。

　　北京還有專供茶客下棋的「棋茶館」，設備雖簡陋，卻朴潔無華，以圓木或方木半埋於地下，上繪棋盤，或以木板搭成棋案，兩側放長凳。每日下午可聚茶客數十人，邊飲茶，邊對弈。北京人，即使是貧苦人也頗有些風雅之好，這棋茶館中以茶助弈興，便是一例。喝著並不高貴的「花茶」「高末」，把棋盤暫作人生搏擊的「戰場」，生活的痛苦會暫時忘卻。茶在這時，被稱為「忘憂君」是名副其實了。

3·與園林、郊遊結合的「野茶館」和季節性茶棚

　　北京人愛好郊遊，春天去「踏青」，夏季去觀荷，秋季看紅葉，冬天觀西山晴雪。還有些老人愛郊外的瓜棚豆架、葡萄園、養魚池。於是，在這些地區便出現了「野茶館」。這些茶館多設在風景秀麗之地，如朝陽門外的麥子店，四面蘆草，環境幽僻，附近多池塘。許多養魚把式常到這裡撈魚蟲。每當夕陽西下，老翁們扛著魚竿行於阡陌之間，便漸漸向這茶館走來。又如六鋪炕的茶館，處於一片瓜棚豆架之間，茶客們到這裡，看著那黃瓜花、茄子花，黃花粉蝶，一派田園風光，大有陸放翁與野老閒話桑麻的樂趣，在這種地方飲茶，人也便感到返璞歸真了。朝陽門外還有個葡萄園茶社，西臨清流，東、南皆菱坑、荷塘，北有葡

萄百架，並有老樹參天，短籬環繞。於是，文人們看中了這塊地方，常來此處進行棋會、謎會、詩會。

　　老北京的好水十分難得，城內多苦水，只有西北部山泉才甜美，所以清代宮廷用水皆取於玉泉山。因此，一旦發現好泉水，自然成了野茶館的最佳場所。安定門外有所謂「上龍」與「下龍」，便是既為風景好，又因水質好而興起的茶館。上下龍其實不過相距百步。清代此地有興隆寺，寺北積水成泊，大數十畝。廟內又有三百年樹齡的「文王樹」，花開時香佈滿院。寺外有一口好水井，甘甜清澈。這是一個集文物、風景、好水於一處的飲茶佳地。於是茶老闆在井側搭下天棚，賣茶兼賣酒，還賣饅頭。小小一座土房建於土坡之上，可臨窗小飲，看著那寺裡的老樹，池中的菱葦，井邊的老樹，西山的落日；聽著那古剎鐘聲，鄉間的雞鳴、犬吠；喝上一杯「上龍」井水沏出的清茶，人間的苦辣酸甜便盡在其中了。至於高梁橋畔、白石橋頭，則因清代遊船所經過而興起。這些野茶館，使終日生活在囂鬧中的城裡人獲得一時的清靜，對於調節北京人的生活大有裨益，又使飲茶活動增添了不少自然情趣，雖不如杭州西湖茶館的幽雅，卻更多了些質樸，與中國茶道思想的本色似乎更為接近。

　　同類茶館，還有公園裡的季節性茶棚。這種茶棚以北海小西天最著名，茶棚臨水而設，舉杯可啜茗，伸手可採蓮。饑時又有杏仁茶、豌豆黃、蘇造肉可吃，能坐上半日也算福氣。

4・與社交、飲食相結合的「大茶館」

　　老北京的大茶館是一種多種功能的飲茶場所。在大茶館裡，既可以飲茶，又可品嘗其他飲食，可以供生意人聚會、文人交往，又可為其他三教九流，各色人等提供服務。從老舍先生的名劇《茶館》，我們可以看到老北京大茶館的模型，而今天的前門「老舍茶館」也使我們看到大茶館繼往開來的局面。正因為大茶館功能多，服務周到全面，所以曾經十分「走紅」。

　　北京的大茶館以地安門外的天匯軒最為著名，其次是東安門外的匯豐軒。

第十三章　　北京人與茶文化

二、北京茶館文化

老北京的大茶館佈置十分講究。大茶館入門為「頭櫃」，負責外賣和條桌帳目。過了條桌即「二櫃」，管「腰栓帳目」。最後稱「後櫃」，管理後堂及雅座。三層櫃檯各有界地，接待不同來客。有的後堂與腰栓相連，有的中隔一院。

大茶館茶具講究，一律都用蓋碗。一則衛生，二則保溫。北京人講禮儀，喝茶要不露口，碗蓋打開，首先用於撥茶，飲時則用於遮口。在這種茶館裡飲茶，可以終日長飲，中午回家吃飯，下午回來還可接著喝，堂倌兒會把您的茶具、茶座妥為照應。

北京的大茶館，以其附設服務專案而分，又有紅爐館、窩窩館、搬壺館等類別。

紅爐館是因設有烤餑餑的「紅爐」而得名，專做滿漢點心，北京人稱之為餑餑。但比一般餑餑館做的要小巧玲瓏。什麼大八件、小八件，樣樣俱全。邊品茶，可以邊品嚐糕點。

窩窩館專做小點心，更合民間日用，北京的艾窩窩、蜂糕、排叉、盆糕、燒餅等，皆隨茶供應。

搬壺館放一把大銅壺為招牌，介乎紅爐館與窩窩館之間，雅俗共賞。

還有一種大茶館叫作「貳渾」，是既賣清茶，又賣酒飯的鋪子。所以取名「貳渾」，是因為既可由店館出原料，也可由顧客「帶料加工」名為「炒來菜」。如西長安街曾有座貳渾館叫「龍海軒」，是教育界聚會之所。

清末保定新型學堂驟起，學界常有京保之爭。每有糾紛，京派人物便到茶館來聚，飲上幾道茶，又添幾道菜，開一個校長聯席會來商議對策。所以有人稱京派叫「龍海派」。大茶館集飲茶、飲食、社會交往、娛樂於一身，所以較其他種類茶館不僅規模大，而且影響也長遠。這便是時至今日「老舍茶館」一興便受到各界歡迎的原因。在這裡，茶，確實僅僅是一種媒介，茶人之意不在茶，茶的社會功能超過了它的物質功能本身

三、從北京的茶園、茶社看傳統文化向現代文明的演進

　　在中國飲食文化中，向有茶酒地位高下之爭。無論對酒的感情如何，在理性上，中國大多數人是把茶放在酒之上的。這既與中國人沉靜、文雅的性格有關，也符合長期農業社會和田園生活的要求。然而，時代在前進。近代以來，中國社會劇變，打破以往的封閉與靜謐。人們雖仍保持溫雅的性格，但更增加了開發的一面。北京的市民茶文化也隨著時代的前進表現出新的特徵。這從清末民初的北京茶園、茶社便看得十分清楚。

　　早在清代，北京人就有把戲院稱作茶園的習慣。老的戲院，戲臺多置於觀眾之中，座位多是長條桌凳，豎向舞臺放置，觀眾可以一邊品茶，一邊聽戲。看戲雖然要側身扭軀，多了些勞苦，但邊品茶，邊聽戲，卻少了些緊張，多了些閒情逸致。這與老戲的內容有關。舊戲不像現代戲情節那樣緊張多變，戲迷們與其說「看戲」，不如說「聽戲」「品味兒」。端一盅茶，眯上眼睛，隨著樂器節拍，聽著「名角兒」的唱腔，一板一眼都在心中琢磨。這時，茶的沉靜、悠遠的特點，更容易與劇場的氣氛協調。所以，清末不少賣清茶的地方改成了與戲劇相結合的「茶戲園」。

　　如前門外的廣和樓，原是一查姓鹽務鉅賈的私人花園，鄰近前門鬧市，姓查的好熱鬧，便把花園改成了茶園。最初只賣清茶，後來加蓋了小型戲臺，說評書，演雜耍、八角鼓、蓮花落。光緒年間，廣和茶園重新修建，擴展戲臺和座位，能坐八九百人，曾邀請北京許多名伶在此獻藝。民國巨變，提倡男女平等，正是在北京的茶園裡，北京婦女首次走向社交場所。廣和茶園裡，民國八年加夜戲，樓上專賣女座。民國二十年後方男女合座。現在的廣和劇場即其舊址。再如阜成茶園、天樂茶園、平樂茶園、春仙茶園、景泰茶園……都是這種性質。

　　景泰茶園地處東四牌樓隆福寺街東口。它不僅具有一般茶園的特點，賣茶

第十三章　　北京人與茶文化
三、從北京的茶園、茶社看傳統文化向現代文明的演進

兼演戲，而且對飲茶本身也十分講究。茶園專沏所謂「鐵葉大方」和「三熏香片」，很受茶客歡迎。園內還代賣茶蛋、炸豆腐、落花生、瓜子等小吃。一個小小的戲臺，坐南朝北，全場可容三百人。

所以，北京的戲場可以說大多由茶園轉化而來。茶是北京戲劇由宮廷和達官貴人的齋院中走向社會的一個媒介。特別是在民國以後，茶園受到廣大市民的普遍歡迎，又是通向近代文明的視窗。因此有的茶戲園直接起名為「文明茶園」。

票房與茶社也是北京茶文化中的一枝獨秀。

北京人不僅愛看戲，還愛自己演戲。三五好友，約來聚會，置辦行頭，各領角色，配上鼓樂管弦，便是一場小戲。專門進行這種活動的場所叫票房，參加這種活動的朋友叫票友。票友們是一些業餘藝術家。

票房裡的一種重要活動便是茶會。豪門大家有喜慶之事，可約票友去清唱。至時票房有專人挑了擔子去佈置。這挑子，一頭是特製的大銅茶壺，裝滿沏好的茶水；另一頭才是「行頭」道具。大茶壺，表示自帶茶水，不擾事主茶飯，純粹「玩票」，更不接受任何報酬。茶的「養廉」德行又被應用到業餘藝術家們的自我要求之中。此後，北京又出現不少專門為票友提供活動場所的「清唱茶樓」和「茶社」。許多機關、團體也建起了票房。如電車公司、郵政局、京漢鐵路、故宮博物院、交通大學、輔仁大學、中國大學等，都有票房。幾杯清茶，把許多藝術愛好者聚在一起，發清聲，探藝海，既活躍了北京人的生活，又培養了不少人才。茶對北京文化誠有大功者也！

以後，茶社的活動內容進一步擴展，不僅是京劇票友的活動場所，而成為各種特殊愛好者的聚會之地。如東順和茶社，位於地安門外義溜河沿。茶社主人是程硯秋三哥程麗秋的岳父。所以，不僅一般票友來此，程硯秋先生也常來這裡品茶聽唱。該社臨近什剎海，樓西為燕京八景之一的銀錠觀山。碧水清波，綠柳夾岸，茶社小樓掩映其中。樓西又有集香居酒樓，茶酒比鄰為友，引來不少文化人。

如圍棋國手崔雲趾、汪雲峰、金友賢等，曾在這裡組織棋會。有時還在茶

社舉行燈謎會。茶與各種文化活動通過茶社結合起來。

第十四章　　邊疆民族 茶文化
三、從北京的茶園、茶社看傳統文化向現代文明的演進

第十四章 邊疆民族茶文化

　　中華民族是一個多民族大家庭，中華文明是各族人民長期共同創造的。茶文化也同樣如此。中國雲貴高原本來就是茶的原產地，歷史上關於神農嘗百草的記載尚屬傳說，若根據正式文獻和可考的歷史來講，中國使用茶則應從武王伐紂，巴蜀小國向武王進貢開始。周初巴蜀尚被稱為「蠻夷之地」，即華族以外的少數民族。而巴蜀之茶又是由雲貴原產地北傳而來，雲貴用茶自然又會早些。按以往的傳統觀點，認為中原地區既是中華人類的發源地又是中華文明的源頭。所以，不論南方與北方，出現紅陶便認為是仰紹文化的支流；出現黑陶便認為是龍山文化的分支。在這種傳統觀點的支配下，許多邊疆地區與邊疆民族的獨立創造便被一筆勾銷了。在四川等地流傳著諸葛亮在這一帶發現茶樹、使用茶的記載，把大茶樹稱為「孔明樹」。這自然說明諸葛亮對開發西南地區和民族文化交流上做出過重大貢獻，所以受到各族人民的共同尊敬與熱愛。但就茶而言，卻並非由於孔明的入川才被發現與使用。就茶上升為文化現象而言，中原地區確實做出了傑出的貢獻，但邊疆民族同樣有自己特殊的創造。現代考古學已經證明，中國有多處人類發源地。20世紀20年代，還只是發現了「北京猿人」的遺址。新石器時代考古也是以黃河中下游為中心。而近一二十年的考古發現，早已突破了中華文明黃河唯一中心說。雲南元謀人距今已有一百七十萬年的歷史。1988年，四川巫山縣龍坪村又發現了距今二百萬年的古人類化石。此外許多地方也有古人類遺址發現。而新石器的遺址，目前已發現七千餘處。其中經過正式發掘的也有上百處。這就是說，中國周邊地區不僅有中華人類的發源地，而且人類文明得到延續發展。夏、商、周之後中原華族文明確實發揮到領頭羊的作用，但並不能否認周邊民族在與中原並肩前進的歷程。中原王朝創造了以儒家思想為主導的茶文

化，其他民族也有自己的茶文化。邊疆民族茶文化接受過漢民族和中原地區的影響，而漢族茶文化，未必沒有接受過邊疆民族的文化思想。我們在談民間茶道古風時便列舉了許多雲南少數民族的事例，其他邊疆民族同樣在飲茶過程中貫徹著自己的民族精神。正是由於南北東西中，各族人民的共同努力，才構成中華茶文化光輝的整體。因此，不僅是在物種發源的角度和採風問俗的角度上應對周邊民族加以重視，而且就中國茶文化的總體結構而言，也不可對少數民族茶文化稍加忽視。我們在以上有關章節中已涉及邊疆民族，但這還不夠，我們還應對邊疆各民族茶文化有個總體認識。

一、雲貴巴蜀茶故鄉，古風寶地問茗俗

雲貴巴蜀之地是中國西南少數民族聚居之地，這裡不僅是茶的原始產地，而且有豐富的茶文化寶藏。特別是在近代中原傳統茶文化走向衰落的情況下，這個地區由於民風古樸，受外來文化衝擊較少，遺留下許多茶道古風。這些文化風習有漢族的某些影響，但更多的是邊疆人民的獨立創造。有關資料表明西南地區不僅是茶的原產地，就創造茶的社會文化現象來說，並不一定比漢族地區晚。所以，這一地區是一塊極待發掘的茶文化寶地。

雲貴高原既然是茶的故鄉，這一地區用茶的歷史當然應當比中原要早。許多材料證明，西南各民族知茶、用茶、種茶的歷史相當久遠，其悠久的程度甚至伴隨著這一地區最古老的文明史而來。雲南基諾族關於「堯白種茶分天地」的故事便證明了這一點。漢民族有女媧摶土造人的傳說，基諾族同樣有一個女祖先，是一位叫堯白的女子。這反映了人類社會從母系制開始的歷史足跡。基諾人傳說，在很古很古的時候，堯白不僅創造了天地，而且分天下土地給各族人民。基諾人不喜紛爭，不來參加分天地的大會，堯白雖然很生氣，但又擔心日後基諾人

第十四章　　　邊疆民族茶文化

一、雲貴巴蜀茶故鄉，古風寶地問茗俗

生計困難。於是她站在一個山頭上，抓了一把植物種子撒下去，從此基諾族居住的龍帕寨土地上便有了茶樹，基諾人便開始種茶和用茶，他們居住的高山成為雲南六大茶山之一。傳說固難當作信史，但漢族的歷史同樣是由傳說開篇。堯白分天地，反映了這一地區氏族部落間的鬥爭，堯白種茶的故事，把該地區種茶的歷史推演到人類文明的原始階段。

從茶的應用和製作來看，西南民族也應早於中原。茶史研究者大都認為，人類用茶有一個從藥用、食用到飲用的過程。基諾族至今以茶為菜，流行所謂「涼拌茶」。當你來到基諾人的村寨裡，基諾人會立即採來新鮮的茶葉，揉軟、搓細，放在大碗中，再加上黃果汁、酸筍、酸螞蟻、白生、大蒜、辣椒、鹽巴，做成一碗邊寨風味的「涼拌茶」請你品嘗。這與現代大飯店裡的「龍井蝦仁」不可同日而語，而應看作茶為菜用的遺風。

以茶的製作方法來說，最初也應是從邊疆民族中傳入中原地區的。

周初的巴蜀小國向武王所進茶葉如何製造不得而知。僅從唐代陸羽詳細記載茶的製法來看，中原早期的製茶方法有烤製散茶（或稱炙茶）和緊壓穿孔便於保存的餅茶。《茶經》談到茶農生產的餅茶，也談到文人墨客臨時飲茶在山林間採茶、烤炙的情形。炙茶之法，須將茶之至嫩者蒸罷熱搗，使葉子柔軟而芽筍形狀猶存，然後烤炙，以紙囊貯存。至於大量運輸、貯存，則以模型壓製的圓形穿孔餅茶為便。唐代長江流域流行的這些製茶方法當有其源流，陸羽只不過敘其客觀情況而已，並不能證明製茶之法源於中原。從茶葉的流布情形看，很可能是先由西南民族地區興起而後才流入中原的。我們這樣說，並非完全是理論上的推定。至今雲南地區流行的一些原始製茶方法便是佐證。

在彝族、白族、佤族、拉祜族等不少民族中，流行「吃烤茶」的習慣。烤炙方法有罐烤、鐵板烤、竹筒烤等多種，如拉祜族，是用陶罐放在火塘上，加入茶葉進行抖烤。待茶色焦黃時即沖入開水，燒出的茶香氣足，味道濃。佤族人稱烤茶為「燒茶」，是先把茶放在薄鐵板上烤，然後用開水沖泡。白族烤茶方法與拉祜族大體相仿，只是在茶中又加入糖、米花等佐料，而且加上許多文化意義，

君不可一日無茶
中國茶文化史

有所謂先甜、後苦、三回味等禮數。這就是有名的白族「三道茶」。雲南四季如春，當地人民現採、現烤、現吃更符合生活實際。所以，在唐代文人眼中為風雅之舉的炙茶之法，在茶的故鄉可能早就是普遍的生活習俗。文化，特別是物質文化，華麗的外表加到一定程度便會返璞歸真。從雲南烤茶風俗中，我們似乎更多看到茶的原始生產製作方法。

同樣，雲南地區一些少數民族流行的「竹筒茶」也很值得注意，它可能是由散烤到緊壓的過渡形態，如傣族的竹筒茶便是一個例子。當你登上傣族的竹樓，身著筒裙、腰束銀帶的少女會立即來歡迎，傣族波淘（老大爹）就要用竹筒茶招待你。姑娘將茶裝入新砍回的香竹筒，老波淘又把它放在火塘上用三角架烘烤。用這種方法烤茶，不是使其焦，而是發揮軟化、蒸青的作用。約六七分鐘後，以木棒將茶沖壓一次，又填入新茶，這樣邊烤、邊沖、邊填，直至竹筒內壓緊、塞滿為止。待烤乾後，剖竹取茶，圓柱形的竹筒烤茶便製成了。掰下少許烤乾的茶葉放入一隻只碗中，沖入沸水，一杯既有竹的清香，又有茶葉芬芳的茶湯就敬獻到客人面前。從這套操作技藝中，我們既看到唐代炙茶的遺風，又可看到「緊壓茶」的原始形態。唐代長江流域已流行製穿孔的餅茶，為圓形，這或許是由邊疆民族的竹筒烤茶演變而來。只不過邊疆人民用了更自然而原始的工具——竹筒，而中原地區則以模型壓製。

從以上幾例，我們可以看到茶為菜用、烤製、緊壓等製作方法的原始形式。茶從雲貴高原發源，然後沿江入蜀，又順長江走出三峽而至兩湖等地，其產地的原始初民想必有一套製作方法。有邊民的酸螞蟻涼拌茶，也就有了中原以茶為菜；有邊民的罐烤、鐵板烤、竹筒烤，才有了陸羽的炙茶之法和今人的烤青法；有了竹筒烤壓的圓柱形茶，才有唐代穿茶、宋元團茶和今人的磚茶、沱茶。從對雲南少數民族飲茶習俗的考察中，我們驚奇地發現，那裡簡直是一個活的中華茶史博物館。雲南的古人類發現，已經引起海內外的震動，而其他考古發現又證明，那些古人類出現以後，並未停止前進的腳步。當那些古人類一步步邁進文明的門檻後，同樣又做出了許多傑出的創造與貢獻。封建社會裡長期宣傳大漢族主義，鄙

第十四章　　　邊疆民族茶文化

一、雲貴巴蜀茶故鄉，古風寶地問茗俗

薄少數民族的創造，是統治階級的偏見。雲南各民族飲茶的歷史進一步證明「各族人民共同創造了中華文明」這一重要觀點。

或許有人說：「用茶之法、製茶之法可能來自西南少數民族，而茶的禮儀、文化則是漢民族的創造。」漢民族在這方面固然做出了傑出貢獻，並加以規範化，但若以為邊疆民族飲茶「不知禮」「沒文化」就又錯了。我們在介紹飲茶與婚俗時，曾列舉了許多雲南少數民族的生動事例，其實，不僅是婚俗，在以茶待客、以茶交友等方面，邊疆民族更重禮數。人們常說，茶用於祭祀表明從物質現象到社會文化的飛升。而這一現象，並不一定只是中原漢民族的創造。有關材料證明，西南邊疆民族，不僅把茶與他們的始祖開天闢地關聯起來，而且很早就把茶作為最聖潔的東西用於祭祀活動。

在雲南南糯山，居住著哈尼族。雲南茶學界的人士，把哈尼族的諾博（茶葉）文化稱為雲南茶文化的搖籃。我覺得，把這裡稱為整個中國茶文化的發源地也並不過分。在雲南許多古老的茶區都有孔明教種茶樹的傳說，正確的說法或許應為「孔明發現、促進雲南人種茶」。若從孔明入滇南征計算，雲南種茶起碼有近兩千年的歷史了。而根據基諾人的傳說，當地種茶則應從母系制社會，即更早的年代開始。雲南許多民族對茶有獨立的稱謂，如布朗族稱茶為「臘」，傣族也稱「臘」，今猛臘縣即因有古六大茶山而得名。這說明雲南各民族對茶的認識並非由漢族而來，恰恰相反，在不知漢族有「茶」的稱呼之前便有自己的習慣稱謂，後來又長期阻隔，所以才保持了自己的獨立名稱而未被同化。哈尼族的「諾博」，也是同樣原因而來。但「諾博」的含意，並不是某種植物，而是一種理念，代表虔誠的祭祀和奉獻、祝願。哈尼人無論祭天神、地神、山神、家神祖宗，其主要內容都是「諾」。而「博」，則含有發展、發達、吉祥等意。「諾博」，便是奉獻吉祥之物。茶葉被取了這樣一個名字，在某種意義上說，比漢族的「茶」字，社會文化含意還要蘊涵得深廣。從對哈尼族各種禮俗的考察也確實表明，茶絕不是被當作一般物質生活用品來看待。南糯山哈尼族辦許多重要事情都離不開米、蛋、茶。米是基本生活需要，蛋代表繁衍、生息，而茶是表示奉獻。蓋新房，要

把米、茶、蛋先獻祖先諸神，新開土地、砍棺木，也要如此。弔喪、婚嫁、招魂、慶典，同樣是這三件東西。在這裡，茶是與祖先、鬼神交通的媒介。南糯山長期以來是以森林農田混合經濟為特點，茶在農林生產中佔有突出地位，對茶的崇拜包含著對原始經濟的崇拜。到清雍正年間，西雙版納的「六大茶山」，「周八百里，每年入山作茶者數十萬人」，「人民衣食，仰給茶山」。在這種情況下，茶被尊崇是理所當然的。

　　至於以茶敬客，更是西南各少數民族的普遍禮俗，他們甚至比漢民族更重用茶。侗族以「油茶」待客。油茶是用茶葉、糯米、玉米為原料加油而成，不僅製作方法十分講究，而且飲用禮儀認真，在舉火、獻茶、飲用方面都有規矩。居住在鄂西地區的土家族，流行「敬雞蛋茶」，茶油中打上荷包蛋，蛋的數量少不過三，多不過四，才算對客人的最高敬意。因為，土家人認為，吃一個為獨吞，吃兩個為罵人，吃五個是「銷五穀」，吃六個是「賞祿」，吃七個、八個、九個則是「七死、八亡、九埋」。故以三四個蛋敬客既無居高「賞祿」之嫌，又最吉祥合禮。愛伲人的「土鍋茶」有甘苦共用之意。

　　可見，並非邊疆民族「不知禮」，「沒有茶文化」，而是各有各的禮儀，各有不同的文化風采。

二、歷史悠久、內容豐富的藏族茶文化

　　【文成公主與藏民飲茶的歷史】藏族飲茶的歷史可追溯到唐代，即 7 世紀中葉，至今已有一千三百多年。談到藏民飲茶不能不使人想起漢藏友誼的使者文成公主。西元 633 年，西藏贊普松贊干布平定藏北戰亂，為加強與中原政權的關聯，派使臣到長安，請求與唐王朝聯姻。後唐太宗決定把宗室之女文成公主嫁給松贊干布。文成公主入藏時攜帶了大量工匠和物資，據說僅作物種子即達

第十四章　　邊疆民族茶文化

二、歷史悠久、內容豐富的藏族茶文化

三千八百種，同時引入冶金、紡織、繅絲、造紙、釀酒等技藝並從此將飲茶習俗帶入西藏。唐代正是中原茶文化成形的時期，大量唐人入藏不僅帶入飲茶之法，而且帶入茶的禮儀和文化內容。唐代部分地區稱茶為檟，至今藏語的「茶」字仍沿用「檟」，正說明藏民飲茶確實是自唐代開始的。唐朝人李肇曾作《唐國史補》，其中記載：「常魯公使西番，烹茶帳中，贊普問曰：此為何物？魯公曰：滌煩療渴，所謂茶也。贊普曰：我此亦有。遂命出之，以指曰：此壽州者，此舒州者，此顧渚者，此蘄門者，此昌明者。」這說明經過文成公主進藏後近二百多年的發展，藏族王室對中原茶的瞭解已經很多。西藏山南地區一直流傳著一首《公主帶來龍紋杯》的民歌，歌詞中說：「龍紋茶杯呀，是公主帶來西藏，看見了杯子就想起公主慈祥的模樣。」這說明，文成公主不僅帶去了茶葉，而且帶去了茶具。唐代流行餅茶，宋朝進一步改進為精製的龍團鳳餅。而藏族人民卻把龍團鳳餅傳入西藏的功績記在文成公主的身上，他們說是文成公主把龍團鳳餅帶去，並教會他們碾茶、煮茶。每當藏民向客敬茶時，便會向你介紹，公主如何教會了吐蕃婦女熬奶茶、做酥油茶。不論這些民歌與傳說是否有誇張成分，文成公主把中原茶藝傳入西藏是肯定的。

此後，五代十國的前蜀、後蜀及宋王朝都與藏民進行茶馬交易，使中原飲茶之俗進一步向西藏流傳。歷史上的藏民大部分以遊牧為生，多食乳酪，又少蔬菜，茶易化解乳肉，補充無蔬菜之缺憾。高原空氣乾燥，飲茶不僅能生津止渴，還能防止多種當地常見病，故官民皆樂於用。所以，藏民不僅把茶看作一般飲料，更視為神聖之物，認為「一日無茶則滯，三日無茶則病」。

【藏族寺院茶文化】在中原茶文化的發展中，佛教曾起過重要作用，藏族地區由於篤信佛教，更重視佛事中的茶事。人們往往把茶與神的功能關聯在一起，藏民向寺廟求「神物」時，有藥品，有「神水」，還要有茶。拉薩大昭寺至今珍藏著上百年的陳年茶磚，按理說早已是無用之物，僧人們卻視為護寺之寶。可見，藏民看待茶，甚至比漢族還要神聖。茶既然被看作佛賜的神物，至潔至聖的東西，其禮儀態度自然更為莊嚴。曾有一位到過西藏的西方傳教士，在他的書

君不可一日無茶
中國茶文化史

中這樣描繪藏族寺院茶文化：「西藏飲茶法，足以驚人。當時系品質優良之茶磚，五塊值銀一兩。茶壺皆為銀質。在喇嘛之漆臺上，所放之茶壺及茶碗，皆用綠玉製成者，襯黃金色之茶託，甚為華麗。尤其以宗教及文學中心之喀溫巴穆大喇嘛廟中為最。此廟聚集四方之學生及甚多之巡禮者，開大茶會。篤誠信仰之巡禮者，用茶款待全體喇嘛。事雖簡單，然而為非常之大舉動，費用浩大。四千喇嘛，各飲兩杯，須費銀五十六兩。行禮儀式亦足驚人。無數排列之喇嘛，披莊嚴之法衣而靜坐，年輕人端出熱氣騰騰之茶釜，施主拜伏在地，就分施給大眾，施主大唱讚美歌。如巡禮富裕者，茶中加添麵粉之點心，或牛酪等物。」

以上材料起碼說明幾點：

1. 茶在藏族寺廟中被加上某種神秘的色彩，其思想、精神含意甚至更大於物質意義。在中原寺院或道家茶道中，雖然也結合佛事、道教活動，但主要是以其助修煉打坐，防止瞌睡；而在藏族寺院裡，則全被看作與神水、寶器相當的聖物，其聖潔的象徵又被提高了一步。

2. 藏族寺院的茶藝是十分講究的，單就茶具一節，雖不能與中原王室相比，而絕不亞於一般漢族富家大室。茶湯以大釜來盛，與寺院施捨活動結合，既吸收了中原茶道中雨露均施的思想，又包含了佛教觀念。

3. 藏族寺院茶儀規模巨大，禮儀莊嚴，非中原地區唐初僧人自相懷挾，到處煎煮而能比擬。這種大規模茶宴可能是接受宋代大型寺院茶宴的影響，也可能是藏族人民自己的創造。茶宴上要行佛教之禮，唱讚美歌，有主持人，禮儀性質遠超過應用。中原禪宗茶宴用茶主要是強調以茶調心清思，發揮人自身的作用而明心見性。而藏族寺院用茶則直接看作彼岸神靈賜予的靈物，更具有客觀唯心論的特點。這也正是被改造過的漢化佛教與青藏地區更接近佛教原生形態的喇嘛教之間的重大分野。

【酥油茶、奶茶待客與藏民的節日習俗】在藏族上層人物中，也有喝「毛尖」「芽細」者，但一般百姓無論平民或普通喇嘛僧，主要是飲康磚、茯磚、金尖和

第十四章　　邊疆民族茶文化

二、歷史悠久、內容豐富的藏族茶文化

方包茶。烹調方法，無論農牧區均飲酥油茶、清茶，牧區還流行奶茶。

　　酥油茶是藏族人民主要佐餐飲料。一般藏民清晨先要喝幾碗酥油茶才去工作或勞動，由早至晚要飲五六次。酥油茶不僅日常用，也是藏民主要待客之禮。每當有貴客到來，先要精製醇美的酥油茶。其做法是，首先將磚茶搗碎，放入壺中熬煮，浸出濃郁的茶湯，趁熱倒入一米多高的木桶內，放入酥油和鹽巴，用木棒上下搗動，這時，茶與水及酥油鹽巴便融為一體。搗好後再入壺加熱，便成為清香可口的酥油茶了。有尊貴客來，常先敬哈達，然後便請坐，獻酥油茶。飲這種茶，十分重禮儀，主人要邊喝邊添，總使客人碗中油茶豐盈。客人則千萬不要一飲而盡，而要留下半碗等待主人添茶。如果主人把你的碗添滿，你已不能再喝，便不要再動，直至辭別時再端碗一氣飲下，表示對主人的答謝和滿意。

　　有些藏民也用奶茶待客。牧民格外好客，無論熟友新客，只要進了帳篷，主客相揖後主婦便會立即捧來奶茶相敬。接著，又擺下人參果米飯和包子等許多食品，盤上還要蓋上哈達以示尊重。最尊貴的客人來，還要上手抓羊肉和大燴菜。

　　藏族人民把來客敬茶視為最高禮儀。

　　茶在藏族人民心中是友誼、禮敬、純潔、吉祥的表現。所以，飲酥油茶、青稞酒是藏民節日活動的重要內容。藏曆七月的「沐浴節」、甘肅藏民的「香浪節」、預祝豐收的「望果節」、甘南牧民的「跑馬節」、四川草地的「藏民節」等，在歡快的歌舞中，總要飲青稞酒，喝酥油茶。青海塔爾寺還有專以茶為主題的「酥油茶燈會」。

　　在滇西北的中甸地區藏民中，還有一種特殊的茶會——中甸對歌茶會。農閒時，青年男女有意在山野小路上流連，未婚的男女相逢，雙方各推一人為代表，以搶頭巾或帽子為由相互追逐離開人群，去商議對歌茶會的時間地點。至時，客人一到，主人便高歌道：「高貴的客人喲，我們不怕說臉皮厚，請你們光臨，在我們的寒村喲，與我一道吃茶。你們能答應，便是我們的光彩啦！」這時，被邀的客人要客氣地答唱：「嘖嘖！高貴的人們喲，給我們這樣的榮譽，我們受不了，還是另請姑娘吧！」這樣，便引來對歌的話頭，一碗茶接著一支歌，直到對方答

不出,比出個勝負。

藏族人民把茶用於人生的各種禮俗,無論生育、結婚、喪禮、宗教儀式都極重茶。生下兒女首先要熬茶,茶汁新鮮表示兒女英俊。婚宴上要大量熬茶,茶汁鮮豔示意婚姻美滿。喪禮中也要熬茶,但茶汁要求暗淡,表示哀悼。茶被視為美好、潔淨之物,藏族婦女拜見喇嘛時臉上要塗上糖或奶茶,否則要遭罰。

總之,茶在藏族人民中,不僅是生活之必需,而且具有十分豐富的文化內涵,我們稱之為「藏族茶文化」並不是生拉硬扯,而是有名副其實的內容。

三、高山草原話奶茶

茶從雲貴發源以後逐漸向外傳佈,其飲用方式大體沿著兩種軌跡行進:一種是由藥用開始,逐漸發展為清飲文化體系。如中國中原地區以儒家為主體的各種茶文化流派(包括道家及佛教禪宗茶文化),朝鮮、日本、東南亞儒家文化圈中的各個國家,大體都屬清飲茶文化系統。另一種是從食用發展而來,構成調飲茶文化系統。如中國江南民間茶中添加佐料;西北地方的酥油茶、奶茶及西歐一些國家紅茶加糖的飲用方法,都屬於調飲茶文化系統。所以,有人提出西北地方草原文化可稱「奶茶文化」,是有一定道理的。就飲食文化的類別而言,「奶茶文化」反映了中國西北地方以牧獵為主體、以乳肉為主要食物的生活方式與山林、農耕文化的結合。從某種意義上說,茶進入草原牧區對牧獵民族的生活起了劃時代的作用。人們常說,靠山吃山,靠水吃水。人類的生存離不開其客觀自然環境。西北的高山和草原,養育了無數的牛羊駝馬,以乳肉為主給人以充分的熱量,但卻少了許多維生素。草原很少菜蔬,茶進入遊牧民族生活,補充了人的基本需要。所以茶自唐代流入邊疆以後,便成為西北人民時刻不可缺少的東西。正因為如此,自唐以降,歷代王朝才可能通過茶來控制西北民族,茶馬互市成為番

第十四章　　邊疆民族茶文化

三、高山草原話奶茶

漢交流溝通的重要管道。清代以二郎山為界，限製茶的種植，藏民過二郎山者不得攜帶茶種，欲帶出便要煮熟。而西北邊民因此一項便必須寄於中原政府之麾下。且不談這項政策所反映的政治意義，僅從飲食生活來講便說明西北人民對茶急需到何種程度。

茶既然處於這樣至高無上的地位，所以西北宗教界方把它看作寶物，與神明相關聯。不過，西藏大昭寺中的鎮寺之寶——康磚，以及藏族寺院中的大型茶宴，這種以清茶為供的文化思想，還只是貴族和宗教上層人物所為。從青藏到甘肅、新疆、內蒙古，廣大牧民還是遵循了調飲茶文化系統，把茶與奶相結合，同時使用，因而奶茶便成為西北各民族最珍貴的東西。

在新疆維吾爾自治區，磚茶的消費量，每人每年平均是一市斤，而牧區和半農半牧區，每人每年則達五斤四兩左右。維吾爾族牧民用茶的特點，是連茶葉一起吃下去。在新疆的許多民族中，一日三餐離不開饢和奶茶，有客來沒這兩件東西不算待客之禮。在新疆伊斯蘭教的肉孜節和古爾邦節的節日慶典中，人們把茶葉作為禮品互相贈送，象徵高尚的情操、真誠的祝願和純潔的友誼。伊斯蘭教和回族在飲食中最講究清潔和精美，所以，茶對回族來說，除生活需要之外也是潔淨的象徵。

在蒙古草原上，更是到處飄著奶茶的芳香。蒙古牧民長期過著氈車毛幕，逐水草而居的生活，不論遷徙如何頻繁，都忘不了熬奶茶。筆者曾有幸在蒙古草原的西部領略蒙古奶茶的風味。那是在夏末時節，草原已泛出微黃，只有高山腳下避風處還水草青青。在遼代上京故地巴林左旗的東北，是遼朝盛世聖宗等皇帝的墓葬。墓區之南，一片起伏的山崗上散佈著「出場」的蒙古族牧民和個別漢族牧民（他們也許是被漢化了的契丹後裔吧）的帳幕。我們的考察小隊分別進入四五座蒙古包。如今牧民已有定居點，值錢的物品自然都放在定居點裡，所以帳幕中陳設比較簡單，北部高起地面尺餘，形成自然的床炕，鋪著毛氈，疊著花被。沿帳放些簡單的用品。但在帳的正中突出地位卻疊有一灶，上面放了一把大壺，裡面盛滿奶茶。這奶茶是事先煮好的，須先將磚茶搗碎，加水煮好，濾去渣滓，

君不可一日無茶
中國茶文化史

然後加入適量奶，繼續煮，據說邊煮還要用一把大勺頻頻舀起和沖入。這種操作，大有陸羽烹茶「育華」「投華」「救沸」的風格。客人到來，主人遜入，客人按身份次第坐於主人兩旁，同來的蒙古族嚮導則坐於下首陪客位置，婦女在次下位操作。我們面前的氈褥上立即擺下小幾，上面放有幾個碗，分別盛有炒米、奶豆腐和鹽與糖，然後女主人將一碗碗褐色的奶茶便端到我們面前。這奶茶的吃法與藏族酥油茶大體相仿，你不能一口飲下，而總要留一些讓主人不斷添加。一氣飲完是最後的禮節，開頭便一飲而盡不給主人留下頻頻敬客的餘地，是不恭的。牧民飲奶茶一般是加鹽，為表示對客的特別敬重，待客時則同時放下白糖與鹽巴，任你選擇添加，品嘗鹹甜的不同滋味。炒米類似內地的稷子，當地稱糜子米。抓一把直接放到口中，半天嚼不爛，主人說了一番話，嚮導翻譯說，可把炒米放在奶茶中一起飲用。奶豆腐不知如何製成，外形如特大肥皂一般，一大塊一大塊的，晾在帳幕上，吃上一小塊，半日不覺饑餓。而待客則切作小方塊，可蘸白糖食之。偶爾為之，這奶豆腐的味道實不習慣，但奶茶的芳香可解你味覺之苦，吃著這幾樣東西，我才進一步理解，為什麼牧民們把茶視為生命。奶茶、奶豆腐、炒米都很不好消化，當地草木蔥蘢，卻未見一點菜蔬。據說，奶豆腐到北京賣八九元一斤，而此地一小袋青椒可換取好幾斤。既然菜蔬缺乏，茶便是幫助消化和增加維生素的唯一來源了。年輕的嚮導說：「不僅牧民們每天三餐要喝奶茶，我這種'辦公的人'，每天沒有三次奶茶，第二天便覺頭暈無力。」牧民飲奶茶，早、午便是正餐，晚上牛羊歸欄，慢慢地品，才算喝奶茶。而炒米並不經常吃，是備遠行或待客。奶豆腐是奶中精品，大飯店可做「拔絲奶豆腐」，當然也很珍貴。所以，奶茶便成為每日三餐主要食品了。主人盡到了情誼，客人說完所有祝福話，這最後一碗奶茶便可飲盡了。於是，客人施禮相謝，主人出帳送行，這「奶茶敬客」之禮才算完畢。走出帳幕，望著那藍天、白雲、牛羊、茂草，對草原上的「奶茶文化」又有了一層新的認識。

在蒙古草原上，奶茶不僅用於日常生活和待客，與其他民族一樣，在重大節日裡，同樣被放在十分尊貴的意義上。如請喇嘛誦經，事畢要獻哈達，並贈磚茶數片。每年秋季的甘珠爾廟會或盟、旗召開的那達慕大會，都要行奶茶之禮，

第十四章　　邊疆民族茶文化
四、滿族對茶文化的貢獻

會上交易自然更以磚茶為大宗。

西北地方其他少數民族，同樣愛飲奶茶。茶在西北民族中也常用於婚禮，訂婚彩禮，舊時是少不得磚茶的。

值得注意的是，由於西北民族多信佛教，而佛教與茶向有不解之緣，所以奶茶也是敬佛、敬神之物。中原儒家文人以茶自省，獲得現實的精神力量；而西北各族以茶敬神與佛，從彼岸世界尋求未來的解脫。茶對精神世界的意義，為中華各族人民所共同注意，這在世界飲食文化史上也是十分罕見的現象。

四、滿族對茶文化的貢獻

滿族起源於古代肅慎族系統，東漢稱挹婁，魏晉稱勿吉，隋唐稱靺鞨，五代及遼稱女真。此後女真滅遼建金王朝，清代的滿族即女真後裔。女真人飲茶歷史悠久，早在遼金之時便有用茶的習慣。宋人所作《松漠紀聞》曾記載遼末、金初的女真風俗，當時的女真族還大量殘留母系制度遺風，男女相愛可自由相攜而去，然後才回女家拜門，執婦婿之禮，謂之「納彩」。女婿登門之時，女方無論大小皆坐於炕上，任憑女婿來拜，謂之「男下女」。但女方要盛情招待，食品中茶是必備物，另有酒、乳酪與蜜餞等。所以，女真人稱節日食品和待客食品為「茶食」，這說明茶在女真人生活中的地位。

金承遼制，遼代契丹人多效宋人禮制，朝廷禮儀無論節日盛宴、帝后生辰，以及契丹人的原始禮儀拜天、拜日儀式中處處皆見「賜茶」之禮。女真人建金朝，據有淮河以北土地，部分產茶區亦入金境。南宋與金的貿易中茶亦為大宗，金朝的皇帝中也不乏著名茶人，如海陵王便會點茶之術。以此而論，茶在金代不應地位下降，而應上升才對。但在《金史·禮志》中，只有接待外國使節的「曲宴儀」「朝辭儀」等禮儀中才有「茶餅入」「茶罷」「湯酒茶罷」等項，或稱「果茶罷」。

君不可一日無茶
中國茶文化史

其餘禮儀多不見茶。這是否說明金代女真人茶禮減少呢？究其原因，可能有二：一是金代女真人常把茶與糕點、果品、湯藥結合在一起，作為飲宴中的「茶食」出現，故不單列一項。二是金代女真人確實不像契丹牧獵民族那樣非茶不可。居住在森林中的民族較草原民族所需茶要少，維生素有大量果品等補充。所以金代與南宋貿易中開始茶的貿易額很大，而在大臣中確有認為「茶，飲食之餘，非必用之物」而要求禁茶的。泰和六年（1206年）以前，金朝購茶歲費不下百萬，這種巨大的支出迫使金朝下令禁茶，規定七品以上官員方能喝茶。但實際上是禁止不了的，金代北方城鎮茶肆仍處處可見。朝廷接待來使，也不可少了禮數，所以仍行賜茶之儀。

滿族興起以後，北方各民族飲茶已蔚成風尚，茶又重新被女真的後代們所崇尚，加之康乾之後歷代皇帝好茶成癖，滿族飲茶之風亦大盛。滿族對茶文化可以說做出了傑出的貢獻。其貢獻主要有三：

第一，是把清飲系統茶文化與調飲系統茶文化有機結合起來，把奶茶文化上升到與清飲幾乎並駕齊驅的地位。清宮內帝后愛食乳製品，奶茶是重要飲料。康熙帝開始興起的千叟宴上，第一步是「就位進茶」，膳茶房官員向皇帝父子所敬的首先是「紅奶茶各一杯」，皇帝、太子飲畢，向大臣們賜的才是清茶。這證明，滿族皇帝首先承繼的是北方民族大量的奶茶嗜好，把奶茶入朝儀，與清飲並舉，便肯定了調飲茶文化體系的重要地位。滿族「舊俗尚奶茶，每供御用乳牛，及各主位應用乳牛，皆有定數，取乳交尚茶房，又清茶房春秋二季造乳餅」（《養吉齋叢錄》）。乳與茶結合，是草原牧獵民族習俗，滿族早期是森林採集、牧獵結合的民族，部分承襲了西北民族的習慣。而茶與食結合，做「茶餅」「茶藥」，飲茶配以食點，又是女真舊俗。由此看來，清代滿族茶文化來源有三：一是繼承遼金以來西北民族飲奶茶的風尚；二是沿襲女真人茶與果品、點心結合的「茶食」「茶藥」「茶湯」之俗；三是承繼漢族清飲之風。乾隆皇帝宮內日常生活和千叟宴上飲奶茶，但在茶宴、日常吟詩作畫時皆好清茶，又成為儒家茶道的知己。所以，滿族把中原、西北、東北各民族茶俗交融為一體。中國「正統」

第十四章　　邊疆民族茶文化

四、滿族對茶文化的貢獻

茶人多尚儒家清飲而鄙薄調飲、乳茶。但是，調飲系茶文化不僅在中國，在世界上的地位也是不容忽視的。據王郁風先生統計，「清飲系統」在世界上匡計人口在十三億至十五億，年銷量在四十萬噸到四十五萬噸。而「調飲系統」在中國約有一億人口，而在世界各國卻達三十八億至四十億人口，可見，是輕視不得的。滿族把奶茶放進宮廷與朝儀，大大提高了調飲文化地位。至今北京典型大茶館多與飲食結合，便是清飲與調飲糅合交融的產物。而茶中加花香，雖屬清飲系統，但與傳統茶道也是相悖的。如果不屬於偏見，就應該注意調飲系統是巨大需要這一事實。從這一點說，滿族對茶文化是有創造性貢獻的。

第二，清代宮廷愛飲花茶，因而使介於紅、綠茶之間的花茶——半發酵茶得以迅速發展。在傳統茶藝中雖輕視花薰，但民間卻極愛好。半發酵茶對善變的中國茶藝進一步起了推動作用。清代八旗子弟以茶與花結合創出許多名堂，當時雖屬有閒階層無聊之舉，但無疑豐富了中國茶藝的內容。

第三，在茶具上，清宮流行蓋碗茶。這是由於滿族地處北方寒冷地帶，保溫是飲茶的必需。蓋碗茶既保溫，又清潔；散茶沖泡，用蓋撥葉；相對品飲，遮口禮敬，有多種功用，是茶具藝術中一大創舉。

至於滿族民間，家居閒坐，來客敬茶，更是尋常之舉。總之，滿族在各族茶文化的交融薈萃方面起了巨大作用，在茶藝、茶禮方面也有許多重要發展。

君不可一日無茶
中國茶文化史

第四編

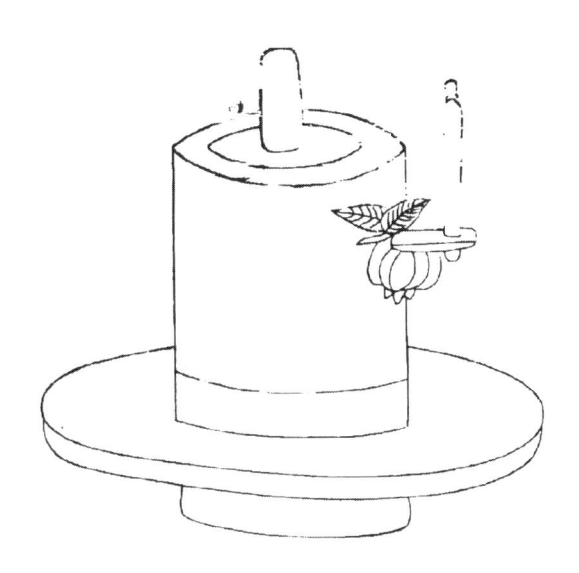

茶與相關文化

第十四章　　邊疆民族茶文化

四、滿族對茶文化的貢獻

　　有人說，酒的性格如火，鮮明、熱情、外向，但稍稍恣縱就易凶狠、暴烈，不夠和平含蓄。而茶的性格如水，清幽、儒雅、雋永。又如高山雲霧，又如七月巧雲，又如清池碧波，可以抱山襄堤，內涵和容量那樣大，你不可能一眼看到底，而總能品出各種滋味，不斷生髮各種新的意境。所以，酒雖然與文化結緣的不少，產生出酒詩、酒令、酒禮，還有不少文人成為酒仙，激發出熱情的詩章，透著熱情、豪放。但文人不會飲酒的還是多數，偶去酒樓、酒肆，但總覺多了些世俗的濃豔。且不說酒樓歌舞多俗媚，即便是楊貴妃醉酒，雖比街頭醉漢的姿態要美，卻總有些矯揉造作的成分。茶卻不然，它特有的幽雅品格，使之常與各種文化結緣，與各種文化人結緣。著名詩人幾乎都有茶詩，著名畫家又有茶畫，著名書法家有茶帖，中國大文人到後來很少有不與茶結緣的。不僅如此，民間藝術家也處處與茶結合，創造了茶歌、茶舞、茶諺、茶會、茶故事。這些與茶相關的藝術，無論是蒼山洱海的茶歌，還是採茶姑娘翩翩起舞，都透著無限的清麗、質樸。如果從廣義上的「文化」而言，茶與其他學科及社會生活跨界更多。為了飲茶，人們創造了各式茶建築。為了財富，人們進行了大規模茶的貿易，由此又產生出茶權、茶法，以及與邊疆民族的「茶馬互市」，成為中原政權控制邊疆民族的一項大政策，從而使茶進入民族關係和政治領域。茶走向世界，又成為進行國際文化交流的重要媒介。茶本身的物質功能和茶藝、茶道等特殊文化現象，使它派生出其他相關文化。它們是中國茶道精神的外延，也是整個中國茶文化體系的組成部分，所以不能不予以充分的注意。沒有這些相關文化的襯托，茶藝、茶道本身不可能發揚光大，也不容易在廣大民眾中得到廣泛傳播。盧仝一首七碗茶詩，引發了儒、道、佛各家的思考；宋人劉松年一幅《鬥茶圖》，使元、明、清幾代畫家效仿；今人的採茶撲蝶舞，使全國多少人嚮往茶區的綠水青山和茶鄉風情；中國歷史上有一條絲綢之路，把中國燦爛的文化傳向世界。而今，由於各種原因，絲綢之路相對不那麼繁盛了，而茶卻繼續走向四大洋、五大洲。茶本身是根、是幹，茶藝、茶道是花、是朵，茶的相關文化則是枝、是葉。這樣，才共同組成中國茶文化這棵繁茂的大樹。

第十五章　茶與詩

一、從酒領詩陣到茶為詩魂
——從漢至唐茶酒地位的變化

在中國，向有茶酒爭功之說，雖經水來調解，欲其同登榜首，平分秋色，不要再打架，但實際上在中國人心中，尤其在文人的心中，茶的地位還是在酒之上。酒能激發情感，愛飲酒的詩人不少，但不飲酒的詩人也很多。而越到後來，詩人與茶結緣的越多，拒茶的詩人便很少了。縱觀茶與酒在詩人中的地位，有一個酒領詩陣，茶酒並坐，到茶占鰲頭的過程。

茶的故鄉雖在中國，但傳到中原和廣泛使用並不早。所以，早期的文人常以酒助興。屈原《九歌·東皇太一》就有「蕙肴蒸兮蘭藉，奠桂酒兮椒漿」的句子。是說要用蕙草包裹祭肉，用桂、椒泡的美酒獻給 天神。到漢代，雖然開始出現飲茶，但與文人為伴的大多還是酒。曹操《短歌行》曰：「對酒當歌，人生幾何？譬如朝露，去日苦多。」是有感人生短暫，勸人及時行樂的。此歌又云：「慨當以慷，憂思難忘。何以解憂，唯有杜康。」這是以酒解憂的名句，從此杜康的故事編出來了，杜康酒至今知名世界。這詩雖然悲壯，但總讓人感到透著不少無奈。所以，酒，有時是恣縱放任，有時又總與愁相伴，很難使人產生平靜安適。曹操的《短歌行》，給人的第一印象是人生無常的苦悶，雖然壯心不已，但多烈士之

第十五章　　　茶與詩

一、從酒領詩陣到茶為詩魂——從漢至唐茶酒地位的變化

悲心。曹丕也有酒詩，他無曹操的雄才大略，追慕漢文帝的無為政治，所以詩的題材傾向閨裡小事，有不少男女戀情和離別的詩。《秋胡行》說「朝與佳人期，日夕殊不來。嘉肴不嘗，旨酒停杯」，可見又是用愁與酒相伴。但快樂起來又多奢侈放縱了：「排金鋪，坐玉堂，風塵不起，天氣清涼。奏桓瑟，舞趙倡。女娥長歌，聲協宮商。感心動耳，盪氣迴腸。酌桂酒，膾鯉魴。與佳人期為樂康。前奉玉卮，為我行觴。」樂雖樂矣，但到最後，仍感「歲月逝，忽若飛」，因而「使我心悲」（《大牆上蒿行》）。曹植才氣很大，但卻因「任性而行，飲酒不節」，竟把當太子的機會都丟了。曹操因此動搖了對他的信任，曹丕又對其多有猜忌，使他一生提心吊膽。曹植從十三歲到二十九歲，生活在鄴城安逸生活中，終日流連詩酒生活。他早期的詩作，幾乎處處是歌舞宴樂。「置酒高堂上，親交從我遊。中廚辦豐膳，烹羊宰肥牛。」（《箜篌引》）行樂要飲酒，受兄皇帝、侄皇帝壓迫還得要酒。有感「日苦短」，「乃置玉樽辦東廚」；有感「廣情故」，又要「闔門置酒，和樂欣欣」。出門異鄉，別易會難，還要「各盡杯觴」。酒，助曹植橫溢之才華，也給他帶來莫大苦難。三曹酒詩有樂，但更多道出一個「苦」字。

兩晉社會多動亂，文人憤世嫉俗，但又無以匡扶，常高談闊論，於是出現清談家。早期清談家如劉伶、阮籍大多為酒徒。酒徒的詩常常是天上地下，玄想聯翩，與現實卻無干礙。雖有神話和綺麗的想像，但酒的渾沉使這些詩人出現反現實主義的趨勢，雖得建安之風骨外形，卻遠無三曹曠世的氣概。

值得注意的是，恰恰在這時，茶加入了文人行列，也從此走上詩壇。晉代左思、劉琨、陶淵明，是對抗反現實主義的「玄言詩」派而產生的優秀作家，而正是由左思寫出了中國第一首以茶為主題的《嬌女詩》。這首詩，寫的是民間小事，寫兩個小女兒吹噓對鼎，烹茶自吃的妙趣。題材雖不重大，卻充滿了生活氣息，不是酒人的癲狂或呻吟，而是從嬌女飲茶中透出對生活的熱愛，透出一派活潑的生機。從整個中國詩壇而言，雖不算什麼名篇巨製，但開了個好頭。茶一開始入詩，就滌去酒的癲狂昏昧。

唐代前期，詩人主要仍以酒助興。李白鬥酒詩百篇，足以說明酒在一定情

君不可一日無茶
中國茶文化史

況下對詩人有好大的功用,但天下詩人都像李白那麼大酒量的怕是不多。而且,從文學家的角度說,李白無疑非常偉大,而從政治家的角度講,李白未免太任性了些。郭沫若先生有意揚李抑杜,說杜甫官癮特別大,實在不大客觀。李白也有茶詩,但很少,常為人稱道者即《玉泉仙人掌》,詩中寫了仙人掌茶滋潤肌骨和清雅無濁的品格,但更多的奧妙尚未發掘。可見李白飲茶還是偶爾為之。杜甫專以茶為題的詩雖少見,但顯然比李白飲茶要多,所以詩中茗飲之句比李白多了不少。

唐代詩人廣與茶結緣還是在陸羽、皎然等飲茶集團出現之後。《茶經》創造了一套完整的茶藝,皎然總結了一套茶道思想,顏真卿組織了文人茶會,皇甫曾、皇甫冉、劉長卿、劉禹錫等把茶藝、茶道精神通過詩歌加以渲染。尤其到盧仝寫下《走筆謝孟諫議寄新茶》詩之後,把茶提神醒腦,激發文思,淨化靈魂,與天地宇宙交融、凝聚萬象的功能描繪得淋漓盡致。從此,文人對茶的認識被提升到一種出神入化的高度。

如果說上述唐代詩人對茶有偏愛,尚不能代表整個中唐詩壇情況,白居易對茶酒的態度可能更有典型意義。

把茶大量移入詩壇,使茶酒在詩壇中並駕齊驅的是白居易。從白詩中,我們恰好看到茶在文人中地位逐漸上升、轉化的過程。

白居易與許多唐代早、中期詩人一樣,原是十分喜歡飲酒的。有人統計,白居易存詩二千八百首,涉及酒的九百首;而以茶為主題的有八首,敘及茶事、茶趣的有五十多首,二者共六十多首。可見,白居易是愛酒不嫌茶。《唐才子傳》說他「茶鐺酒勺不相離」,這正反映了他對茶酒兼好的情況。在白氏詩中,茶酒並不爭高下,而常像姐妹一般出現在一首詩中:「春風小檻三升酒,寒食深爐一碗茶。」(《自題新昌居止》)又說:「舉頭中酒後,引手索茶時。」(《和楊同州寒食坑會》)前者講在不同環境中有時飲酒,有時飲茶;後者是把茶作為解酒之用。白居易為何好茶,有人說因朝廷曾下禁酒令,長安酒貴;有人說因中唐後貢茶興起,白居易多染時尚。這些說法都有道理,但作為一個大詩人,白居易

第十五章　　　茶與詩
一、從酒領詩陣到茶為詩魂——從漢至唐茶酒地位的變化

從茶中體會的還不僅是物質功用，而是有藝術家特別的體味。白居易終生、終日與茶相伴，早飲茶、午飲茶、夜飲茶，酒後索茶，有時睡下還要索茶。他不僅愛飲茶，而且善別茶之好壞，朋友們稱他為「別茶人」。從藝術角度說，白居易發現了茶的哪些妙趣呢？

第一，白居易是以茶激發文思。

盧仝曾說：「三碗搜枯腸，唯有文字五千卷。」這是浪漫主義的誇張。白居易是典型現實主義詩人，對茶與激發詩興的作用他說得更實在：「起嘗一碗茗，行讀一行書」；「夜茶一兩杓，秋吟三數聲」；「或飲茶一盞，或吟詩一章」……這些是說茶助文思，茶助詩興，以茶醒腦的。反過來，吟著詩，飲茶也更有味道。

第二，是以茶加強修養。

白居易生逢亂世，但並不是一味地苦悶和呻吟，而常能既有憂憤，又有理智。這一點飲酒是不能解決的。而飲茶卻能有助於保持一份清醒的頭腦。白居易把自己的詩分為諷喻、閒適、傷感、雜律四類。他的茶詩一是與閒適相伴，二是與傷感為侶。白居易常以茶宣洩沉鬱，正如盧仝所說，以茶可澆開胸中的塊壘。但白居易畢竟是個胸懷報國之心，關懷人民疾苦的偉大詩人，他並不過分感傷於個人得失，在困難時有中國文人自磨自礪，能屈能伸的毅力。茶是清醒頭腦，自我修養，清清醒醒看世界的「清醒朋友」。他在《何處堪避暑》中寫道：「遊罷睡一覺，覺來茶一甌」，「從心到百骸，無一不自由」，「雖被世間笑，終無身外憂」。以茶陶冶性情，於憂憤苦惱中尋求自拔之道，這是他愛茶的又一用意。所以，白居易不僅飲茶，而且親自開闢茶園，親自種茶。他在《草堂紀》中就記載，草堂邊有「飛泉植茗」。在《香爐峰下新置草堂》也記載：「藥圃茶園是產業，野鹿林鶴是交遊。」飲茶、植茶是為回歸自然情趣。

第三，是為以茶交友。

唐代名茶尚不易得，官員、文士常相互以茶為贈品或邀友人飲茶，表示友誼。白居易的妻舅楊慕巢、楊虞卿、楊漢公兄弟均曾從不同地區給白居易寄好茶。白居易得茶後常邀好友共同品飲，也常應友人之約去品茶。從他的詩中可看出，

君不可一日無茶
中國茶文化史

白居易的茶友很多。尤其與李紳交誼甚深，他在自己的草堂中「趁暖泥茶灶」，還說：「應須置兩榻，一榻待公垂。」公垂即指李紳，看來偶然喝一杯還不過癮，二人要對榻而居，長飲幾日。白居易還常赴文人茶宴，如湖州茶山境會亭茶宴，是慶祝貢焙完成的官方茶宴；又如，太湖舟中茶宴，則是文人湖中雅會。從白詩看出，中唐以後，文人以茶敘友情已是尋常之舉。

第四，以茶溝通儒、道、釋，從中尋求哲理。

白居易晚年好與釋道交往，自稱「香山居士」。居士是不出家的佛門信徒，白居易還曾受「八關齋」的戒律儀式。茶在中國歷史上，是溝通儒道佛各家的媒介。儒家以茶修德，道家以茶修心，佛家以茶修性，都是通過茶淨化思想，純潔心靈。從這裡也可以看到唐以後三教合流的趨勢。

我們之所以不厭其煩地介紹白居易飲茶的歷史，是為了證明，到中唐時期，正是從酒居上峰到茶占鰲頭的一個轉捩點。所以，到唐末，茶在文人中便占了絕對優勢。這從敦煌本《茶酒論》完全可以得到證明。在敦煌曾發現許多變文寫本，所謂「變文」，大多是一些以世俗生活為題材的佛教故事，雖然通俗，但不乏哲理。敦煌學家們曾整理出一本《敦煌變文集》，其中就完整地記載了一則茶與酒爭功的故事，即《茶酒論》。其題記載為開寶三年（970 年），即宋初所記。因此，應主要反映唐末和五代對茶酒的社會評價。這個故事流傳很廣，明代馮夢龍《廣笑府》以此為母題改編為《茶酒爭功》；西藏民間也有《茶酒誇功》的故事；貴州布依族人民中也有類似傳說。各代故事情節大體相仿，說是茶與酒各誇自己的功勞，爭得不可開交，最後水出來調解，說沒有我你們都起不了作用。表面看，水調和了雙方，實際上，《茶酒論》的主題仍把茶放在酒之上。《茶酒論》說茶的重要性是：「百草之首，萬木之花，貴之取蕊，重之摘芽，呼之茗草，號之作茶」；「飲之語話，能去昏沉」；「貢五侯宅，奉帝王家，時新獻入，一世榮華，自然尊貴，何用論誇？」所以，稱茶為「紫素天子」，說它是「玉酒瓊漿，仙人杯觴，菊花竹葉，君王交接」。而對酒，則認為「能破家散宅，廣作邪淫」，甚至可以「為酒喪身」。所以，中國人雖然愛酒也愛茶，但在文化輿論上茶的位置

第十五章　　茶與詩

一、從酒領詩陣到茶為詩魂──從漢至唐茶酒地位的變化

總是要比酒高幾分。應當指出，出現這種現象，不僅是由於文人的渲染，而且有著深刻的民族背景。中國人與西方人性格不同，西方人率直，但容易暴烈，好走極端，性格如火、如酒。而中國人含蓄、沉靜、耐力強，務實而不好幻想。尤其是中國的知識份子，常以天下為己任，要求自己有很深的修養和高潔的情操，要經常清清醒醒地看世界，也清清醒醒地看自己，反對狂暴和感情濫泄。而茶的品質很符合中華民族的個性。因此，作為中華兒女傑出的代表──中國文化階層，便對茶更有特殊的感情。從酒魔稱霸，到茶酒分功，最後到茶領文風，是中國民族文化進一步成熟的表現。在當代西方世界不斷傾斜，矛盾百出，世界紛亂不寧的情況下，茶的平和、友好、協調、含蓄、深情，就使人們更想起它的好處。因此，中國文人與茶結緣，實在是一種大智慧。

有人統計，唐以前與茶有關的詩有五百餘首，其中主要是中唐以後文人所寫。唐代，不僅茶詩數量大，而且無論內容和藝術形式都比後代深刻、新穎。宋代茶詩數量雖比唐代更多，但除少數著名詩人（如蘇轍、陸游、范成大、李清照）的茶詩內容有新意外，大多模擬唐人。

唐代著名的茶詩，除本書以上各章及本節介紹的李白、杜甫、皎然、陸羽、皇甫曾、皇甫冉、白居易之外，應當一提的還有元稹。

元稹與白居易同期，合稱元白。元詩形式有巧思，茶詩也不例外。他曾寫過一首寶塔詩，從一字到七字，頗為新奇，題目即《茶》：

茶，香葉，嫩芽。

慕詩客，愛僧家。

碾雕白玉，羅織紅紗。

銚煎黃蕊色，碗轉曲塵花。

夜後邀陪明月，晨前命對朝霞。

洗盡古今人不倦，將知醉後豈堪誇。

此詩格局構思巧妙，而且把茶與詩人、僧人的關係，飲茶的功用及意境，

烹茶、賞茶的過程都寫了進去。雖因受格局限制，不及盧仝茶詩的深刻和氣魄，也算難得的巧詩了。

二、宋人的茶詩、茶詞、茶賦

　　宋人繼承了唐詩的成就，同時又創造了「詞」的詩歌形式。唐詩、宋詞，並稱中國文學史上光輝典範。宋人茶詩較唐代還要多，有人統計可達千首。這是由於宋代朝廷提倡飲茶，貢茶、鬥茶之風大興，朝野上下，茶事更多。同時，宋代又是理學家統治思想界的時期。理學在儒家思想的發展中是一個重要階段，雖有教條、呆滯的趨勢，但強調士人自身的思想修養和內省，對人們自身的理性鍛煉十分重視。中國知識份子大多能自珍自重，重視自身思想品德，這一點，理學是有貢獻的，不能一律抹殺。而要自我修養，茶是再好不過的伴侶。宋代各種社會矛盾加劇，知識份子經常十分苦惱，但他們又總是注意克制感情，磨礪自己，這使許多文人常以茶為伴，以便經常保持清醒。所以，無論真正的文學家，還是一般文人儒者，都把以茶入詩看作高雅之事。不過，從詩的藝術成就說，宋代茶詩並未超過唐代。但由於參加者甚眾，數量又多，其中也有不少值得推崇的佳作。

　　在宋人茶詩、茶詞中，若論藝術成就，當首推大文學家蘇軾、陸游等。

　　蘇軾在文學、書畫方面的成就是眾所周知的。蘇軾自是文章高手，他詠物但並不為物所束縛，不限於工匠式的死板刻畫，而多使物更多地染上人的主觀感情，與人的性格、品德相通。所以，他的茶詩詞也就把茶的品德拔高一等。我們在前面已介紹過蘇軾一些茶詩，蘇軾飲茶，總是與事相關聯。他不僅精通茶事，而且總是從每次飲茶中品味出一些特殊的新意。其《寄周安孺茶》，長達六百字之多，可以說是對茶史、茶道、茶品、茶功，和對他自己飲茶歷史的全面總結。用如此大的篇幅，以五言詩的形式來表達，而使人毫無堆砌、怠倦之感，不是高

第十五章　　茶與詩
二、宋人的茶詩、茶詞、茶賦

手詩人、茶的真正知音是絕難做到的。詩中先寫了從姬周到唐的茶史，繼之講為什麼文人雅士獨愛此道，然後講自己飲茶的歷史和體會：如何屢試小龍團，如何親訪茗園，如何訪名泉、尋高人、學茶道、品茶味，等等。此詩乃東坡晚年之作，所以，更把一生坎坷與茶的意境交融體味。他感慨「如今老且懶，細事百不欲」，「況此夏日長，人間正炎毒」。所謂「炎毒」，既寫自然氣候，也是對世事的嫉惡。如何消解？於是只好烹茶，望著杯中香茗，歎「乳甌十分滿，人世真局促。意爽飄欲仙，頭輕快如沐。昔人固多癖，我癖良可贖。為問劉伯倫，胡然枕糟曲！」可見，東坡是從茗中尋求解脫苦難的良藥和沙漠中的綠洲，作為自我拔脫，爭取達觀的手段。所以，我們應當從宋代社會和理學統治時期文人的特殊心態來理解這首詩。雖然東坡也愛飲酒，常常「明月幾時有，把酒問青天」，但畢竟覺得高天宮闕「不勝寒」，所以仍須清醒地面對現實和人生。因此，他認為從茶中使肉體到精神都得到洗滌、沐浴，保持一顆曠達、清醒的頭腦，比劉伯倫之類終日糊糊塗塗地耽於酒麴之中要好。這道出了中國大多數文士雅好茶茗的思想根源。

偉大的詩人畢竟偉大。東坡不僅深明茶理、茶道，而且憑一個藝術家特有的感覺，對茶道的藝術境界自有特殊感覺。其《汲江煎茶》便寫出了月夜臨江烹茶的獨特妙趣：月夜裡，在江邊升起紅紅的炭火，詩人的心火也在燃燒。但現實的夜幕，使他明白，須用清醒的茗汁澆開心中的鬱結。於是，親自到江中去取水，瓢中盛來的不僅是大江的深情，而且把碧空明月也貯於其中了。茶被烹煮，泛起乳沫，發出響音，詩人的血脈也沸騰了。於是將茶事、人事加以對比：「雪乳已翻煎腳處，松風忽作瀉時聲。枯腸未易禁三碗，坐聽荒城長短更。」從自然與茶茗的反覆變化中，詩人進一步體味到更有長短，雖枯腸難易，但明白事理本是如此，也就多了些自然的曠達平靜。

茶人以茶自省，但並非不關心世間之事，像明代個別人皓首窮茶、玩物喪志的畢竟是少數。宋代詩人范成大的茶詩，便常反映民間生活。范成大的茶詩，多寫茶民、茶鄉，富有生活氣息。如《田園四時雜興》之一云：

蝴蝶雙雙入菜花，日長無客到田家。

雞飛過籬犬吠竇，知有行商來買茶。

短短幾句把人、物、飛蝶、走犬、家雞、短籬、菜花、行商皆入詩中，寫出茶農對豐收後的希望和喜悅。雖是寫景，人情自然流露。

又如，他的《夔州竹枝歌》之一云：

白頭老媼簪紅花，黑頭女娘三髻丫。

背上兒眠上山去，採桑已閒當採茶。

這詩中的採茶隊伍，從老婆婆，到小姑娘，以至背著娃娃的採茶婦，形象如何生動！

「以茶雅志」，是中國茶人最優良的傳統。北宋茶人雖多，但一般耽於盛世安樂，欣賞貢茶的豪華，雖有好茶詩，但寫茶的具體製作、品鬥、飲用為多。南宋偏安，使許多愛國之士憂心如焚，茶詩中反映茶人憂國憂民，自節自勵的多了起來。這方面最典型的代表是偉大愛國詩人陸游。陸游生於亂世，常自強不息，他十分敬慕陸羽的為人，常以「桑苧家」「老桑苧」「竟陵翁」自況。有人說陸游也姓陸，是否與陸羽「五百年前是一家」，我們且不必詳考。但陸游為人十分像陸羽，這是毫無疑問的。陸游曾表明，他是「平生萬事付天公，白首山林不厭窮」。而陸羽同樣是一個不羨高官厚祿，憂國憂家的人。有陸羽《六羨歌》為證：

不羨黃金罍，不羨白玉杯。

不羨朝入省，不羨暮入台。

惟羨西江水，曾向竟陵城下來。

陸游對陸羽這種崇高品格十分仰慕，他在《雪後煎茶》詩中寫道：

雪液清甘漲井泉，自攜茶灶就烹煎。

一毫無復關心事，不枉人間住百年。

但實際上，茶人是不可能毫無牽掛的，所謂「一毫無復關心事」，只是對功名利祿等俗人常事而言。對國家、對百姓、對鄉土，他們時刻難以忘懷。陸游《北窗》詩寫道：

第十五章　　茶與詩

二、宋人的茶詩、茶詞、茶賦

　　簾影差參午漏前，盆山綠潤雨餘天。

　　詩無傑句真衰矣，酒借朱顏卻悵然。

　　海燕理巢知再亂，吳蠶放食過三眠。

　　名泉不負吾兒意，一掬丁坑手自煎。

陸游在貧苦中煎茶自吃，但民間的疾苦、父子的親情卻盡在心中。他吃茶不是為消極避世，而是「幽人作茶供，爽氣生眉宇」，從茶中增加自己的豪爽氣概。他不沉浸在醉生夢死之中，而是清醒地對待貧窮與苦難：「年來不把酒，杯榼委塵土，臥石聽松風，蕭然老桑苎。」（以上皆見《幽居即事》）陸游茶詩大多是晚年隱退紹興家鄉之後的作品，他雖居鄉野，卻時刻懷著一顆憂國憂民的茶人赤子之心。其《啜茶示兒輩》云：

　　圍坐團欒且勿嘩，飯後共舉此甌茶。

　　粗知道義死無憾，已迫耄期生有涯。

　　小圃花光還滿眼，高城漏鼓不停撾。

　　閒人一笑真當勉，小榼何妨向酒家。

蘇軾在江邊飲茶，想著的是荒城的長更短更；陸游以茶教育兒孫，讓他們不要忘記高城漏鼓，要以茶自勉，貧苦中也要笑對人生。在儉約自持中，透出一片為國為民的激烈心懷。

茶是和平的象徵，越是戰亂、艱難時刻，茶人們越想到香茗平靜和諧的好處。這從民族英雄文天祥的茶詩中反映得最為明白。他在《太白樓》詩中寫道：

　　揚子江心第一泉，南金來此鑄文淵。

　　男兒斬卻樓蘭首，閒評茶經拜羽仙。

反對戰亂，企望和平，盼望有茗茶一樣的和諧、寧靜，這不僅是茶人的願望，也是中華兒女的共同願望啊！

中華民族是一個愛好和平的民族，他們不怕強敵，但更嚮往清茶、雲乳、

茗香,崇尚茶仙陸羽的和平精神。

從茶詩詞的藝術成就而言,宋代黃庭堅的詞也應予以介紹。其《滿庭芳》云:

北苑龍團,江南鷹爪,萬里名動京關。碾深羅細,瓊蕊冷生煙。一種風流氣味,如甘露不染塵凡。纖纖捧,冰甕瑩玉,金縷鷓鴣斑。

相如方病酒,銀瓶蟹眼,波怒濤翻,為扶起樽前,醉玉頹山。飲罷風生兩腋,醒魂到明月輪邊,歸來晚,文君未寢,相對小窗前。

這首詞意境新穎,上半片寫茶不同凡響的「風流氣味」;下半片借相如病酒,須以茶醒魂,扶起醉玉頹山,方能歸來與文君小窗相對,觀天邊明月。將茶在文人心目中的優雅韻味襯托得極為巧妙。

文士愛茶是宋代風尚,以茶入詩又是宋代詩人的愛好。不僅以上所舉,像徐鉉、王禹偁、林逋、范仲淹、歐陽修、王安石、梅堯臣、蘇轍等,也都是既愛飲茶,又好寫茶。

三、元明清及當代茶詩

建立元王朝的蒙古人馬上得天下,所以多有人以為元人不知茶。其實,元代不僅因茶藝、茶道世俗化而使茶走向民間,即便文人中也有茶的知音。如漢化了的契丹文學家、政治家耶律楚材,便是既好飲茶,又寫茶詩的。其《西域從王君玉乞茶》詩,共七首,達三百九十餘字,也算茶詩中的長篇巨製了。第一首寫西征途中,茶不易得,思念茶的心情和得茶後的欣喜。第二、三首寫飲茶的精神感受:不僅洗淨心中的「塵塞」,而且精神百倍,「頓令衰叟詩魂爽」,「兩腋清風生坐榻」。第四、五首批評酒人不知茶的好處,笑劉伶終日沉湎酒中不知茶味,歎李賀旗亭解衣賒酒,實際從反面襯托茶功。最後兩首寫飲茶後對文思的激發:「枯腸搜盡數杯茶,千卷胸中到幾車」,「啜罷江南一碗茶,枯腸歷歷走雷

第十五章　　茶與詩

三、元明清及當代茶詩

車」，「筆陣陳兵詩思勇，睡魔卷甲夢魂賒」。詩人是有文才武略的大智之人，所以他的茶詩也不同於一般茶詩。一方面，他一再用天空的萬里雲霞比喻：初嘗茶，清興生，如「煙霞」相繞；再飲茶，看群山如「翠霞」滿眼；繼之心神爽朗，如「流霞」「雲霞」由心而生；笑劉伶昏於酒魔，才更感茶如「碧霞」的清爽。待到詩興大發，萬卷、千車地瀉出，那茶中似又裝滿山水、城池，所以又有「騎鯨踏破赤城霞」「臥看殘陽補斷霞」的雄壯氣勢，寫詩也像陳兵列陣一般了。這裡，詩人不僅描繪了茶的幽雅、飄逸的一面，又寫出了它內在的力量和氣勢，在歷代茶詩中是少見的。一般詩人仿盧仝七碗意境，寫兩腋生風，羽化如仙的不少，而在耶律楚材筆下，茶能使人「清興無涯生八表」，能列詩陣、破赤城、驅趕睡魔也如敗兵卷甲一般。耶律楚材曾隨成吉思汗遠征，在蒙古人東征西討、建功立業的早期，他無論在軍事和政治上都做出重大貢獻。所以，他心中的茶便不同於一般文人明月清風的閒常之舉了。

　　從文人、雅士的專利發展到民間俗飲，是元代茶文化的一大特點。又由於蒙古人歧視儒生，不少文人生活降到底層，與一般百姓有了更多接觸。這兩項背景使詩人不僅以詩表達個人情感，也注意到民間飲茶風尚。如元人李德載曾作小令十首，題曰《贈茶肆》，便反映了城市茶肆俗飲情況。十首之中雖有與前代茶詩雷同之處，但也不乏新意。如開頭一首寫道：「茶煙一縷輕輕揚，攪動蘭膏四座香，烹煎妙手賽維揚。非是謊，下馬請來嘗。」幾句話，把茶肆氣氛、店主的語氣都描繪出來。

　　明代，社會矛盾加深，許多文人不滿當時政治，茶與僧道、隱逸的關係進一步密切。中國茶文化的發展在唐以後與隱逸原則的變化基本同步而行。唐基本有統一社會的保證，或隱逸於朝，或混跡於世，或出家當道士、和尚都無可無不可，只要心中清靜淡泊便可做個隱逸家。所以，陸羽飲茶集團能團結儒道佛為一家，共烹茗飲的優雅快樂，無論小隱、中隱、大隱都無關大局。宋以後的社會條件，則使人們難於久居山林而遠朝市，去清靜地做個大隱、中隱，只好在不脫離實際生活的條件下做個小隱。既然要「鬧中取靜」，就更需要一些說明實現淡泊

君不可一日無茶
中國茶文化史

心境的手段，飲茶便成為隱逸者最好的伴侶。明代雖然有一些皓首窮茶的隱士，但大多數人飲茶是忙中偷閒，既超乎現實一些，又基於現實。因此，明代茶詩反映這方面的內容比較突出。如明人陸容有《送茶僧》，寫他與僧人吃茶的「小隱」：寫他與僧人吃茶的「小隱」：

江南風致說僧家，石上清香竹裡茶。

法藏名僧知更好，香茶煙暈滿袈裟。

而如文徵明、唐寅等，欲扶世而不能，不得不隱，可算個「中隱」。中隱需要以茶澆開心中的煩惱，洗去太多的牢騷，所以也愛飲茶。文、唐等常以茶聚會，畫了不少茶畫，也寫有茶詩。特別是文徵明，常在茶畫上以詩點明意境。文徵明在其《品茶圖》中題詩曰：

碧山深處絕纖埃，面面軒窗對水開。

穀雨乍過茶事好，鼎湯初沸有朋來。

朝市間不得清靜，暫於山中以茶事討些自在。

明人飲茶強調茶中凝萬象，從茶中體味大自然的好處，體會人與宇宙萬物的交融。明代著名茶人陳繼儒有《試茶》四言古詩說明這一點：

綺陰攢蓋，靈草試奇。

竹爐幽討，松火怒飛。

水交以淡，茗戰而肥。

綠香滿路，永日忘歸。

詩人在烹茶中體會到的是茶與松火、清風、泉水的相互交融與戰鬥。

清代朝廷茶事很多，乾隆皇帝舉行的大型茶宴，每會皆有大量茶詩，但大多數都是歌功頌德的俗品。倒是一些真正的文化人，才能寫出飽含感情的好茶詩。如卓爾堪，有《大明寺泉烹武夷茶澆詩人雪帆墓》云：

茶試武夷代酒傾，知君病渴死蕪城。

第十五章　　茶與詩

三、元明清及當代茶詩

不將白骨埋禪智，為寫清泉傍大明。

寒食過來春可恨，桃花落去路初晴。

松聲碧眼消閒事，今日能申地下情。

全詩充滿悲涼哀痛的氣氛，是一篇以茶為祭的典型詩章，猶如一篇祭文，但又把茶的個性、詩人與茶的關係寫得十分巧妙。

也有歡快的茶詩，如鄭板橋的《竹枝詞》，以民歌形式寫茶中蘊涵的愛情：

溢江江口是奴家，郎若閒時來吃茶。

黃土築牆茅蓋屋，門前一樹紫荊花。

詩中好像呈現出一幅真實的圖畫：茅屋、江水、土牆、紫荊，一個美麗的少女依門相望，頻頻叮嚀，用「請吃茶」來表達心中的戀情，一片美好、純真的心意。

當代也不乏茶詩佳作。而且，由於時代發生了天翻地覆的變化，茶詩的內容和思想也大不同於歷代偏於清冷、閒適的氣氛。新時代的茶詩，更突出了茶豪放、熱烈的一面，突出了積極參與、和諧萬眾的優良茶文化傳統。趙樸初先生有《詠天華谷尖》七言絕句曰：

深情細味故鄉茶，莫道雲跡不憶家。

品遍錫蘭和宇治，清芬獨賞我天華。

天華谷尖乃安徽太湖縣新創名茶，錫蘭即今斯里蘭卡，宇治為日本地名，均產茶。詩人透過短短二十八個字，表達了對故鄉真摯的愛。

還有胡浩川的《新茶歌》，專贊「祁紅」茶的好處，文字很優美。又有周祥鈞所作《龍井茶、虎跑水》，如行雲流水，實在是好詩。今全詩錄於下：

龍井茶，虎跑水，綠茶清泉有多美，有多美！山下泉邊引春色，湖光山色映滿懷，映滿懷。五洲朋友哎！請喝一杯茶哎！香茶為你洗風塵，勝似酒漿沁心脾。我願西湖好春光哎！長留你心內，凱歌四海飛。

君不可一日無茶
中國茶文化史

　　龍井茶，虎跑水，綠茶清泉有多美，有多美！茶好水好情更好， 深情明誼斟滿杯，斟滿杯。五洲朋友哎！請喝一杯茶哎！手把手，肩並肩，互相支持向前進。一杯香茶傳友誼哎！凱歌四海飛，凱歌四海飛。

　　此詩不僅文字優美，主要在於突出了「以茶交友」的主題，突出了中華兒女與人為善、重友誼、愛和平的精神。而當今之華夏已非自耕自食的古代社會，它正邁開現代化的步伐，立於世界民族之林。因此，以茶交友也有了最深刻、廣泛的意義，茶，正以它特有的品格把四大洋、五大洲連在一起。

第十六章　　茶畫、茶書法

一、歷代茶畫代表作

第十六章 茶畫、茶書法

　　一種簡單的飲料，能夠引發出無限美妙的藝術構思，這種奇妙的現象，大概只有在文化積澱特別深厚的中國才可能出現。由於茶所生長的天然美麗的環境，即青山翠谷，雲海仙境，以及它本身高潔、優雅的品格，不僅激發著無數詩人的文思，而且與許多畫家、書法家也結下不解之緣。他們以飽含感情的筆墨，畫出了許多種茶、製茶、飲茶、鬥茶、賣茶、茶樓、茶坊、茶市等美好的圖畫。這些畫不僅勾畫了與茶有關的各種場景，更重要的是，藝術家們通過自己特有的思維方式和視角，透過茶畫反映出許多高深的哲理。而書法家，則通過一支巧妙的筆，把自己的感情、韻致、思想貫穿到茶的書法之中。所以，茶畫、茶書法並非是我們人為地勉強從書畫中挑出一些與茶有關的作品，而是在歷史的自然發展中出現的茶文化的近親與分支。茶人、詩人、書畫家經常是合流而一、相互滲透的。真正的高深茶人很少不懂藝術的，茶與詩詞歌賦、琴棋書畫結緣是很自然的現象。這樣，就更加豐富了茶文化的內容。

一、歷代茶畫代表作

　　在我們介紹茶畫的藝術特點和深刻哲理之前，首先需要對中國歷代茶畫發展、變化的情況及其大體輪廓有一個基本瞭解。

　　中國茶文化正式形成是在盛唐時期，中國茶畫的出現也大約從這時開始。不過，當時的茶畫，只不過是與其他飲宴、娛樂圖畫一樣，雖反映飲茶內容，但

君不可一日無茶
中國茶文化史

並未形成表現茶特殊本質的藝術作品。陸羽作《茶經》，已經設計了茶圖，但從其內容看，還是表現烹製過程，以便使人對茶有更多瞭解，從某種意義上，類似當今新食品的宣傳畫。但陸羽飲茶集團中有許多詩人、書法家，他們在經常舉行的茶會中，作了許多意境美妙的詩詞。這便激發了後人的聯想，使後來的書畫家產生更為深刻的藝術構思。唐人閻立本所作《蕭翼賺蘭亭圖》，是世界最早的茶畫。畫中描繪了儒士與僧人共品香茗的場面。一側兩僧一儒，一邊談佛論經，一邊等待香茶煮好。另一側一老一少兩個僕人，正在認真地煮茶調茗。老者手執茶鐺置於風爐之上，正在精心調製。童子捧碗以待，等茶湯烹好，以敬獻主人。整個畫面表情逼真，刻畫細膩，反映了一般下層儒士、僧人比較簡樸的飲茶方式。這張畫開了一個很好的先例，就是茶畫不僅要反映烹飲本身的物質生活內容，同時主要是表達某種思想。儒、佛兩家以茶論道，這本身便有深刻寓意。所以，烹製放在次位元，論茶才是主題。

張萱所繪《明皇合樂圖》是一幅宮廷帝王飲茶的圖畫。畫中唐明皇安臥御榻，二侍從於榻側，又有二宮女，一人捧茶食、茶具，像是唐明皇剛吃罷茶，令其收具欲去。因茶盤中有水珠，故有人認為，此畫反映的是唐代早期用散茶沖泡的所謂「淹茶法」。這當然是茶葉學家注意的問題。而從文化學角度，我們更注重畫題所表現的「和樂」二字。所以，畫家想表達的，還是茶給人帶來的安詳和樂。唐代佚名作品《宮樂圖》，是描繪宮廷婦女集體飲茶的大場面。宮室中設豪華的長案，案上有茶、有酒，宮人各自手執器樂，案上有大器皿盛著茶湯，又有長勺作分茶之用。宮人皆寬額廣頤，美服高髻。坐的是精美的繡座，這個捧碗品飲，那位彈著琵琶或吹著簫管或演奏其他古樂器。宮女侍立，貓兒在案下伏臥。從茶藝角度，看出當時茶酒並行不悖的局面，而從思想內容，則主要反映茶在當時與娛樂相結合的場景。唐代茶畫，據文獻記載還有周昉所作《烹茶圖》及《烹茶仕女圖》，可惜皆佚失難見。

第十六章　　茶畫、茶書法

一、歷代茶畫代表作

唐閻立本《蕭翼賺蘭亭圖》（局部）

總體來看，唐代是茶畫的開拓時期，對烹茶、飲茶具體細節與場面描繪比較具體、細膩，不過所反映的精神內涵尚不夠深刻。但它畢竟開辟了茶文化的一個新領域，通過可視的藝術手段，不僅使人們認識茶的功用，而且開始注意其精神感受。

五代至宋，茶畫內容十分豐富。有反映宮廷、士大夫大型茶宴的，有描繪士人書齋飲茶的，有表現民間鬥茶、飲茶的。這些茶畫的作者，大多是名家大手筆，所以在藝術手法上也更提高了一步，不乏茶畫中的上乘珍品。僅可見可考的便有十餘幅。

五代顧閎中《韓熙載夜宴圖》，是一幅大型茶宴圖，人物眾多，形象生動。圖中邊飲宴邊有女子歌舞，有二侍女捧盤，盤中器物十分類似《明皇合樂圖》，所以有人認為仍是表達茶酒並行的宴會。

君不可一日無茶
中國茶文化史

　　北宋徽宗趙佶，雖然不會治國，卻是個難得的藝術家，於琴棋書畫無所不通，尤其愛好茶藝。其所作《文會圖》是公認的描繪茶宴的圖畫。整個畫面似在一貴族園林中，以池水、山石、花柳為背景，園中場地上置大方案，案周有十來個文人，案上置果品、茶食、香茗。左下角有幾位僕人正在烹茶，都籃、茶具、茶爐清晰可辨，說明這確實是一個大型茶會。茶案之後，花樹之間又設一桌，上有香爐與琴，證明文人飲茶活動已走向雅化，並不排除琴韻、花香。

　　若從藝術成就而言，當然還要首推南宋劉松年的茶畫作品。其流傳於世的有：《攆茶圖》（具體描繪宋代茶藝）、《茗園賭市圖》和《盧仝烹茶圖》。尤其是後兩幅，不僅含意深刻，而且藝術成就很高，成為後代仿效的「樣板」。

　　《茗園賭市圖》，是描繪民間鬥茶情景的。畫中有老人、壯年男子、婦女、兒童，一個個皆形象逼真，表情生動，茶鄉鬥茶情景活脫脫躍然紙上。這幅畫反映當時江茶飲茶方法，是民間的「鬥茶會」。右側有婦人攜小兒提籃賣茶，中有擔挑子賣茶的小販，左側是中心主題：鬥茶的賭徒。挑擔老人籃上明貼標籤「上等江茶」，擔上茶器俱全。

宋刘松年《撵茶图》（局部）

宋劉松年《盧仝烹茶圖》

宋 劉松年 《茗園賭市圖》

老人、婦女、兒童都把視線集中於右側的幾個鬥茶人,更突出了一個「鬥」字。賭茶者各備器具,以自己的茶與他人較量,充滿了對勝負的關切。此畫反映宋代民間鬥茶情形,生動、細膩而又真實,既是一幅藝術傑作,又是考察品茗歷史的珍貴參考資料。

劉松年的另一幅茶畫佳作《盧仝烹茶圖》,是對唐代詩人盧仝的飲茶詩加以形象化而繪製。畫中描繪的是幾個文人於野外與山石、竹叢相伴,月下品茶的情景,重點表現茶人們內心的感受與快樂。這幅畫是茶藝向自然接近的寫照,所以很值得重視。

從劉松年的幾幅茶畫佳作中,可以看到,南宋時期茶文化已影響及各個層面,社會功能進一步擴大。

宋代還有一些反映文人書齋飲茶生活的圖畫。如佚名者所作《人物圖》,文人端坐書齋,琴、書、畫卷置於案上,正中置插花,右側有茶爐,炭火正紅,香茶已沸,小童操作,一派閒適優雅景象。

宋人蘇漢臣繪有《長春百子圖》,畫的是許多小兒調琴、練習書法、遊戲,又同時品茶的情景,頗有生活氣息,又寓童子友愛之意。

總之,宋代是茶畫的奠基時代,其成就是巨大的。

元明茶藝,一是哲學思想加深,主張契合自然,與山水、天地、宇宙交融,二是民間俗飲發展起來,茶人友愛、和諧的思想深深影響各階層民眾,所以,元明茶畫最有成就的也是反映這兩方面的內容。比較起來,元明畫家更注重茶畫的思想內涵,而對茶藝的具體技巧,不多追求。這也符合中國茶文化發展的總體軌跡。元明以後,中國封建文化可以說到了爛熟的階段,各種社會和思想矛盾也更加深刻,所以這一時期的茶畫也向更深邃的方向發展。

元代著名畫家趙孟頫曾仿宋人劉松年《茗園賭市圖》作《鬥茶圖》,更突出了「鬥茶」的情節,刪去其他人物,把原畫中四個中心人物的心態描繪得更為細膩。而趙原所畫《陸羽烹茶圖》則突破了唐宋以書齋、庭園、宮室為主的局限,把茶人搬到山川曠野中去,體現茶人的廣闊胸懷。還有元代佚名《同胞一氣圖》,

第十六章　　茶畫、茶書法

一、歷代茶畫代表作

描繪兒童吃茶烤包子的情景，不僅形象可愛，而且寓意深長。

明代朱元璋第十七子朱權發展了中國茶藝，是自然派茶人的主要代表。政治上的失意和複雜的矛盾鬥爭，使他走向隱逸者的道路而專心創自然派茶道。從此，許多失意文人流連此道。其中，有詩人也有畫家。如嘉靖年間的「吳中四才子」，便常以茶為友。文徵明和唐寅（伯虎）都有很高水準的茶畫。文徵明有《陸羽烹茶圖》《品茶圖》《惠山茶會記》，都是在高山叢林之間，突出一個「隱」字。而唐寅的《琴士圖》和兩幅《品茶圖》則畫面開朗、壯闊，更多變幻飄逸的一面，都是茶畫史上難得的珍品。

元趙孟頫《鬥茶圖》

明代還有不少文人作茶事畫，或書齋品茗，或洞房對酌。雖反映一定的社會生活狀況和茶在一般文人中廣泛使用的情形，但與唐寅、文徵明等高手相比，無論思想內容或藝術成就皆不足為道了。不過在明人文集和小說中的許多插圖，所反映的茶文化內容卻十分生動。有庭院品茶圖，有仕女閨中品茶圖，有柳堤碧荷舟中品茶等，把茶文化內容和社會層面反映得相當廣闊。如《金瓶梅》中有《掃雪烹茶圖》，無論人物與場景都相當生動。

清代茶畫也不少。這時，沖泡方法已十分流行，所以，重杯壺與場景，而不多描繪烹調細節，常以茶畫反映社會生活。特別是康乾鼎盛時期的茶畫，以和諧、歡快為主要內容。如乾隆朝丁觀鵬《太平春市圖》，表現幾個文士臨松傍梅

品茶的情景,天地廣闊,景色綺麗,人物心平氣和,綠草如茵,香茗美具,還有賣茶食的老人挑擔路過。又如清代冷枚等合作的院本《清明上河圖》,反映泛舟飲茶的情景。清代民間俗飲十分盛行,這在民間畫工的作品中也有體現。如楊柳青版畫中,就有反映仕女邊玩葉子戲(小紙牌)邊品茶的作品。至於仿宋代劉松年的《鬥茶圖》和玉川先生(盧仝)品茶的畫譜也一再出現。

民國時期,市民茶文化大興,反映茶館、茶肆的作品也因而出現。至於畫譜、小說插圖中的茶畫,更屢見不鮮。

總之,自唐代以來,茶,已成為畫家筆下的重要題材,值得注意的作品很多。由於茶的特殊品格,它成為畫家表達自己思想感情的重要手段。而這些茶畫又反過來鼓舞著茶文化本身,把茶藝、茶道精神通過可視形象加以體現,使人們更加深了對其底蘊的理解。

二、中國茶畫中蘊涵的哲理

我之所以特別注重茶畫,與有些茶學家有很大不同。茶葉學和茶藝學家研究茶畫,重在從畫中取得歷代飲茶方法的實證資料,而我重視茶畫,是因為好的茶畫常可給人以深刻的思想啟迪,使人更容易接近茶文化的精神本質。由於畫家特殊的藝術處理,它所隱喻的思想更能使人體會「盡在不言中」的特殊茶境界。

中國人的想像力是十分豐富的,衣食住行無處不包含寓意和想像。西方人把麵包夾餡做成三明治,且不論是否好吃,單說思想寓意,那是根本談不到的。而中國人卻可以把月餅象徵明月,象徵團圓。饅頭可以做成桃形、佛手形,可象徵長壽,可象徵福祿。按理說,飲料無非色彩可變,求象徵意義不容易,而中國人卻偏以畫給各種飲料加進豐富思想。比如,有人曾一再以「嘗醋」為題,作《四子嘗醋圖》和《三酸圖》。前者畫的是儒、道、墨、釋四家的代表,圍著一缸醋,

第十六章　　茶畫、茶書法

二、中國茶畫中蘊涵的哲理

儒家講究實際，說它是「酸的」；道家從相反相成和事物本原看問題，這醋或為穀物所製，或為紅棗所造，因而說是「甜的」；佛家把一切現實都看作苦惱，對現實的一切毫無希望，所以覺得醋是「苦的」——人來到世上便是受苦；墨家究竟如何評價不得而知。四子出現在一缸醋面前，每個人的語言並無如今之漫畫標明，但你可從其神態著意體會，或許於酸甜苦辣之外還能體會出些其他思想。至於標明《三酸圖》者，出於同一題材，並有文人「窮酸」的自嘲。一缸醋竟引人生髮出對中國幾大思想流派的思考，何況茶這種更為飄逸、美好、含蓄的飲料，自然會成為畫家筆下更具體、生動的題材。

因此，我們在這裡談論茶畫與茶葉學家和茶藝研究者的目的不同。我們所要研究的是茶畫中所表現的人，而不是物；是人的思想感情，而不是人的外在體態；是茶畫中蘊涵的哲理，而不單是自然之美。從這一點出發，我以為，真正藝術價值很高的茶畫，還是南宋時期開始出現。在這裡，當然要首推劉松年的《茗園賭市圖》。關於這幅畫，不少茶人從茶藝角度進行了詳細研究，從江茶流行情況，到烹茶器具和方法都論證甚詳。但我覺得，許多研究者恰恰忽略了茶畫作為藝術作品所產生的主要作用，即對人的描繪和給觀賞者帶來的精神鼓舞與巨大感染力。

《茗園賭市圖》是首次反映民間俗飲情況的茶畫。畫中無論老人、婦女、兒童和挑夫、販夫，都是下層勞動者。但恰恰是在這裡，蘊藏著中國茶文化的最積極的精神，即飲茶，並不像一些舊文人那樣把它看作避世消閒的手段，而是為了和樂與奮進。《茗園賭市圖》的「賭」字與一般的賭大不相同，賭茶，是表現造茶人對自己勞動成果的自信，賭中是要相互觀摩，相互學習。宋人錢選仿劉氏之作，把這「賭」中的奧秘揭示得更清楚。錢氏更突出了「賭茶人」，個個透著友好、微笑乃至豪爽之氣。所以，賭茶當然不像錢場賭徒個個是烏眼雞，恨不得把對方都吞下肚去。也不像酒徒賭酒，瞪著醉眼把世界都看得模糊了。在畫家的筆下，我們感到茶給人的是清醒、愉悅，有勝負的較量，有優劣競爭，有進取心，但並不是你打死我，我戳傷你。而是在鬥茶中、飲茶中相互鼓舞著。我想，

君不可一日無茶
中國茶文化史

這正是儒家以茶遊藝，寓教於樂的思想體現，也說明中國人之所以重茶德而稍抑酒興，正是熱愛平和、友好、清醒，而不喜歡過於任性和狂躁。一幅茶畫，能把茶文化的主旨和一個民族的好尚集於其中，這實在是難得的。而能突破文人茶文化的局限，從平頭百姓中尋找這一主題的體現方法則更難能可貴。

談到表現道家隱逸思想的茶畫，我以為，元明是一個最值得重視的時期。其代表除文徵明、唐寅之外，元代的趙原《陸羽烹茶圖》也很值得一提。自宋以來，以陸羽、盧仝品茶為題的畫就一再出現。雖然也抓住了陸羽強調飲茶與自然契合的基本主題，但表現手法不夠開闊宏大。趙原的《陸羽烹茶圖》，首次把茶事放到一個雲水無際、群峰疊起的闊大自然環境之中，陸羽與童子在草堂中煎茶自吃，茶人與山水宇宙融為一氣。

明代文徵明與唐寅的茶畫可以說是雙絕，各有千秋。文徵明的作品，如《陸羽烹茶圖》《品茶圖》《惠山茶會記》等，與唐寅相比，明顯出現場面宏大與狹小的反差。文氏作品反映了與世俗隔絕，希望謀求一點寧靜的心理，總使人想到「不得已」「無奈何」的滋味，恰恰表現出明代複雜的社會矛盾和文人想以茶避世的複雜心態。同樣是在山中，文徵明筆下的山峰似幾座屏風，而唐寅的山中景色則又進一步，好像真進入一個「桃源世界」，與塵世離得更遠，因而也可更自由些。同樣畫樹，文徵明的畫中，一棵棵老樹緊密「縈」在茶棚周圍，好像是為茶人畫下的「界樁」（見《惠山茶會記》），說明茶人想避世，因為社會給茶人留的自由天地太小太小。單以個人好惡說，我實在不大喜歡文徵明這些畫，但反覆揣摩，又覺得這種畫法似又更接近當時的社會實際。

唐寅是個風流才子，對人間道路與事理看得更開更透。正如他在個人生活中所表現的，充滿浪漫情調與豪放不羈，但並非放蕩不羈。他的茶畫意境實在太美。如《琴士圖》，畫的是一位儒士在深山曠野中彈琴品茗的情形。畫中，把行雲流水，松籟飛瀑，琴韻爐風，茶湯的煮沸聲與茶人的心聲都交融為一體，使人感到不僅可觀自然之「動態」，而且可「聽」到自然的呼吸之聲。這樣，整個畫，既包括人，也包括物，統統都畫活了。然而，無論是琴士本身或兩僮僕，在安詳

第十六章　　茶畫、茶書法
二、中國茶畫中蘊涵的哲理

中又透著十分的嚴肅。這恰恰說明，不少隱士表面避世，實際並未放棄自己的責任感，並非全是消極。而是從茶與自然交融契合中認真地撫琴，也在認真地思考。唐寅的另一幅畫《品茶圖》除去了層巒疊嶂，而進入煙波浩渺、無邊無際的水域之中。那水中的小島，又成為隱士們暫時與塵世相隔的一處休養生息的駐足之地。但小島並未真的完全與世隔絕，一隻小船正向小島劃來，又有一位朋友從塵世帶來各種消息。表面隱於蒼茫自然之中，實際又有活水舟船溝通著社會。可見，茶人的避世未必就是消極。人們常注意到自然派茶人講「枯石凝萬象」，但很少注意另一面——「石中見生機」。唐寅的茶畫好像描繪「世外桃源」「水中蓬萊」，而給人帶來的總是一種自然的生機和美好的希冀。他的另一幅茶畫《品茶圖》把這一點表現得更為鮮明。這幅畫同樣是畫在山中品茶，但那山不僅層層疊疊，而且茶樹滿山，春意濃重。唐寅又自題詩云：「買得青山只種茶，峰前峰後摘春芽。烹煎已得前人法，蟹眼松風娛自嘉。」畫家兼詩人的唐伯虎正是以此表現對春芽的希望與潔身自好的嚴肅態度。所以，文徵明與唐寅的茶畫絕不是只提供烹茶方法與技藝的歷史資料，而更注重從畫中體現茶人的精神境界。從這一點說，元明之時的茶畫實在是深刻的思想表現。此後由明至清，雖也有些較好的茶畫，但論精神意境則遠無法與文、唐相比擬。倒是清代出現的一些畫譜小品，該予以注意。這些小品以相當簡練的筆法表現茶與茶人的品格，一盆花、一塊石、一把茶壺，省去了山水人物，表達人與茶、與花、與石的關係，說明彼此參合滲透的道理。或在高幾之上插一枝梅表現茶人的雅潔與不畏嚴寒；或添一松樹盆景表示茶人長壽與生機。總之，更為洗練地表現茶人精神，場面雖小到不能再小，茶文化的內容甚至僅濃縮到一隻壺、幾棵草，但寓意卻仍然深刻。這正是利用中國寫意畫的特殊表現手法而達到的效果。

三、茶書法

　　把文字的書寫藝術化，從而形成書法藝術，這大概也只有在文化沉積特別深厚的中華土壤上才可能得以發明。而亞洲其他國家的書法藝術實際上都是從中國學習去的。至於西方文字，現代雖有美術化的做法，但嚴格講還談不到書法藝術。書法不僅是一種技術，而且包含著精、氣、神。許多書法家都有這樣的感受：好的書法作品不僅是長期進行思想修養所練出的一種功力，而且與書寫之時的精神狀況有極大關係。還有人認為，書法或者與氣功有關，在一定心態和體態中，心中充滿藝術的力量，才能有好作品出現。所以，書法家十分重視創作環境與心態。而茶，不僅能使人頭腦清醒，而且大有縱橫天地宇宙的感覺。所以，許多書法家愛飲茶。這也許正是茶與書法有著特殊姻親關係的原因。於是，專門以茶詩、茶字為題材的茶書法便成為書畫界一種特殊的好尚。許多大書法家有「茶帖」，或者以書法寫茶詩，作為表現自己藝術思想的手段。

　　茶與書法結緣是很早的。早在陸羽創造中國茶文化學的初步體系，編著《茶經》之時，書法家就積極參與到茶文化活動中來。陸羽的忘年之交顏真卿，是眾所周知的顏體書法創始人，在許多人的心中，一般只知顏真卿為大書法家，其所歷官階、政治上的功績反而不為人所知。顏真卿在湖州與陸羽、皎然等結交，這一儒、一僧、一隱，曾在多方面相互配合，在茶與書法的結合上也是首開先河者。著名的「三癸亭」，便是一個例證。三癸亭因在癸年、癸月、癸日建成而得名。「三」字在道家思想裡寓「三生萬」之意，陸羽、皎然、顏真卿三人又合「三」之數。據考，此亭乃陸羽設計，皎然作詩留念，顏真卿以書法刻碑記其事，又為「三絕」。所以，從唐代起，茶書法便正式成為茶文化的重要內容。

　　宋代，徽宗皇帝好茶、好詩、好書法，他不僅著有《大觀茶論》，而且當然要以書法家特有的藝術氣質來寫茶文章，畫茶畫，或在茶畫中題詩。徽宗書法被稱為「瘦金體」。從趙佶所繪《文會圖》中，我們可以看到他和大臣們的題詩和書法。其《文會圖》，便是一幅集畫、詩、書法、茶宴為一體的極好藝術佳作。

第十六章　　茶畫、茶書法

三、茶書法

有人懷疑徽宗趙佶是否真能寫《大觀茶論》，因為在這篇論著中，所描繪的「太平景象」與其所處的歷史環境不符。其實，這是大可不必懷疑的，趙佶在藝術上確有才華，而在政治上確實昏庸。正因為是昏君，所以才玩物喪志，所以才在危機四伏行將亡國時仍有心於茶藝；而面對亡國之患卻不知憂患，才是真正的昏君。昏君未必不能當個藝術家，管理國家無能不見得一無所長，趙佶仍然是名副其實的茶人兼書畫家。

明代唐寅、文徵明等也是兼通茶藝、詩文、書畫的。還應當值得特別一提的是清代被稱為「揚州八怪」之一的鄭板橋。鄭板橋名鄭燮，字克柔，號理庵，又號板橋，江蘇興化人，是著名的書法家、畫家兼詩人，時人稱之「三絕」。其尤善畫蘭花、墨竹、怪石，筆法秀麗而又不乏蒼勁。其詩文既講求現實主義，而又多豪放慷慨。其書法則將隸、楷、行、草相糅為一體，自號「六分半書」。板橋先生也是一位嗜茶者，有《家兗州太守贈茶》詩云：「頭綱八餅建溪茶，萬里山東道路賒。此是蔡丁天上貢，何期賜與野人家？」可見板橋十分熟悉茶史，又是一位集茶與詩、畫為一體的藝術家。

由於茶與書法的特殊關係，許多大書法家均有特意書寫「茶帖」供人鑒賞，也有人集書法家所書之「茶」字，單獨成帖作比較研究。比如，有人曾集《玄秘塔》《說文》和顏真卿、米芾、徐渭、蘇過、董其昌、張瑞圖、王庭筠、吳昌碩、趙孟頫、鄭板橋等著名書法家作品中的十二個「茶」與「茗」字為一紙，合真、草、隸、篆、行為一爐，但一點也不使人感到生硬。

現代書法家也有不少人十分愛好茶書法，如郭沫若、趙樸初、啟功等，都有茶詩和茶書法。茶事活動中同時舉行茶詩、茶畫、茶書法的筆會，更是常有之事。發展到今天，典型的茶文化會議上，若無詩畫與書法助興，人們反而覺得像缺少了點什麼。可見，茶與各種藝術結緣，定有內在的因果關係。

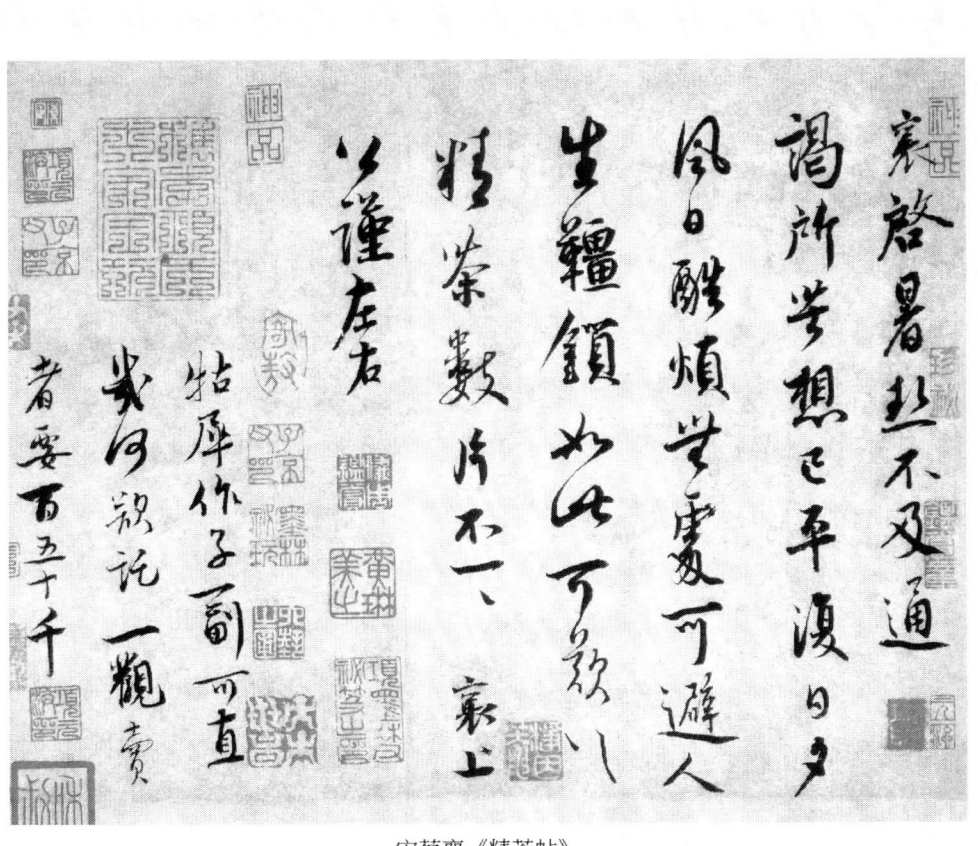

宋蔡襄《精茶帖》

题文会图
儒林华国古今同
吟咏飞毫醒醉中
多士作新知人毅
画图犹喜见文雄

明时不与有唐同
八表人归大道中
丁巳岁年十八士
经纶谁是出群雄

臣京谨依
韵和进

宋赵佶《文会图》

第十七章 茶的謠諺、傳說與茶歌、茶舞、茶戲

每個民族都有自己的民間藝術，從某種意義上說民間藝術是上層文化產生的母本和搖籃。茶文化同樣如此。在長期的種茶、採茶、製茶活動中，廣大茶農用自己的心血澆灌了茶，同時也播下民間藝術的種子，從而產生了茶謠、茶諺、茶歌、茶舞以及茶的故事與傳說。比較起來，上層文化與茶結合側重於品飲活動，所以大部分茶詩、茶畫是描繪文人與僧道品茶情形。而民間茶文化則著重於茶的生產。文人多寫個人飲茶的感受，民間則重點表現飲茶、製茶、種茶，是為以茶交友、普惠人間的思想。表面看民間藝術沒有文人詩賦的深奧，但實際上卻反映我們民族更深沉、更優秀的品德，有許多感人肺腑和啟迪智慧的優秀作品。

一、茶的故事與傳說

在中國各地，有許多關於茶的民間故事與傳說。這些故事有的是講名茶的來歷，一方面給這些茶加上許多美好的傳奇色彩，從而更引人注目；另一方面也借此來宣傳自己家鄉的美麗富饒。中國地大物博，各種物質資源非常豐富，但是，卻很少像茶和酒那樣，不僅為人們所喜愛，而且被編成各種故事來頌揚它們。同樣是植物，有的也有傳說，比如百花有花神的故事，穀物也有故事，採桑養蠶有蠶娘娘的傳說，有秋胡與其妻在桑園相會的故事等。但很少有一種植物能像茶，不僅各種名茶都有一段傳奇，而且還通過故事歌頌名山名水，使這些故事帶上更飄逸的浪漫主義色彩，從而引發起人們對名茶更多的嚮往、傾慕。看來，茶農們

第十七章　　茶的謠諺、傳說與茶歌、茶舞、茶戲

一、茶的故事與傳說

很會用故事為自己的好茶來做廣告。所以，在茶的傳說中，占最大比例的是關於名茶的來歷，每種名茶似乎都有一段美妙的歷史。

　　比如黃山毛峰的傳說，就十分耐人尋味。故事說，明天啟年間有一位為政清廉而又儒雅的縣令熊開元，因攜書童春遊，來到黃山雲谷寺。寺中長老獻上一種芽如白毫、底托黃葉的好茶，以黃山泉煮水沖泡，不僅茶的色、香、味無與倫比，而且在茶變化升騰過程中，空中會出現「白蓮」奇景。長老說乃是當年神農嘗百草中毒，茗茶仙子和黃山山神以茶解救，神農氏為感謝他們留下的一個蓮花神座，服這種茶當然會身體康健、延年益壽的。後來此茶被官迷心竅的另一個縣令偷偷帶到皇帝那裡獻茶請功，因不知黃山神泉的道理出現不了白蓮，因貪功反害了自己。而熊開元也終因看透官場腐敗棄官而去，到雲谷寺也做了一個和尚，終日與毛峰茶、與神泉水及禪房道友相伴。表面看來，這個故事與一般民間傳說沒多大區別，無非仙茶神水之類。仔細研究卻不然。第一，它插入神農嘗百草的故事，再現了中國神農時代便發現茶的用途的傳說。第二，所謂用神泉水沖茶會出現白蓮奇觀的傳奇筆法，又表現了佛教與茶的關係。佛教崇尚蓮花，一個雲谷寺慧能長老，一個文雅的儒士，不僅說明儒佛相參共修茶道，而且證明真正的茶人必是「清行簡德之人」，像那個專給皇帝拍馬屁的縣官，與這黃山毛峰的高雅品格是風馬牛不相及，根本無緣的。一個普通的民間故事，能說明這樣多的問題，看來民間藝術也是相當含蓄深沉的。

　　不過，總的來說，民間關於茶的傳說是「仙氣」比「佛氣」要濃。中國人對仙的印象比佛還要好，因為所謂仙，仍是大活人。中國人，尤其是勞動者，更相信自己的力量。如安徽的太平猴魁茶，民間傳說是一對得道的老毛猴送給人們的。又有人說，是一個叫侯魁的美麗姑娘，用自己全身的元氣、畢生的心血培育而來的，所以以水泡茶，不僅會有青煙自壺中嫋嫋升起，而且會從煙雲中看到親人的身影。武夷山的「大紅袍」也有許多傳說。有的說，那是一個災荒年月裡，武夷山中好心的勤婆婆救了一位老神仙，神仙老頭兒在地上插了一把拐杖，就變成了茶樹。皇帝讓人把茶樹挖了，栽進宮去，仙茶又拔地而起，憑空飛騰回到武

君不可一日無茶
中國茶文化史

夷山，那紅豔的葉子，是天上飄來的彩雲，是茶仙身上的袍服。也有的說是因為皇后娘娘用這種茶治好了病，所以皇帝以大紅袍賜封三棵茶樹而得名。值得注意的是，許多名茶傳說經常伴隨著一個治病救命或是可歌可泣的愛情故事，這更突出了茶的藥用價值和茶性純潔的品格。洞庭湖的君山茶傳說還饒有趣味地講了一個向老太后「進諫」的故事，而且把時代明確推到先秦的楚國時期。故事說楚國的老太后是個病秧子，楚王卻又是個孝子。楚王的孝心感動天地，來了一位白鬍子老道士給老太后看病。他說太后沒什麼病，只是山珍海味吃得太多了，致使腸胃受累，臨行留下一葫蘆「神水」，並四句真言：

一天兩遍煎服，三餐多吃清素；

要想延年益壽，飯後走上百步。

太后的病從此好了，楚國令尹卻想把君山神水都搬到王宮去。老道士一怒，把一汪神泉全撒在山上，變成了千萬棵茶樹，與神泉水有同樣的療效。令尹責備老道士有「欺君之罪」，老道士卻說一方水土養一方人，你要把神泉淘盡，這便是「欺民之罪」。

令尹只好認輸。從此，楚王每年派百名姑娘來君山採茶。每當採茶時，採茶女著紅衣，每二十人一隊，碧波起伏的茶山，突然間像插上了一朵朵紅花。望著這美麗的景色，楚國令尹詩興大發：「萬綠叢中一點紅，採葉人在草木中。……」吟到此，他突然若有所悟：人在草與木中間，這正是一個「茶」字；繁體的草字頭亦可寫作「廿」，這又是「二十」的簡寫，說明姑娘們編隊情況。既然一切都有個自然之理，當初自己又何必非要把君山神泉搬走？這則故事編得很巧妙，整個故事都含有對統治者的諷諫，最後又以謎語形式點題：喝下杯清茶，君王便該清醒些，不可取之過多，擾民太甚。

好茶須有好水烹，這個茶藝的基本要求其實是百姓們最有發言權。因為他們自己便常與名水相伴，並非刻意求取。於是，又出現許多關於發現名泉名水和保護名泉名水的故事。比如杭州的虎跑泉，人們說，那是一對叫大虎二虎的兄弟為救一方百姓，變作老虎用神力從地下硬刨出來的。洞庭湖君山之上，不僅有最

第十七章　　茶的謠諺、傳說與茶歌、茶舞、茶戲

一、茶的故事與傳說

好的茶,也有過最好的「神水」。

廣西桂林有個關於白龍泉與劉仙岩茶的故事,說白龍泉的水泡茶不僅味香,還能從水汽中飛出一條白龍來,所以被作為專向皇帝進貢的貢品。劉仙岩的茶據說是宋代一個叫劉景的「仙人」種的茶。所謂「仙人」,其實無非是「得道」的大活人。因此,各種茶與泉的傳說都是現實生活的曲折再現。

也有些故事是以群眾喜聞樂道的形式再現史實的。有一則「馬換《茶經》《茶經》」的故事,說唐朝末年各路藩王割據與朝廷對抗,唐皇為平定叛亂急需馬匹。於是,朝廷以茶與回紇國相交換,以茶換馬。這年秋季,唐朝使者又與回紇使者相會在邊界上。回紇使者卻提出,不想直接換茶,而要求以千匹良馬換一本好書,即《茶經》。那時陸羽已逝,其《茶經》尚未普遍流傳,唐朝皇帝命使者千方百計尋查,到陸羽寫書的湖州苕溪,又到其故里竟陵(今湖北天門),最後還是由大詩人皮日休捧出一個抄本,才換來馬匹,了結這段公案,從此《茶經》外傳。這個故事不知是真的完全來自民間還是經過文人加工,無論如何,把茶馬互市與《茶經》的外傳連在一起,編得是十分巧妙的。唐代確實與回紇有頻繁的接觸和貿易往來,或者真是在唐代,《茶經》就流傳到中國西北地區。這為我們研究西北地方茶文化發展史提供了一條重要線索。

至於蘇東坡、袁枚、曹雪芹品茶的故事,更是史實與傳聞參半,有更多參考價值。

雲南陸涼縣境內,據說有一棵大山茶樹,幹高二丈餘,身粗一圍,花呈九蕊十八瓣,號稱山茶之王。關於這棵樹的傳說卻與吳三桂統治雲南的歷史結合起來。據說吳三桂稱霸雲南又謀圖自己做皇帝,乃修五華山宮殿,築蓮花池「阿香園」,並搜羅天下奇花異草。於是,陸涼的山茶王便被強移入宮。誰想這茶樹頗有志氣,任憑吳三桂鞭打,身上留下道道傷痕,硬是只長葉不開花。三年過後,吳三桂大怒要斬花匠,那山茶仙子來到吳三桂夢中唱道:

三桂三桂,休得沉醉;

不怨花匠,怨你昏憒。

君不可一日無茶
中國茶文化史

吾本民女，不貪富貴；

只求歸鄉，度我窮歲。

吳三桂聽了，夢中揮刀，沒砍中茶仙子反而砍下龍椅上一顆假龍頭。於是又聽到茶花仙子唱：

靈魂卑賤，聲名已廢。

賣主求榮，狐群狗類。

只築宮苑，血染王位。

天怒人怨，禍祟將墜。

吳三桂聽罷，頓覺天旋地轉，嚇出一身冷汗，突然驚醒，原是南柯一夢。謀臣怕繼續招來禍祟，勸吳三桂，終於又把這山茶王「貶」回陸涼。這個故事，重點反映茶的堅貞品格，巧妙地運用了吳三桂稱藩作亂的歷史事實。在雲南，這種歷史故事很多，比如還有許多諸葛亮教人種茶、用茶的故事，就是正面突出番漢文化交融的。所以雲南有些地方又把一些大茶樹稱為「孔明樹」。先不論是否是孔明入滇才使雲南人學會用茶種茶，只從其包含的思想精神說，各族人民對歷史人物的評價是很有客觀標準的。

有些故事可能不全來自民間，而是出於文人之手或經過文人加工，但聽起來仍是饒有趣味。如「看人上茶」的故事便很有意思。相傳清代大書畫家、號稱「揚州八怪」之一的鄭板橋曾在鎮江讀書。一天他來到金山寺，到方丈室看別人字畫，老方丈勢利眼，見鄭板橋衣著簡樸，不屑一顧，僅勉強地招呼：「坐！」又對小和尚說：「茶！」交談中得知鄭是同鄉，於是又說：「請坐！」並喊小和尚：「敬茶！」而當老方丈得知來者原來就是大名鼎鼎的鄭板橋時，大喜，於是忙說：「請上坐！」又急忙吩咐小和尚：「敬香茶！」茶罷，鄭板橋起身，老和尚請求賜書聯墨寶，鄭板橋乃揮手而書，上聯是：「坐，請坐，請上坐！」下聯是：「茶，敬茶，敬香茶！」這副對聯對得極妙，不僅文字對仗甚工，而且諷刺味道極濃。還有一則朱元璋賜茶博士冠帶的故事，說明太祖朱元璋一次晚宴後視

第十七章　　茶的謠諺、傳說與茶歌、茶舞、茶戲
二、茶諺

察國子監,廚人獻上一杯香茶,朱正在口渴,愈喝愈覺香甜,心血來潮,乘興賜給這廚人一副冠帶。院裡有位貢生不服氣,乃高吟道:「十年寒窗下,不如一盞茶。」眾人看這貢生敢忤皇上,大驚,朱元璋卻笑著對了個下聯:「他才不如你,你命不如他。」這個故事,一方面是說明朱元璋好茶,同時也較符合歷史,朱氏出身低微,比較能體諒勞動者,自己又沒讀過多少書,重實務而輕書生,或許是真有的。

　　至於眾所周知的敦煌變文《茶酒論》的故事,其本身很明顯自民間故事脫胎而來。這個故事以賦的形式出現,說明已經過文人加工整理,有人考證其為五代到宋初的作品,那麼在民間流傳則應更早。而到明代又出現同樣母題的「茶酒爭高」的故事。同時,在藏族俗文學中也發現這個題材的作品。由此說明,民間故事的生命力是很強的。而在中國人心目中,向來把茶看得比酒要重一些。

二、茶諺

　　《說文解字》說:「諺,傳言也。」我覺得這種概括還不足以全面說明諺語的特點。諺語是流傳在民間的口頭文學形式,它不是一般的傳言,而是通過一兩句歌謠式朗朗上口的概括性語言,總結勞動者的生產勞動經驗和他們對生產、社會的認識。如「早燒霞,晚漚麻」,「六月連陰吃飽飯」,是自然和生產經驗的總結;又如「多年的道路走成河,多年的媳婦熬成婆」,是舊社會婦女生活道路的寫照。諺語十分簡練,具有易講、易記、便於交口相傳的特點,但包含的道理卻相當深刻。所以,茶諺也是茶文化的重要組成部分。從茶諺中,可以看到很多有關茶的生產、種植、採集、製作的經驗,它再好不過地說明文化發掘對生產、經濟的直接促進作用。

　　中國茶諺什麼時候最早出現很難確切考證。陸羽《茶經》說:「茶之否臧,

君不可一日無茶
中國茶文化史

存於口訣」,是說對茶的作用及好壞判斷在百姓的口訣中就有了。所謂「口訣」,也就是謠諺。晉人孫楚《出歌》說「姜、桂、茶荈出巴蜀,椒、橘、木蘭出高山」,這是關於茶的產地的諺語。從目前材料看,可能是中國最早見於記載的茶諺。

按理說,茶諺既出於茶的生產者,勞動生產的茶諺應該早於飲茶的茶諺,但由於諺語多不見於經傳,而是在民間通過爺爺奶奶交口傳授流傳下來,所以從書本上反而見不到。而飲茶活動由於文人提倡、陸羽總結,所以到唐代便正式出現記載飲茶茶諺的著作。如唐人蘇廙《十六湯品》中載「諺曰:茶瓶用瓦,如乘折腳駿登山」,所以蘇廙稱這種茶湯為「減價湯」。這句話的意思是說,用瓦器盛茶,就好像騎著頭跛腿馬登山一樣很難達到希望的效果,比喻十分形象,而且明確指出是民間諺語。所以,到宋元以後關於吃茶的諺語便常見了。元曲中許多劇作裡有「早晨開門七件事:柴米油鹽醬醋茶」,這是講茶在人們日常生活中的重要性,說明已是常見的諺語。這時,茶早已被運用於各種禮節,特別是中國南方民間婚禮,茶已是必備之物,結婚也叫「吃茶」。明代郎瑛《七修類稿》卻從相反意義上記下一條諺語:「長老種芝麻,未見得吃茶。」意思是和尚怎麼能種芝麻?種下也開不了花,結不好籽,只有夫妻一起種才好。芝麻是多子的象徵,吃茶是婚姻成功的含意,這條諺語是以諺證諺,用吃茶來說明夫妻同種芝麻效果好。也有些地方並非以此直指種芝麻,而是說明夫妻合作才能成功的事理;或者想結姻親,未必成功。這條諺語是流傳很久的。

不過總的來說,茶諺中還是以生產諺語為多。早在明代就有一條關於茶樹管理的重要諺語,叫「七月鋤金,八月鋤銀」,或叫「七金八銀」。意思是說,給茶樹鋤草最好的時間是七月,其次是八月。關於夏末秋初為茶樹除草的道理,早在宋人趙汝礪《北苑別錄》中就有記載,南方除草叫「開畬」,該書轉引《建安志》的記載:「茶園惡草,每遇夏日最烈時,用眾鋤治,殺去草根,以糞茶根,名曰開畬。若私家開畬,即夏半初秋各一次,故私園最茂。」所以,這條諺語記載在宋,而其形成很可能早在宋代或者更前。因為它是茶園管理的一項重要內容,所以一直保存下來,而且流傳極廣。廣西農諺說:「茶山年年鏟,松枝年

第十七章　　茶的謠諺、傳說與茶歌、茶舞、茶戲

二、茶諺

年砍」；「茶山不鏟，收成定減」。浙江有諺語：「著山不要肥，一年三交釘」（意即鋤上三次草，不施肥也有肥）。又說「若要茶，伏裡耙」；「七月挖金，八月挖銀，九冬十月了人情」。湖北也有類似諺語，說：「秋冬茶園挖得深，勝於拿鋤挖黃金。」這一條可能因為當地情況不同，與前幾條有所區別。所以農諺的地域性很強，不可籠而統之地來說。如採茶的諺語，時令也是十分講究的。浙江不少地區說：「清明一杆槍（指茶芽形狀），姑娘採茶忙。」湖南則說「清明發芽，穀雨採茶」，或說「吃好茶，雨前嫩尖採穀芽」。湖北又有一種說法：「谷雨前，嫌太早，後三天，剛剛好，再過三天變成草。」杭州則又有「夏前寶，夏後草」的說法。為何各地在採茶時間上茶諺區別這樣大？可能一則各地氣候條件不同，二則因不同品種採摘時機也不一樣，所以這些諺語對有關部門瞭解各地茶的生產情形具有重大意義。

一般說茶諺是由民間口傳心授的，但這並不排除文人可以加工整理。如《武夷縣志》（1868年本）曾載阮文錫的《茶歌》，實際上是以歌謠形式出現的茶諺。阮氏後來到武夷山做了和尚，僧名釋超全，因久居武夷茶區，熟知茶農生活，其總結的農諺十分真切。其歌曰：

採製最喜天晴北風吹，

忙得兩旬夜晝眠餐廢，

炒製鼎中籠上爐火溫，

香氣如梅斯馥蘭斯馨。

這首茶謠雖經阮文錫做了些文字加工，看得出還是源自茶農的實際生活體驗和生產實踐經驗的總結。

三、茶歌、茶舞、茶戲

茶農的勞動是非常艱苦的，但勞動也給人們帶來生活的希望與樂趣。茶園裡、田野間，綠水青山，山風習習，與白雲、朝霞為伴，採茶的姑娘和小夥子在集體勞動中體會到特有的歡樂，於是自然地翩翩起舞或對起山歌，於是茶歌茶舞便相應而生。早在清代，李調元的《粵東筆記》便記載：

（粵東）採茶歌尤善。粵俗歲之正月，飾兒童為彩女，每隊十二人，人持花籃，籃中燃一寶燈，罩以絳紗，以為大圓，緣之踏歌，歌十二月採茶。有曰：二月採茶茶發芽，姊妹雙雙去採茶，大姐採多妹採少，不論多少早還家……

這是固定的採茶歌舞活動。也有些地區，以男女對茶歌形式既進行娛樂，又是少男少女戀愛擇偶的手段，也稱為「踏歌」。如湘西一帶少數民族，未婚青年男女便是以「踏茶歌」形式進行訂婚儀式的。通常在夜半時分，小夥子和姑娘來到山間對歌傳情，歌曰：「小娘子葉底花，無事出來吃碗茶……」這時，姑娘便會以自己的心靈編出種種茶歌與小夥對答，相互考察和傳遞情意，歌聲此起彼伏，甚至通宵達旦。如果經過對歌情意投合便進一步「下茶」，女家一接受「茶禮」便被認為是合乎道德的婚姻了。

在中國民間，流行的茶歌是很多的。

如《光緒永明縣誌》卷三便載一首《十二月採茶歌》：

二月採茶茶發芽，姊妹雙雙去採茶，

大姐採多妹採少，不論多少早還家。

三月採茶茶葉新，娘在家中繡手巾，

兩頭繡出茶花朵，中間繡個採茶人。

……

七月採茶茶葉稀，茶葉稀時整素機，

織得綾羅兩三丈，與郎先作採茶衣

第十七章　　茶的謠諺、傳說與茶歌、茶舞、茶戲

三、茶歌、茶舞、茶戲

　　這首茶歌與《粵東筆記》所記《踏茶歌》大體仿佛，可見，湘、粵之地普遍流行踏歌習俗。

　　在少數民族中，茶歌流行很多，不僅雲南、巴蜀、湘鄂等產茶之地流行，在不產茶但又特別崇尚茶的民族地區也流行茶歌。如西藏，有關茶的民歌就很多。許多茶歌是表達漢藏之間的民族情誼：「你放一點茶，我放一點酥油，咱倆是否同心，請看酥油茶吧。」還有一首名為《漢茶入藏也》的歌，歌詞也十分美妙，表達了藏族人民對漢族運茶人的期待與讚美。歌中唱道：「小紫騾馬的走法，若像白雲一樣的話，漢茶運入藏地，只需一個早晨就行啦。」至於《請喝一杯酥油茶》的著名民歌，更表達了藏族人民的魚水深情。

　　近年來，臺灣還流行一些新編茶歌，似歌又似諺，對宣傳茶的功效頗有作用。其中一首說：

晨起一杯茶喲，振精神，開思路。

飯後一杯茶喲，清口腔，助消化。

忙中一杯茶喲，止乾渴，去煩躁。

工餘一杯茶喲，舒筋骨，除疲勞。

　　老舍先生的著名劇作《茶館》，首次把市民茶文化的典型場景搬上戲劇舞臺，通過一個茶館的變遷再現了老北京近半個世紀的歷史變遷，並使人們對北京大茶館的具體情況形成深刻的印象。近年來，曲藝中也出現了以茶為題材的作品，藝人們通過京韻大鼓以「前門樓子大碗茶」為線索描述北京的滄桑巨變。小說家也不甘寂寞，湖南作家的《烘房飄香》發表後很快引起強烈反應，並被改編成同名花鼓戲和電影上演。近年來，又有電視劇《鄉里妹子》出現，反映茶鄉經濟生活。還有以茶聖陸羽為題材的故事、小說、電視劇，也一再出現，從歷史的深度對茶文化發展作了不少有益的探索。至於各種大型茶事活動和茶藝表演，以茶為主題的歌舞、詩畫更交相輝映。

　　一種普通的飲食，竟形成專門的文化藝術現象，而且一再花樣翻新，屢屢

君不可一日無茶
中國茶文化史

不絕,這實在是少有的。茶之所以引發出如此眾多的藝術活動,不能不令人刮目相看,認真思索。除了茶鄉山水和愉悅的勞動節奏容易引發人們的藝術思維之外,之所以產生這樣奇妙的現象,大概最主要的還是整個茶藝、茶道和中華茶文化深刻的含蘊所致。

第十七章　　茶的謠諺、傳說與茶歌、茶舞、茶戲

三、茶歌、茶舞、茶戲

君不可一日無茶
中國茶文化史

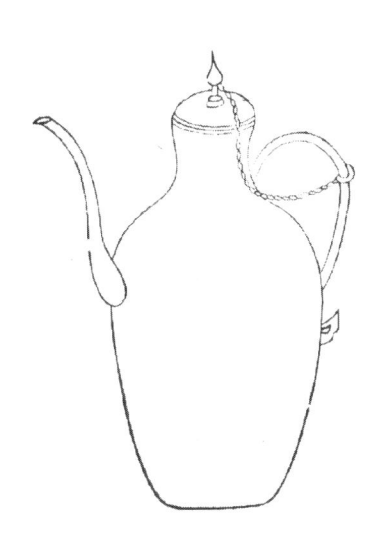

第五編

中國茶文化走向世界

第十七章　　茶的謠諺、傳說與茶歌、茶舞、茶戲

三、茶歌、茶舞、茶戲

　　文化是沒有國界的，是人類創造的共同財富。因此各民族文化必然要衝破民族、國界等種種阻隔而走向世界。

　　通過前幾編，我們已經看到，中國茶文化乃是中國傳統文化的一個優秀的分支，它既包含了哲學、倫理、社會觀念，又包含著客觀自然規律和美學、藝術等各種思想。整個中國茶文化有著自己明顯的民族個性和完整體系，但它又不是一個封閉的體系，而有很大的開放性。即以社會思想觀念來說，它既包括儒家的內省、親和、凝聚，又包括佛家的崇定、內斂和道家的平樸，但它同時又以香溢五洲，環湖抱山，尋求無涯無際的宇宙大道為己任。茶的個性確實是質樸內向的，但茶人卻從不孤僻，而總是舉杯邀友。正是由於茶文化這種特有的個性，它既可薈萃於一盅一碗之中，也可以像白雲、流水一般面向四海，走向世界，飄浮於整個天地之間。

　　事實上，中國茶向外傳播很早，自唐宋以來，茶的文化思想不僅占領了整個東亞文化圈，而且在 15 世紀以後逐漸傳到歐洲，傳向世界各地。無論亞洲其他國家還是歐洲、非洲的植茶技術，皆源於中國；東方各國現今之茶道皆與中國茶文化有著深刻的淵源。

　　茶文化是歷史的，它從歷史的叢林中走來；茶文化又是未來的，在新的世界面前，它又必然會產生新的文化力量而日新月異。

　　茶是中華母親的乳汁，但又以母親般慈愛善良的心田滋潤整個世界。

君不可一日無茶
中國茶文化史

第十八章 茶在東方的傳播與亞洲茶文化圈

人們都知道中國有一條絲綢之路，卻很少提到茶之路。這是因為絲綢以物質形態很早為國外所接受，茶的傳播雖然也並不太晚，但飲茶之風在國內是從隋唐之後才大興，且以清飲系統為主，而清飲主要影響在東亞。早期中國茶飲的外傳卻是向西亞和東北亞，這一系統卻與草原、大漠、山林的乳飲文化結合，大多屬於調飲系統，而與中華故地最興旺的飲茶時期形態有異，所以早期傳播反為人們所忽視。中國古代飲茶重精神、講茶道，這種精神內容的傳播畢竟不如物質內容明顯和易於接受，人們在談到絲綢之路時常談到瓷之路。其實，瓷器裡有許多便是茶具。既有茶具，必然飲茶，而器易見，飲則隱，正是同一理也。所以事實上茶之路是早已存在的，而且不僅東亞一條或加上後期海路通向歐洲，而且有西行、北行、東北行。因此，我們在討論中國茶文化走向世界的過程中，首先要探討其早期對亞洲各國的影響，然後再討論日本、韓國等中國茶文化的分支及對西方的影響。

一、中國茶早期外傳與調飲文化及乳飲文化體系

中國茶自雲貴發源，由巴蜀興起，然後傳及全國各地，這一大體方向已是確認無疑的。然而，中國茶向國外（以現在國界為准），從什麼方向傳出，卻多有爭議。談到茶和茶文化的傳播，人們經常從日本談起。其實，認真考察起來，中國茶的外傳最早並不是從東方，而是從西北。

第十八章　　茶在東方的傳播與亞洲茶文化圈

一、中國茶早期外傳與調飲文化及乳飲文化體系

中國茶最早向外傳播的時間，有人認為在漢代。理由有二：第一，漢代巴蜀地區已普遍興起飲茶之風；第二，漢代絲綢之路通向西亞乃至歐洲，長安南接巴蜀，所以隨絲綢之路的開闢必有茶外傳。然而，這一觀點只不過屬於推論，並無明確史料記載。況且當時黃河流域飲茶尚屬稀見，國內尚不普遍，外傳的可能性也就更小，只能備一家之言而有待進一步考證。

比較公認的意見，認為中國茶正式與國外貿易是在南北朝時期。但在具體時間上又有差異。陳椽先生認為是在西元475年，即南朝宋元徽三年，說當時中國商人曾在蒙古邊境與土耳其人以茶易物。唐力新先生則認為是在南朝齊永明年間（齊武帝年號，483—493年），向外輸出的國家也是土耳其。還有的認為，既然具體時間有爭議，便籠統稱之為「5世紀開始向外傳播」。不論哪種說法，都認為是在南北朝時期，貿易對象是土耳其商人，仲介地是蒙古邊界，方法是以物易物，輸出之茶來自南朝宋或齊。這種意見不僅有一定文獻根據，而且也較符合當時的歷史背景。

中國飲茶之風在江、淮地區大興確實是從南北朝開始。當時清談家已把茶引入文化領域，宋、齊所踞之長江流域也已普遍流行植茶技術。齊武帝本身就好茶，提倡飲茶以示節儉，將逝時又下遺詔令其逝後靈位之上勿多供犧牲，而僅以乾飯、茶飲、果品為供即可。朝廷的這種風氣，說明南方飲茶已很普遍。雖然當時北方民族尚不習慣飲茶，居住在洛陽的北朝官員還以為茶只能為乳酪之奴，但南朝移居洛陽者已普遍保持飲茶風氣，這必然影響北朝。而南朝當時商業風氣甚濃，不僅常與北魏互市，而且有許多私人商賈來往貨殖，所以與境外商人交易於北邊完全可能。且北魏自孝文帝時，崇尚華風，南移都城至洛陽後，國力漸衰，但因魏初屢次西征，震懾北方，當由武功而轉文治之時，西方國家前來邊疆交易互市也合於道理。

如果以上情況有理，則遠在西元5世紀，中國茶葉已運輸土耳其。而自隋唐以後又與西邊互市不絕，尤其是回紇，在唐代開始大量以馬易茶，稱為「茶馬互市」。中國茶當通過回紇等地繼續向西方轉輸。以此而論，唐代輸往西亞和阿

君不可一日無茶
中國茶文化史

拉伯國家的茶應當不比輸往東方海國者少。但歷史記載卻因有西域國家為仲介地，所以情況不明，但從西元5世紀即有土耳其來市茶的情況看，西亞和阿拉伯國家輸入中國茶應當繼續進行。況且長安當時已是通往西方的國際都會，絲綢、瓷器都大量輸出，國內飲茶之風又一時大盛，長期旅居長安的外國商人怎麼可能對茶視而不見呢？東方日本、朝鮮等國皆因有學僧來華，在保留佛教文化交流材料時，同時保留了有關茶飲和種茶技術傳播的記錄，而西亞國家文事不如日、朝興盛，國內對純商業交往又往往不記於經典，因而早接受中國茶的西亞諸國反而被忽略了。由此可見，中國早期茶的外傳基本上是與陸路通向西亞的絲綢之路相輔而行的。

除西路外，北方和東北亞的茶葉傳播也不會太晚。南北朝時北魏與南朝互市不絕，南方的茶經北魏而轉輸柔然等大漠、草原亦有可能。而唐代北方各族均與唐保持羈縻關係。特別是契丹興起以後，無論從《遼史》還是《契丹國志》看，契丹人引入中原茶葉當在唐末、五代時就大量進行。五代時南唐使節一再由海陸通使契丹，傳送「蠟丸書」，就是為以茶等物從海上與契丹貿易，所以契丹飲茶風氣當更早於此，而在唐末即興。至於宋代與契丹的茶葉貿易更見明文記載了。遼朝建立早於北宋三四十年，當時契丹北境早已達蘇聯亞洲部分的許多地區。遼亡後耶律大石率軍西行，在貝加爾湖附近建西遼長達二百年，並越西夏而與南宋相關聯。酷愛飲茶的契丹人雖不易得很多茶，但怎麼可能不把茶飲傳到西北亞？

那麼，是什麼原因使西亞、北亞、東北亞的中國茶傳播情況被湮沒呢？第一，是因這些地區茶的輸入大多由中國北方民族地區為仲介地。如南朝時是經北魏而柔然，再通西亞；唐代經匈奴、烏桓、鮮卑轉輸亞洲西北及蘇聯南境，宋代又經契丹與西遼及金。北方民族重武輕文，文獻多極簡略，甚至有的無文字，有的剛創立自己文字，關於茶的記載便難於查找了。第二，是因為西亞與北亞及西伯利亞山林地區，大多屬乳飲文化系統，中國茶輸入這些地區後多與乳飲相結合，茶本身的原始形態反而少見，這也是被隱沒的重要原因之一。其實，這種調飲方法，即與其他食品、飲食結合使用的方法，正符合中國早期西南飲茶方式。

第十八章　　茶在東方的傳播與亞洲茶文化圈

二、中國茶向日本、朝鮮的傳播

而一到草原地區,如契丹人,除正式朝儀「賜茶」外,其餘時間可能是與粟及乳製成茶粥或奶茶,重在食,而不只是飲,因而飲茶文化便被埋沒了。從目前世界各國情況看,西亞、歐洲飲茶多屬調飲系統,而且占世界人口很大比例,這也是以調飲掩蓋清飲華風的一個佐證。

我以為,亞洲的西部和北部至今乳茶文化盛行絕非偶然,必有一個長期發展的過程。目前已有人開始注意奶茶文化的總結,我想,隨著這一文化體系情況的明晰,茶向西亞、北亞輸通的歷史之謎也必將得到破譯。

而就茶的文化觀來說,由於清飲系統重儒雅,北方民族多剽悍,而且常以茶與酒並行。西亞諸國與華夏文化又有很大差異,所以不易接受典型的中國茶道。而韓國、日本、東南亞諸國,由於思想文化多方受中華腹地薰染,中國茶藝與茶道在這些國家出現分支,其外部形態易於追根溯源。

總之,我以為中國茶的早期傳播是與中國的西北絲綢之路相伴而行的,同時又以北方少數民族政權為仲介地。目前有關這方面的資料雖然還比較少,但唐代興起的大規模與西北地方的茶馬互市不可能僅僅把茶阻隔在西北民族中而不進入西亞。在此以前也必然有一個逐漸傳播的過程。

二、中國茶向日本、朝鮮的傳播

在中國茶和茶文化向東方傳播的過程中,日本和朝鮮的情況是十分令人矚目的。這裡有幾個重要原因:第一,朝鮮、日本都是文明發展較早的東方國家,一切文獻、禮儀多效仿中國,有關茶及文化輸入的情況,無論中國自身或朝、日兩國,都記載較詳、較多。第二,朝鮮和日本實際上與中國文化同源,可以說都以中國文化為母本,這無論從文獻和朝日文物發掘都得到證明。所以,朝、日兩國輸入中國茶雖然可能比西亞要晚,但卻是連同物質形態與精神形態全面吸收。

君不可一日無茶
中國茶文化史

第三，朝、日屬清飲文化系統，其輸入中國茶的時間恰與中國唐代陸羽創立茶文化體系相銜接。而且自唐、宋到明代茶文化的每一大轉變時期，皆能遠渡重洋；而來華學習的兩國學生，常得文化風氣之先。現代商界都知道，一個廣告比直接運輸要增效百倍。物質的輸入加上文化的渲染給人的印象便要深刻多了。

談到向日本傳播茶，一般從唐代最澄和尚來華說起。實際上，茶傳到日本的時間還要早。據文獻記載，隋文帝開皇年間，即日本聖德太子時代，中國在向日本傳播文化藝術和佛教的同時，即於西元593年將茶傳到日本。所以至中國唐玄宗時期，即日本聖武天皇天平元年四月八日（729年），日本文獻已有宮廷舉行大型飲茶活動的記載。據云，此日天皇召一百僧侶入禁講經，第二天賜茶百僧。又過七十多年，日本天臺宗之開創者最澄於804年（唐德宗貞元二十年）來華，翌年（唐順宗永貞元年，公元805年），最澄返國，在帶去大量佛教經典的同時帶去中國茶種，播於日本近江地區的台麓山。所以，最澄是日本植茶技術的第一位開拓人。

日本僧人由中國帶去茶葉和茶種的同時，自然又帶去中國的茶飲習俗與文化風尚。日本學僧遣留文獻記載，日本僧人空海便全面在日本傳播了向中國所學的製茶和飲茶技藝。空海和尚又稱弘法大師。他與最澄同年來華（804年），但比最澄晚一年歸國（806年），學習的是中國真言宗佛法。他曾在長安學習，自然見多識廣，據說他回國時不僅帶去茶籽，還帶去中國製茶的石臼，和中國蒸、搗、焙等製茶技術。他歸國後所寫《空海奉獻表》中，就有「茶湯坐來」的記載。當時，日本飲茶之風因和尚們的提倡而興起，飲茶方法也和唐代相似，即煎煮團茶，又加入甘葛與薑等佐料。在日本嵯峨天皇時，畿內、近江、丹波、播磨各地皆種茶樹，並指令每年按期向朝廷送貢品。同時又在京都設置官營茶園，專供宮廷。可能因數量有限，這一時期飲茶僅限日本宮廷和少數僧人，並未向民間普及推廣。

到日本平安時期後，在近二百年的時間內，即中國五代至宋遼之時，中日兩國來往明顯減少，茶的傳播因之中斷。不知何種原因，茶在日本一度播種之後，

第十八章　　茶在東方的傳播與亞洲茶文化圈

二、中國茶向日本、朝鮮的傳播

可能又斷絕了。直到南宋時，才由日僧榮西和尚再度引入日本。

榮西十四歲出家，即到日本天臺宗佛學最高學府比睿山受戒。到二十一歲時便立志到中國留學。南宋孝宗乾道四年（1168年）榮西在浙江明州登陸。遍遊江南名山大剎，並在天臺山萬年寺拜見禪宗法師虛庵大師，又隨虛庵移居天童山景德寺。此時南宋飲茶之風正盛，榮西得以領略各地風俗。這次來華，榮西一住就是十九年。中間回國一次，不久又再次來華，又住六年。榮西在華前後共達二十五年之久，最後於宋光宗紹熙三年（1192年）回日本。因此，榮西不僅懂一般中國茶道技藝，而且得悟禪宗茶道之理。這就是為什麼日本茶道特別突出禪宗苦寂思想的重要原因之一。榮西回國後，親自在日本背振山一帶栽種茶樹，同時將茶籽贈明惠上人播植在宇治。榮西並著有《吃茶養生記》，從其內容看，深得陸羽《茶經》之理，特別對茶的保健及修身養性功能高度重視。所以，榮西是日本茶道的真正奠基人。

元明之時，日本僧人仍不斷來華，特別是明代日本高僧深得明朝禪僧和文人茶寮飲茶之法，將二者結合創「數寄屋」茶道，日本茶道儀式始臻於完善。

由以上情況可以證明，我們說日本是將中國植茶、製茶、飲茶技藝和茶道精神等多方面引進，又據自己的民族特點加以改造。因而在日本保留中國古老的茶道藝術並形成中國茶文化的又一分支，便不足為奇了。

茶傳入朝鮮的時間，從各種文獻記載看，都要比傳入日本早得多。甚至有人認為，當漢朝渡渤海征遼東佔領朝鮮半島的樂浪、真番、臨屯時便傳入漢代文人飲茶習俗，這種說法可能是由於朝鮮保留中國漢代文獻中發現有「茶茗」的記載而來。不過，漢代典籍流入朝鮮，不能完全證明茶傳入朝鮮。中朝兩國有久遠的歷史淵源，經常互相遣使不斷。或許朝鮮使節來華，對中國飲茶情況略知一二倒有可能。比較可靠的記載，是在新羅時期中國茶傳入朝鮮。在四五世紀時，朝鮮有高麗、百濟、新羅等小國。西元668年，新羅王統一三國，進入新羅時期。這時便從中國傳入飲茶習俗，同時學會茶藝。朝鮮創建雙溪寺的著名僧人真鑒國師的碑文中就有：「如再次收到中國茶時，把茶放入石鍋裡，用薪燒火煮後曰：

'吾不分其味就飲。'守真忤俗都如此。」可見，在這一時期，飲茶已作為朝鮮寺院禮規。而從李奎報所著《南行月日記》中，則可看到李已熟知宋代點茶之法。其文曰：「……側有庵，俗稱蛇包聖人之舊居。元曉曾住此地，故蛇包遷至此地。本想煮（茶）貢曉公，但無泉水，突然岩隙湧泉，其味甘如奶，故試點茶。」由此可知，此時朝鮮僧人煮茶，不僅用於禮儀，而且講茶藝，論水品。西元828年（唐文宗太和二年）新羅來中國的使者大廉由唐帶回茶籽，種於智異山下的華岩寺周圍，從此朝鮮開始了茶的種植與生產，至今朝鮮全羅南道、北道和慶尚南道仍生產茶葉，有茶園兩萬多畝，產茶約三萬多擔。茶葉的種類有日本的煎茶、沫茶和中國古代的錢團茶，亦有炒青、雀舌等品種。

　　朝鮮也是一個全面引入中國植茶、製茶、飲茶技藝和茶道精神的國家。與日本不同的是，日本注重完整的茶道儀式，而朝鮮則更重茶禮，甚至把茶禮貫徹於各階層之中。關於這一點，我們在後章還要專門論述和進行比較研究。

三、中國茶傳入南亞諸國

　　中國茶傳入南亞諸國，一般認為自兩宋之時。北宋在廣州、明州、杭州、泉州設立市舶司征榷貿易，廣州、泉州通南洋諸國，明州則有日本、朝鮮船隻來往，當時與南洋交易輸出貨物就有茶葉。

　　南宋與阿拉伯、義大利、日本、印度各國貿易，外國商人經常來往於中國各港口。當時的泉州是主要對外港口，和亞、非一些國家貿易頻繁，這時福建茶葉已大量銷往海外，尤其是南安蓮花峰名茶（今稱石亭綠茶）有消食、消炎、利尿等功效，是向南亞出口的重要物資。

　　元朝出師海外，用兵南洋諸國，茶葉輸入南亞諸國也逐漸增加，這時福建茶葉仍以南洋為主要銷售對象。南洋許多國家吸收了中國茶與飲食結合的方法，

第十八章　　茶在東方的傳播與亞洲茶文化圈

三、中國茶傳入南亞諸國

許多地方當時以茶為菜，所以是不可缺少的食物。

至於鄭和於明代七下西洋，遍歷越南、爪哇、印度、斯里蘭卡、阿拉伯半島和非洲東岸，每次都帶有茶葉。這時，南洋諸國飲茶習俗已十分普遍。

南洋諸國，不僅直接輸入中國茶葉成品，而且逐漸從中國引進種茶技術。印尼的蘇門答臘、加里曼丹、爪哇等地，早在西元7世紀即與中國來往，至16世紀開始種茶，主要產於蘇門答臘。此後，又於1684年、1731年兩度大量引進中國茶種，尤其是後一次，種植頗見成效。

印度人知茶是由中國西藏轉播而去。有人估計唐宋之時印度人已開始瞭解中國吃茶之法。到1780年東印度公司由廣州轉輸入印部分茶籽，1788年又再次引種，這才使印度逐漸成為世界產茶大國之一。

南亞諸國與中國茶的關係十分密切，特別是由於大量華僑的遷入，飲茶習俗也與中國相差無幾，一般屬綠茶調飲系統。至於以茶佐餐，以茶待客，茶館茶樓更與中國相仿佛。然而正因為相似太多反而不如日本、朝鮮的茶道、茶禮看得明顯。

但是，南亞諸國飲茶風俗的興起和大量輸入、引種中國茶，其意義是十分重大的。這是因為，這些國家正是中國茶由海上通往地中海和歐、非各國的仲介地，從而自元、明之後真正形成了一條通向西方的「茶之路」。西方帝國主義國家以南亞諸國為仲介地，引入中國種茶、製茶技術，然後利用東南亞有利的自然條件和廉價勞動力大量生產茶葉，再由這些國家運往歐洲。這在明代和清初，比直接與以老大自居的中國進行茶葉貿易要合算得多。所以，南亞諸國種茶、飲茶之風的大興，一方面是中國茶文化的延伸，同時又是中國茶文化向西方發展的前奏和轉輸基地。如果沒有這一地區，中國茶真正衝出亞洲，走向全世界是難以想像的。正因為如此，繼續研究南亞諸國飲茶風情及其對西方的影響是一個重大課題。可惜，茶人們至今對這方面知之甚少，注意不夠。

四、亞洲茶文化圈的形成及其重大意義

從以上情況,我們可以看到,從西元 5 世紀中國茶開始外傳,到 17、18 世紀南亞諸國形成中國茶繼續向西方發展的仲介地,在一千多年中,已逐步形成一個以中國為中心的亞洲茶文化圈。這個文化圈大體有三大體系。

第一個體系是中國西邊的中亞和西亞國家,以及北方的蒙古、蘇聯亞洲部分。這些國家實際引入中國茶很早,但大部分已與乳飲文化相結合,所以表面看來中國茶文化的思想形態影響不大。然而,實際情況並非如此。

亞洲西部國家和北部國家吸收中國茶文化是以中國古代北方民族為仲介的。中國北方民族大多重武輕文,對中華腹地和南方飲茶的儒雅之風不大習慣。但這並不等於沒有接受中國茶文化精神。中國北方民族勇猛、剽悍、重情誼,以乳茶、酥油茶、蜜茶、茶點,表示友誼、敬意是普遍的好尚。這些習俗自然逐步傳佈相鄰國家。蒙古國與中國蒙古族茶俗相類自不必說,蘇聯境內一些古代牧獵民族也多吸收了奶茶文化,而西亞許多國家的飲茶習俗多自中國新疆地區傳入。如阿富汗,信仰伊斯蘭教,尊重傳統,把茶當作人與人之間的友誼橋樑,常用茶溝通人際關系,用茶培養團結和睦之風。在阿富汗,是紅綠茶兼飲,夏季飲紅茶,冬季反而飲綠茶。與大多數信仰伊斯蘭教的國家一樣,他們多以牛羊肉食為主,這樣茶便成為生活之必需品。所以,阿富汗到處有茶店。而家庭煮茶方式多以銅製圓形「茶炊」為之,與中國火鍋相似,與俄國「茶炊」也相像。底部燒火,親友相聚,圍爐而飲,頗有東方大家庭歡樂和睦之感。阿富汗人與中國新疆地區習俗相似,也喝奶茶,但是不像蒙古奶茶,阿富汗人是先將奶熬稠,然後舀入濃茶攪動並加鹽,這是農村或民間的習慣。有客來,無論城市與農村,都與中國禮俗相仿,總是熱情地說:「喝杯茶吧!」而且飲茶也有「三杯」之說,第一杯在於止渴;第二杯表示友誼;第三杯是表示禮敬。這些習俗與中國的一些地方習俗,如「三杯茶」「三道茶」都很相像。其實不僅阿富汗,許多阿拉伯伊斯蘭國家習俗也與此相仿。

第十八章　　茶在東方的傳播與亞洲茶文化圈

四、亞洲茶文化圈的形成及其重大意義

　　第二個系統是日本、朝鮮。這兩個國家因受中國儒家思想影響很深，大體是接受中國文人茶文化和佛教禪宗茶文化。而日本重於禪，因而強調苦寂、內省、清修，以適應其民族緊迫感。朝鮮則重禮儀，把茶禮甚至貫徹於各階層之中，強調茶的親和、禮敬、歡快，以茶作為團結本民族的力量。

　　第三個體系是南亞諸國，大體與中國南方民間飲茶習俗相類，而由於這些國家華僑眾多，其茶文化思想大多直接從中國移植。而透過印度尼西亞、印度、巴基斯坦、斯里蘭卡等國，茶風又進一步西渡，使單項調飲（加一種佐料而不是像中國雲南等地加多種）習俗又漸播西方。

　　這樣，便形成一個放射的東方茶文化圈，它以茶的親和、禮敬、平樸為特徵，而明顯有別於西方。尤其是在現代西方世界充滿狂躁、暴力，社會動盪不安的情況下，東方的茶文化確實是一服清醒劑加穩定劑。由此可以斷定，這個文化圈定將不斷擴大，在未來世界發展中將有重大意義。茶不僅是一種物質，它更是東方許多優秀思想的象徵，是一種精神力量。

第十九章 日本茶道、朝鮮茶禮與中國茶文化之比較

　　上一章，我們僅從茶的一般傳播情況談到亞洲茶文化圈。在這一文化圈中，日本與朝鮮的茶道與茶禮尤有特色，實有特書一筆之必要。日本與朝鮮的茶文化都是以中國為母本，但這並不影響他們各有自己的特點。所以在這一章中，除介紹這兩國的一般情況外，還要從比較研究的角度進行一些探討。

一、日本茶道的形成與演變

　　日本是一個十分善於學習和吸收的民族。日本的許多文化思想最初大多是外來的。但一經移植到日本國土上，又總是加以更新整合，使其更符合自己的特點，而帶上突出的「大和民族」特色。茶文化的情況也是如此。早期，主要是直接向中國學習、移植，經過一個長期學習、思考的過程，才真正消化吸收，最後形成自己的茶道。這一過程，大體可分四個階段：

　　第一階段，是認真學習和大量輸入、移植的時期。從時間上說，約在西元7、8世紀到13世紀之間，相當於中國隋唐到南宋。

第十九章　　日本茶道、朝鮮茶禮與中國茶文化之比較

一、日本茶道的形成與演變

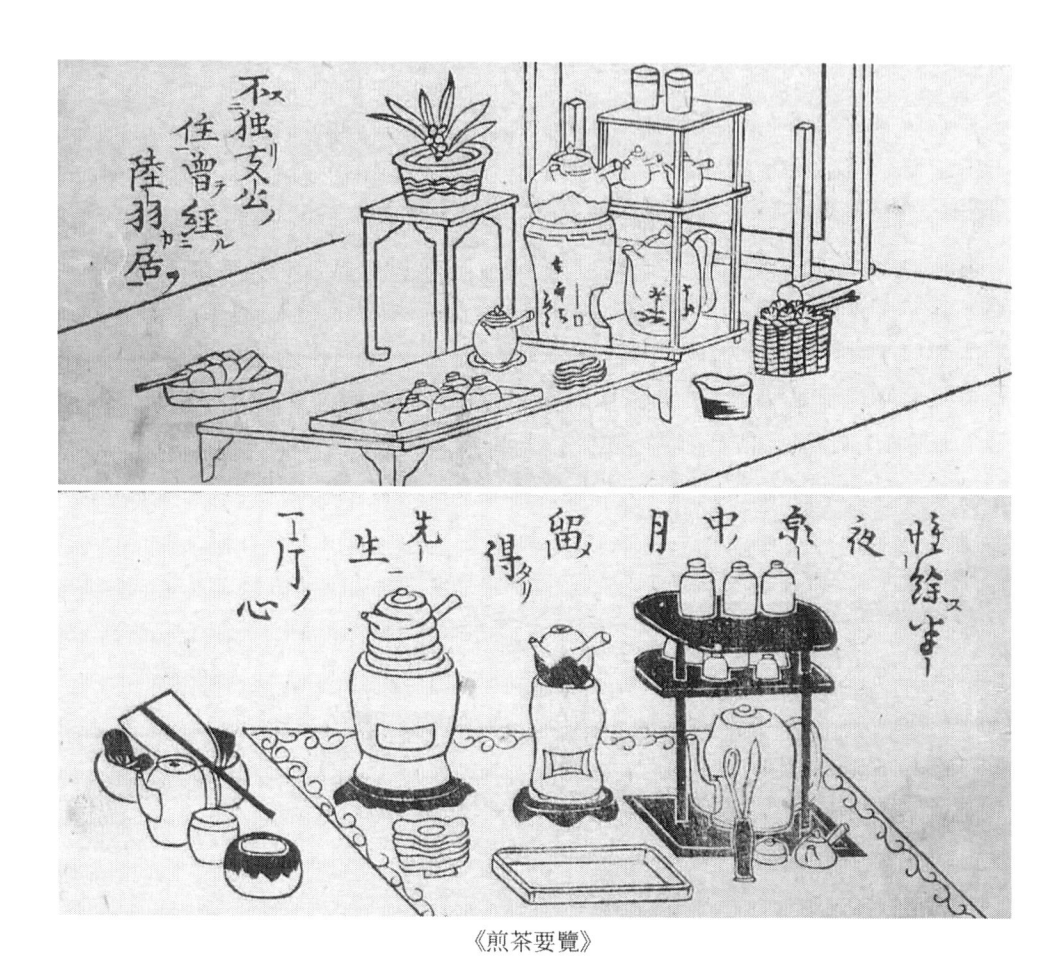

《煎茶要覽》

　　隋朝，中國的飲茶風氣可能已使日本人有所見聞，但全面瞭解中國飲茶的風習、內容還是從唐代。最初可能是由僧人帶回一些茶葉成品，向日本宮廷敬獻，作為獵奇之物看待。到最澄來華的唐朝中期，不僅帶回中國茶種，而且在日本寺院推廣佛教茶會，才進一步引入較多文化內容。但在唐代，中國茶文化本身也是剛剛發軔的新事物。所以最澄等還不可能更多瞭解它的本質。真正在日本全面宣傳中國茶文化、奠定日本茶文化基礎的是榮西和尚。

　　榮西和尚兩度來華，在中國居住長達二十五年之久，他和他的僧友，無論

> 君不可一日無茶
> # 中國茶文化史

對中國的佛學理論或茶學道理，學習都是十分虔誠的。他不僅到過許多名剎，請教過許多高僧，而且對民間的市肆、茶坊也都有所見聞。所以，他學習的已不是一般烹茶、飲茶方法，而能從一定禪學茶理上初步對中國的禪茶文化有大概的瞭解。正如他在自傳中所寫，他曾「登天臺山見青龍於石板，拜羅漢於並峰，供茶湯而感現異花於盞中」。龍是中國文化的象徵，龍出現於中國禪宗寺廟中，證明自印度等國傳來的佛教已完全中國化了。而所謂向羅漢供茶，感覺有花朵從杯中顯現，據說只有在一定功態下才有這種感覺，可見榮西當時修煉是十分認真的。但是，從榮西歸國後所寫《吃茶養生記》的內容來看，他的研究，還沒有到全面融化中國唐宋以來茶文化學理的地步，對儒、道、佛諸家在茶文化中的茶道精神還涉足不多，而重點是吸收了陸羽《茶經》中關於以茶保健和烹調器具、技藝方面的內容。對陸羽二十四器中所包含的修齊治平的道理、天人合一的宇宙觀和儒家的倫理道德原則很少涉及。但對道家的五行思想，如用五行解釋東西南北中的關係，解釋人的肝肺心脾腎等卻相當重視。對茶學的知識也著重其自然功能和對養生保健的好處，許多內容是簡錄陸羽的《茶經》，把茶的名稱、形狀，中國歷史文獻中關於飲茶功能的記載，以及採集、製造等都作了簡單介紹。從某種角度說，不過是陸羽《茶經》的簡譯本。他認為「茶者養生之仙藥也，延壽之妙術也」。可見在這一階段，日本茶人向自己國內介紹的，一是佛教供茶禮儀，二是茶的養生保健功能，而尤以後者為重，尚看不出本民族的獨立創造。

第二階段，是思考、吸收、摸索時期。時間大體相當於中國的元代，而在日本稱為南北朝時期。

元代，日本僧人進一步來華，而且儘量仿效漢人習俗，許多人成為「漢化的日本人」才回國。那時，中國國內蒙古族的統治對儒學有所壓抑。而深受中國古老文化影響的日本人則更仰慕秦漢唐宋之風。這時，宋代的龍團鳳餅等精細茶藝因過於繁複已不多見，文人茶會多效唐代簡樸風氣，所以日本僧人多向漢人學「唐式茶會」，包括烹調技藝、茶會形式、室內裝飾、建築等多方面。此時正當日本的南北朝時期，許多日本文人潛心研究中國宋代朱子理學，所以，雖云「唐

第十九章　　日本茶道、朝鮮茶禮與中國茶文化之比較

一、日本茶道的形成與演變

式茶會」，實際上又包含了大量的宋代茶藝內容，這從日本人所著《吃茶往來》和《禪林小歌》中可以看到詳細的描繪，尤其在禪林和武士中間，成為一時風尚。從兩書和其他文獻記載看，當時的「唐式茶會」主要內容有：

1．點心

點心本是中國禪宗用語，是兩次飲食間為安定心神添加的臨時糕點。而日本茶人卻用來開茶之用。點心所用各種原料多是日本留中學僧帶回的，客人相互推勸，「一切和中國的會餐無異」。由此使人想到當今青年「留洋」歸來，帶幾瓶法國白蘭地、美式咖啡供友人 欣賞一般。

2．點茶

點心稍息之後，「亭主之息男獻茶果，梅桃之若冠通建盞，左提湯瓶，右曳茶筅（攪茶用的刷子，唐宋之時有銀製、竹製制等，日本多以竹為之），從上位至末座，獻茶次第不雜亂」。從這一記載看，當時進行的是末茶之點茶法。

3．鬥茶

中國宋代流行鬥茶，較茶之優劣勝負。日本人鬥茶是效仿這一形式，一方面是娛樂，同時也為推動、宣傳日本的種茶、製茶技藝。當時栂尾等地產茶，日本人以鬥茶來鑒別自己國土上茶的種類、產區和優劣。這已經是開始摸索自己的路子。

4．宴會

即撤去茶具而重開酒。

從以上內容看到，日本的所謂「唐式茶會」，並非真正中國唐代飲茶之法，而是雜唐代茶亭聚會形式，宋代點茶、鬥茶之法，加上中國北方民族以茶點與進茶相結合的禮儀（參見《遼史》《金史》《元史》禮志部分），把這些內容糅合

君不可一日無茶
中國茶文化史

在一起的一種「雜拌」貨。這又如中國近代以來學習西方文化，常在似像、似不像之間。然而，正是從這種「四不像」中，才開始體現出一種吸收、摘擇的過程。所以，到日本室町幕府時期，這類茶會便開始發生了變化，把茶亭改為室內的鋪席客廳，稱為「座敷」，貴族採取「殿中茶」，平民則稱「地下茶」。這時便開始出現本民族獨創的苗頭。

在茶會功能上，這一時期也是多方引進中國內容。有的是交際娛樂，體現中國「以茶交友」；有的是僧人茶會，也效法禪宗以茶佈道；有的用以解決糾紛，就像當今中國四川鄉間的「民間法院」。民間還有「順茶」「雲腳會」等，大體也可從中國江南民間找到蹤跡。

第三階段，是結合自己民族特點有所開創的時期。

日本東山時期，茶文化已向大眾化趨勢發展。而凡是深入民眾的東西，不結合自己的民族特點是不可能為大眾所接受的。所以，到日本東山時期，茶文化開始進入一個新的時代，日益與自己的民族精神相結合，遂產生了村田珠光的「數寄屋法」。

「數寄屋」是日本民間茶會，又稱「順茶」，類似今天中國湖州地區的「打茶會」。無論中國的「打茶會」，還是日本早期的「順茶」，原來都是突出歡快意義。不過，在日本這個島國，隨時都有大和民族的「危機感」，所以村田珠光突出了這一點，仍以「順茶」形式出現，但表達的不是歡快，而是著重吸收中國禪宗的「苦寂」意識和「省定」「內斂」等特徵，強調「禪的精神」，把到數寄屋飲茶作為節制欲望和修身養性的一種辦法。把這種真正的精神內容呈現出來，才可稱為「茶道」。儘管這種日本茶道較中國「道」的含義要狹窄得多，並未完全得「道」之真諦，但畢竟向前邁進了一大步。

第四階段，是帶有本民族獨立特色的日本茶道創立時期。真正創立日本茶道的是千利休的「陀茶道」。

千利休（1521—1591 年）是村田珠光的第三代弟子，也就是說，他的老師武野紹鷗才是村田珠光的直接繼承人。千利休原系一普通富商，並無貴族的門

第十九章　　日本茶道、朝鮮茶禮與中國茶文化之比較

一、日本茶道的形成與演變

第勢力，他對茶道有著特殊的天才。當時，日本已進入所謂「戰國」時期，國內群雄爭霸，戰亂不休。所以，人們在動亂中厭惡戰亂而希望和平，即使和平統一不能馬上到來，但在心理上也要追求平衡。

日本幾個小島本來就處境困難，分裂不是民眾的願望。所以，千利休想用茶室提倡和平、尊敬、寂靜，以便能提醒人們隨時作一些反省，期望統治者不要再繼續紛爭下去。為了達到這一目的，他對原有的「數寄屋」作了許多改進，而稱為「陀茶道」：

1. 明確提出以「和、敬、清、寂」為日本茶道的基本精神，要求人們通過茶室中的飲茶進行自我思想反省、彼此思想溝通，於清寂之中去掉自己內心的塵垢和彼此的芥蒂，以達到和敬的目的。

2. 為達到精神上的目的，造成某種特定氣氛，千利休特地設計了別開生面的茶室。

當時的豪門住室寬敞，而千利休卻專門把茶室造成小間，以四疊半席為准。而在這種很小的面積中，卻要劃分出床前、客位、點前、爐踏達等五個專門地方。不知為何，每當述及日本茶道室的佈置，總使我想到日本的幾個母島。其次是採用非對稱原則精心佈置室內出入口、窗子等處，典型的日本茶室入口很小，需伏身而進，而小室內不僅潔淨，各種窗子位置、花色都加以變換。最後，在茶室外型上，採取農家中古時的茅庵式：中間一根老皮粗樹為柱，上以竹木蘆草編成尖頂蓋，儘量增添些田野情趣。在茶室入口還安裝些石燈、籠笆、踏腳、洗手處，使人未入室而先產生雅潔之感。

3. 全面吸收中國唐宋點茶器具與方法，至今日本還保留有陸羽「二十四器」中的二十種。這樣做的目的是為了在洗器、調茶過程中逐漸使人安靜下來，經歷一個有條不紊的過程。

4. 在洗器、點茶過程中，設計每次茶會的主題和對話，主客應答，以便通過茶藝回憶典籍、銘文，把人們引入一個古老肅穆的氣氛中。

5. 仍採用原來「順茶」中的點心，但稱之為「懷石料理」，即簡單飯菜。

「懷石」是禪宗語言，本意是懷石而略取其溫，這裡是取點心「僅略盡溫飽」之意，以示簡樸，從中追求苦寂的意境。

不難看出，千利休設計這套日本茶道是別具匠心的。茶室顯然寓意一種小社會，大有中國道家返璞歸真的意味。不過，道家要求返歸於廣大的自然宇宙，而千利休是從繁亂爭吵的社會中特意設計一塊淨地。

由於當時的織田信長正開始日本統一的步伐，他想借茶道向被征服區推行一種新文化，乃指定千利休為三大茶頭之一。陀茶法因而得到大力推廣，一直延續至今。這便是現今日本茶道的由來。

至於民間，其實並不這樣喝茶，茶道在日本可以說只是一種精神儀式。

二、中國茶文化與日本茶道對比

我們從日本茶文化發展中看到，任何一個民族在引進外來文化時都有一個學習、思考、吸收、融化的過程。日本茶道是吸收中國唐人茶藝、宋代禪宗茶道思想、中國民間打茶會的形式，而又結合本民族的特點而來。無論從茶藝器具、點茶過程、思想精神，都可以看到與中國茶文化源與流的關係。但是，日本人民又有自己的創造，它結合自己島國民族所遇到的各種問題，把複雜的中國茶文化從各個角度摘取幾支，安排到一個茶室，濃縮到三四小時的儀程中。單從這一點看，日本人民吸收、整理外來文化的能力確實是很強的，這正是日本民族的長處。

若從整個茶文化結構來講，中日之間本來不大好比較。中國茶文化不僅歷時久遠，而且有茶藝、茶道精神，儒道佛各個流派，不同民族、不同地域、不同層面的茶文化的龐大體系。而日本，歷史過程比較單一明晰，所謂流派只是發展過程中的演變情況，早期又多直接移植中國的東西。自千利休之後，雖開創日本茶道之獨特格局，但與中國茶文化大體系相比較實在不容易。而至今，日本來華

第十九章　　日本茶道、朝鮮茶禮與中國茶文化之比較

二、中國茶文化與日本茶道對比

表演茶道，又多重程式與器具，華麗的和服，繁雜的器皿，很難讓人體會出日本古茶道的「清、寂」特點，說有「和、敬」倒還不差，但日本的歷史又總使人感到這種所謂「和」與「敬」有不少修飾的成分。所以，將中日茶道從文化學角度全面比較確實有一定難度。但既然日本有自己的茶道，還是可以比較的。所以，我們試從民族個性、茶道精神、美學意境、源流關係方面加以初步探討、比較。

所謂比較，就是找共性與個性。關於共性，由於日本茶道是吸收中國茶文化多種因素演變而來，從上節歷史過程就可看出大概眉目。所以，本節側重於討論個性。如果從這一角度來談，我以為中國茶文化與日本茶道有以下幾點重要差異：

第一，中國茶文化是一個大體系，日本茶道是摘取中國歷史上茶藝形式、茶道精神的部分內容而又根據自己民族特點所創立的茶文化分支。

我們透過以上諸編已經瞭解到，中國茶文化包括一個龐大的體系，而在不同歷史時期又有不同的茶道流派。中國的「道」字不同於一般。如插花、柔道之類，在中國只能稱「術」或「技」。不可否認，一術、一技也包含精神，但這與中國茶道所包含的儒道佛諸家精髓，全面的社會倫理道德觀念，自然與物質的統一觀，茶藝、茶道的有機融合，以及貫徹於全民族飲茶禮俗之中的民族精神相比，那就差距太遠了。日本茶道與花道、柔道之類比較，其精神原則、美學意境、技藝程式都要完整精美。但與中國茶文化體系則很難相提並論。如果把中國茶文化比喻為一個多姿多彩的大園林，而日本茶道就像一亭、一池或一樹。我這樣說絕無貶低日本茶道之意，也不是出於民族偏見，或以中國的古老、廣大來標榜。我認為日本茶道能選取某些中國茶文化的精粹，濃縮於自己的茶道過程中，並十分明顯地體現出他們自己的民族精神已經十分難能可貴。每個民族都有自己的特點，日本許多文化都是外來的。但他們又總是參照自己的情況，通過多方的吸取，多次的改造，把許多外來文化集結，這同樣能構成日本民族整體文化特徵。因此，不一定要勉強抬高日本茶道，把它與中國茶文化體系一樣看待、分析才算是尊重日本民族精神。日本茶室顯然效法陸羽茶亭的「方丈之地」，但又絕不同於方丈；

君不可一日無茶
中國茶文化史

日本的「懷石料理」，由中國禪宗「點心」和「懷石」結合而來，但既不再是點心，也不再是懷石。日本茶具確實仿陸羽二十四器，但陸羽卻說明都會、豪門大族或文人偶爾相聚，應當大有不同，可酌情減略，說明中國茶道內容廣泛，可以變更情況。而日本茶道禮數之嚴格也是他們民族情況所要求。如果說中國茶文化是百家爭鳴、百花齊放的局面，日本因環境、條件、歷史道路不同，他們則選擇了比較單一而堅韌的路途。承認這一點正是尊重日本的歷史，尊重他們的選擇。它源於中國，所以說有源與流的客觀存在，但它又形成單獨的一支，具有自己的異彩。

第二，中國茶文化越到後來，越體現出儒、道、佛多源合流的趨勢，而日本茶道則突出了中國禪宗的苦、寂。至於吸收儒家的「和、敬」，是有限度的、對內的，局限性較大。

出現這種情況，與日本的島國意識關係很大。幾個小島，面積不大，人口在不斷增加，想求生存、求發展著實不易。所以，日本人尊崇武士道精神，他們要在苦寂中頑強跋涉。但對本民族而言，也需要人際關係的協調。所以，日本人強調「忍」。在這種民族環境中，他們不可能，也不應該把中國儒、道、佛各家全面搬去。比如中國儒家的寬容；道家的五行和諧與天地人乃至整個宇宙相互包容、辯證發展等，在日本是很難做到的。所以，他們以學習中國禪宗思想為重點，兼收儒家和敬思想的部分內容完全可以理解。日本古典茶道室入口處很低，從圖中看，大約要伏身而行，從中體現日本人的隱忍精神；而以樹幹為柱，以竹木、茅草為頂，也隨時提醒人們不要忘記苦難。隨時有緊迫感、危機感，這正是日本民族的需要。

第三，日本茶道的審美情趣要求不對稱，是以不平衡為前提，而中國則以道家五行和諧與儒家中庸原則為前提。如日本的茶道室內，故意在地上地下，開一些不對稱的窗，著各樣的色彩。室外，人們在緊張地奮爭；入室，則要求絕對的平和。平時可以豪華，茶道中卻要求簡樸。這一切都不對稱，不和諧。但卻正是以茶道中的不對稱來提示人們現實中的不平衡。不過，社會歷史是嚴酷的，創造日本茶道的茶學大師曾經對此耗費心血，千利休當時所以這樣做，是為企盼自

第十九章　　日本茶道、朝鮮茶禮與中國茶文化之比較

二、中國茶文化與日本茶道對比

己民族的和諧、親敬。然而，在支持千利休的織田信長逝世之後，其繼承人豐臣秀吉仍是以武力統一全國，戰爭和暴力與「和敬」二字當然不是一碼事。受到這樣的打擊，千利休只好以剖腹自殺來表示自己「和敬清寂」的理想。日本茶人在創造茶道過程中，曾經付出了血的代價。

第四，中國茶文化由於內容的豐富，思想的深刻廣博，給人們留下了許多選擇的餘地，各層面的人可從不同角度，根據自己的情況和愛好選擇不同的茶藝形式和思想內容，並不斷加以發揮創造。所以，它可以成為全民族的好尚。而日本茶道則很難做到這一點。這是因為，日本茶道除了內容比較簡單、程序要求又十分繁複，一般人不易學習之外，其組織形式也有很大局限。

千利休創日本茶道時可以說是以奔放的想像、頑強的獨創精神而進行的。但也可能是由於在後期明顯感到，他的這種精神理想很難被真正的日本現實社會所容納，在組織形式上又制定了嚴格的條規，採取師徒秘傳的授道方法和嫡系相承的領導形式。到 18 世紀江戶幕府時代，茶道的繼承人還只能是長子，代代相傳，稱為「家元制度」。後來他們的子孫又不能不分成許多流派，如現在的裡千家茶道是當今最大流派。但這種流派由於很少與社會文化交流、探討相結合，便很難從精神上有更多的豐富和深入。因此到後來日本茶道程式化的傾向日益突出，反而忽略古代茶道創始者所苦心探索的精神實質。

當然，日本茶人並未完全忽略時代的進展，在不同時期也進行了不少改革。例如，明治以前茶道是拒絕女性的，而自明治維新之後，茶道對女子開放，並取得很大成績。特別是近代以來，隨著資本主義的發展，日本的經濟實力雖經兩次大戰的反覆，但在近年又邁入世界經濟強國的行列，因而有條件整理、宣揚自己的民族文化傳統，於是出現了許多新的茶道方式。在這一點上，較中國近代以來的情況要好。但總的來說，近代以來的日本茶道仍感思想單薄。

中國自近代以來，表面看，傳統的茶藝形式特別是上層茶文化形式趨於淡化，甚至有「失蹤」現象，但茶道精神卻更廣泛向民間深入，市民茶館文化、民間各種茶會、邊疆茶禮日見興旺。尤其是近年來，不僅一般茶事活動大增，規模

也日益擴大，而且許多古老的茶文化形式開始得到重新發掘、整理。如福建恢復宋代鬥茶，雲南茶藝苑表演多種形式的民族茶藝，城市茶社、茶館、茶樓復興等，出現了一種更高層次上的「復歸」現象。

每個民族都有自己的幸與不幸，有自己的所長所短，都不必以己之長，譏人之短。但作為茶的故鄉，茶文化的故鄉，中國茶文化確實表現出更深厚的潛力。

三、朝鮮茶禮與中國儒家思想

朝鮮與中國一衣帶水，兩國關係比日本更為密切。因此，朝鮮文化與中國傳統相似的東西也更多，尤其是儒家的禮制思想對朝鮮影響很大。朝鮮一向稱禮儀之邦，其長幼倫序，禮儀之道，在人們心目中影響久遠而又深刻。這是一個可以以禮讓、親敬對待，而難以用暴力、侵略使之屈服的英雄民族。這種民族性格也是由於長期的歷史原因和自然地理環境造成的。所以，朝鮮在學習中國茶文化時，重點吸收了中國的茶禮。

朝鮮早在新羅時期，即在朝廷的宗廟祭禮和佛教儀式中運用了茶禮。首露王第十七代賡世級時，即曾規定用三十頃王田供應每年的宗廟祭祀，主要物品是糕餅、飯、茶、水果等。其祭日為正月初三、初七；五月端午；八月初五及中秋。新羅時期，朝鮮佛教主要尊崇中國之華嚴宗以及淨土宗。朝鮮華嚴宗以茶供文殊菩薩，淨土宗則在三月初三「迎福神」日用茶供彌勒。不過，在新羅時期的這些茶禮，大約也主要是效仿中國習俗。

高麗時期，朝鮮已把茶禮貫徹於朝廷、官府、僧俗等各個社會階層。這時，普遍流行中國宋元時的點茶法，茶膏、茶磨、茶匙、茶筅一如中國，只是較唐宋簡易。

首先是用於朝廷和官府的茶儀，主要用於朝鮮傳統節日燃燈會、八關會，

第十九章　　日本茶道、朝鮮茶禮與中國茶文化之比較

三、朝鮮茶禮與中國儒家思想

還有迎北朝詔使儀、祝賀國王長子誕生儀、公主出嫁儀、曲宴群臣儀等。

燃燈會本是中國北方民間佛教組織和寺院經常舉行的供佛活動。如北京雲居寺，每年即舉行燃燈會，在唐、五代和遼南京時期，都是重大的宗教活動。而高麗則是通過朝廷舉行燃燈會。每年二月十五日，在宮中康安殿浮壇中進行。其中重要內容之一是進茶。

八關會是朝鮮的傳統節日，也由朝廷主持。有八關小會，是每年陰曆十一月十四日，由太子和上公主持，其中有持禮官勸茶和擺茶飯的禮節。八關大會在次日舉行，至時上茶飯、擺茶。所謂八關，是供天靈、五嶽、名山、大川、龍神，可以說是雜中國泛神主義之總匯而成，由高句麗太祖王所建制，太祖王曾在《訓要》第六條中說：「朕所至願，在於燃燈、八關。」

以茶禮招待使節，在中國宋遼金之時非常盛行，高麗時期也用於招待使節。公主出嫁使用茶儀，也是從中國宋代開始。其餘如重刑奏時、元子誕生儀、太子分封儀、曲宴群臣儀等，則可能是結合高麗情況加以應用和創造。

高麗時期的朝鮮佛教主要有五教，如法性宗、律宗、圓融宗、慈恩宗等。這時除新羅時期崇尚的華嚴宗之外，天臺宗和禪宗佛教也逐漸占上風。因此，中國禪宗茶禮在這一時期成為高麗佛教茶禮的主流。其與新羅時期的明顯區別在於不僅以茶供佛，而且和尚們要用於自己的修行。這時，中國唐代百丈懷海的《百丈清規》已流傳到高麗，後來又傳入元代德輝禪師的《敕修百丈清規》本。此外，宋人的《禪苑清規》、元人的《禪林備用清規》等也都流傳到高麗。這些文獻中都有佛教茶禮的規定，朝鮮皆擇要效仿。如主持尊茶、上茶、會茶，寮主供茶湯，還有吃茶時敲鐘、點茶時打板、打茶鼓等。

高麗時期，宋朝的朱子家禮也流傳到朝鮮，於是，儒家主張的茶禮茶規在14—15世紀間開始在民眾中推行。民間的冠婚喪祭皆用茶禮。

總之，早在高麗時期，朝鮮就全面學習了中國茶文化的內容，在《高麗史》中，有關茶的記錄多達九十餘處。但在學習過程中並非全面照搬，而是重點吸取茶禮、茶規。

到朝鮮時代，中國有關茶的各方面情況，朝鮮人瞭解更多，除繼續發展茶禮外，民間的茶房、茶店、茶信契、茶食、茶席等也時興起來。

總之，經過上千年的流傳，朝鮮形成了自己的茶文化特點，它以茶禮為中心，而以茶藝形式為輔助。近代以來，朝鮮人愛茶重禮之風不僅未因日本帝國主義的入侵而消亡，近年來反而成為提倡和平、團結、統一的重要手段。近年來，朝鮮半島還興起「復興茶文化」的運動。特別是在韓國，不僅有不少學者、僧人在研究朝鮮茶文化的歷史，而且重新研究茶文化精神、茶禮、茶藝，成立了研究組織，茶的精神進一步鼓舞著朝鮮半島人民團結、和諧的精神，成為推動和平統一的一種進步力量。茶能起到這樣大的作用，被提高到國家、民族興亡的重要高度，這是其他飲食文化所難以比擬的。

第二十章 中國茶向西方的傳播與歐美非飲茶習俗

一、茶向西方的傳播與茶之路的形成

　　如上所述，中國早在西元 5 世紀就將茶傳入土耳其，並且很快在唐宋以後將茶文化向外輻射，形成一個亞洲茶文化圈。既然如此，為什麼歐美直到 17 世紀才開始大規模飲茶並同中國進行貿易活動呢？尤其是土耳其，雖是亞洲國家，但地處歐亞非三洲銜接地帶，為什麼未能將中國茶繼續向西方傳播呢？如果說土耳其商人可能是小量貿易，偶爾為之；日本人能遠渡重洋，來中國取經，鑒真也可以傳經送寶，地中海國家為什麼不來中國看一看，開放的大唐帝國為什麼不去西方游一遊？問題可以提出，但任何事情都離不開一定歷史條件。在當時條件下中國不可能對西方有更多的瞭解。況且，唐宋之時，中國對茶又採取了國家專賣制度，只有中國西部、北部少數民族和個別西域商人才能得到一些茶葉。到南宋時，中國對外貿易採取較開放的政策，當時泉州港經常有阿拉伯、猶太、義大利商人來往販貿，當時福建茶已開始外銷，估計西方商人不可能對此完全無動於衷，但可能數量不會很大，所以歐洲國家未留下什麼記載。至於說中國人為什麼不遠渡重洋西去，西方人為什麼不來中國，除了交通等物質條件外，還與當時歐洲情況有關。當中國正處於封建經濟的高峰時期，歐洲卻正處在所謂的「黑暗中世紀」。封國林立，壁壘重重，「好像一塊難以補綴的座褥」，在此情況下，東西方之間不可能像中日間有頻繁的海上往來。

君不可一日無茶
中國茶文化史

提起中國茶向歐洲的傳播，人們往往從 17 世紀的東印度公司談起。實際情況要更早一些。中國茶向西方傳播大體經歷三個階段：

第一個階段，大約在中國元朝，是西方得到茶的印象，「被迫受茶」的時期。

元初，成吉思汗和忽必烈大規模遠征。蒙古很早就是中國中原茶向中亞、西亞傳播的仲介地，並早就形成奶茶文化。這次遠征經西亞一直到歐洲，不可能不帶去奶茶。蒙古大汗的許多漢族謀士也有清飲習慣，雖然征途中茶不易得，但也有人偶爾為之。耶律楚材西征時向王君玉乞茶就是一例。所以，這一時期東歐可能得到中國茶葉的資訊。俄國人後來從中國主動輸入茶最早可能與此有關。

當然，也有主動取經的。中國茶正式見於西方人的記載是在元代，這就是著名的中意友好使者馬可·波羅。馬可·波羅與其叔父來華時自北線行，從中亞、新疆、西北草原而至元上都而後至大都，他在中國十幾年，並且做了元朝的官員，當時大都既保留了唐宋以來的餅茶，又有點茶法和散茶。整天與中國人打交道的馬可·波羅不可能不瞭解中國人的飲茶習慣。十幾年後，馬可·波羅回國卻是以元政府使節的身份登程的。這次他由南線而行，首先經歷中國江南茶鄉，然後經南亞諸國，從印度洋、地中海回國。作為使節，其所帶中國禮品中是否有茶贈沿線諸國不得而知，但在他回國後所寫的《馬可·波羅遊記》中，明文記載從中國帶去了瓷器、通心粉和茶，這一點是明確的。此書一下震驚西方，中國茶也從此為歐洲人所嚮往。

第二個時期，是小量貿易和漸播時期，大約是在 16 世紀，中國的明代。

首先得到中國茶的是俄國人。西元 1567 年，即中國明穆宗即位之年，據說有兩個哥薩克人伊萬·彼得羅夫和布納什·亞裡舍夫，他們得到中國茶葉並傳到俄國。到 1618 年，中國駐俄大使又曾以小量茶葉贈送沙俄皇帝。到 1735 年，建立了私人商隊來往於中俄之間，專門運送茶葉供宮廷、貴族與官員使用。由於運輸艱難，茶的價格很貴，每磅可值十五盧布。

在馬可·波羅之後，再次正式記載中國飲茶情況的歐洲文獻是明代嘉靖時期，威尼斯著名作家拉馬斯沃著有《航海旅行記》，談茶的情況，還有一本正式命名

第二十章　　中國茶向西方的傳播與歐美非飲茶習俗
一、茶向西方的傳播與茶之路的形成

為《中國茶》，從此把飲茶的知識全面傳到歐洲。繼之，葡萄牙人天主教徒克洛志自中國回國，又以葡文著書記述中國茶事。

第三個時期是大批輸入中國茶葉和逐漸擴大貿易時期。

這一時期，是伴隨資本主義興起和殖民政策而來的。它確實是由東印度公司所開創、發軔。1602年，荷蘭東印度公司成立，1607年，荷蘭海船來到其殖民地爪哇，不久來中國澳門，運載中國綠茶，然後輾轉運載，於1610年回歐洲。這是西方人從東方殖民地轉運茶的開始，也是從中國向西歐輸入茶的開始。1637年，英國東印度公司的船隻又來廣州運去茶葉，從此中英茶葉貿易也開始了。此後瑞典、丹麥、法國、西班牙、葡萄牙、德國、匈牙利等國每年都從中國運走大批的茶葉。

茶葉剛到歐洲，人們對這種飲料還不十分熟悉。據說，直到18世紀初不少人仍抱有懷疑。當時咖啡也開始引入歐洲，許多人對這兩種新奇的飲料看法不一致。相傳瑞典王古斯塔夫三世為弄個水落石出，找了兩個牢中的死囚做試驗。這二人還是雙胞胎，國王說，如果他們同意試驗，可以免除死刑，讓他們活下去。既然早晚不免一死，試驗或有生的可能，兄弟倆當然同意。於是，一人每天飲幾杯咖啡，另一個每天喝幾杯茶。試驗獲得空前成功，兄弟倆活了多年沒發生問題，喝茶的那位還活到八十三歲高齡。就這樣，中國茶終於獲得歐洲世界的承認。

然而，中國用中華大地友好的甘露並沒有換來友誼，而是引起西方殖民者貪婪的野心。當17世紀英國商人們開始大量輸入中國茶葉時，是為了醫治和抵禦英國男女酗酒的昏迷症，所以在17世紀下半葉常有英商來往於中國廈門、寧波等地買茶葉。中國的茶葉一旦使英國的酒鬼們清醒過來，商人們也突然明白這其中有多麼大的利益可圖。到1834年，中國茶葉已成為英國主要輸入品，達三千二百萬磅，每兩先令繳四分之一便士的茶稅。英國公司經常積存茶葉五千萬磅，一天內即售一百二十多萬磅。但買茶葉要輸出白銀，對英國十分不利。為改變這種狀況，英國殖民者在印度種鴉片，輸入中國，到1800年，輸入高達兩千箱。中國送去的是健身長壽的茶，而換來的是摧殘中國人肌體生命的毒品和白銀

君不可一日無茶
中國茶文化史

流失。由此,直至導致鴉片戰爭的爆發。中國人確實太善良,中國的茶人更善良。西方人得到了有益於他們身體健康的飲料,而殖民者卻不可能傳去中國茶人和平、友誼、自省、廉儉的精神。

當西方船隊開始從中國絡繹不絕地運走茶葉時,他們殖民掠奪的觸角也伸到了美洲新大陸。大批的歐洲移民來到這塊新土地,不可能忘記飲茶的習慣。於是,又從東方殖民地轉運大批茶葉到美洲,從而換取大量黃金。這遭到美洲各地人民的紛紛反抗,各地人民紛紛開抗茶會,直到銷毀茶葉,導致著名的「波士頓事件」。1775 年,英國政府不顧殖民地人民反對,強行征茶稅,引起美國獨立運動。獨立戰爭結束不久,美國就希望直接與中國通商購買茶葉。1784 年,「中國皇后號」從紐約載四十多噸人參至中國廣州,換取茶葉,於 1785 年返國,一次獲利達 37727 美元。是年美國茶稅大增,稅率由 12.5% 改為 119%。但美國統治者也並未取去茶的和平精神,而是總結了歐洲殖民者的掠奪經驗。「中國皇后號」的成績驚動一時,美國人又想來中國淘「茶之金」。於是,自 1785 年後,每年都有專船直放廣州,大批運回中國茶葉。1786 年單槽貨船派勒斯號滿載中國茶回國。1787 年又有阿恩斯號取道澳洲來中國,返國時所載茶等貨物價值五十五萬美元之巨。於是,茶又大大刺激了新殖民者的胃口,從中國「茶中淘金」的熱度,絕不下於當年真正的淘金熱。美國人反對英國人的掠奪,而他們自己同樣來掠奪中國。西方人又一次從中國取走健身的甘露,而又一次違背了東方的茶精神。

中國對俄國,曾多次以友誼的象徵送給俄皇茶葉,而當歐美從中國「茶中淘金」的瘋狂旋風刮起後,俄國人也不甘示弱。俄國境內,尤其是西伯利亞的亞洲移民,自古就受中國茶文化圈的影響,特別喜愛中國茶葉。當《尼布楚條約》簽訂後,茶的輸入更為大宗。開始中國尚能控製茶葉出口,直接由張家口運往西伯利亞。後來俄國人支配了外蒙古華茶貿易,不僅掠奪外蒙古經濟利益,也直接來華經營茶葉。他們在福建利誘中國人製茶磚,並聯絡張家口、天津俄僑俄商,形成龐大運輸網,不僅運往俄國國內,而且半數轉賣蒙古。俄國人這樣做抱有政

第二十章　　中國茶向西方的傳播與歐美非飲茶習俗

一、茶向西方的傳播與茶之路的形成

治目的，他們貌似「大方」地賣給蒙古人茶磚，而不像清政府那樣刻薄，卻造成外蒙古對俄國的依賴，從而要求脫離清朝而獨立，實際上最終成為俄國的附庸。至於非洲與中國的茶葉貿易，那是以後的事情了。

一種飲料，導致鴉片戰爭、波士頓事件、北美獨立、外蒙古歸離，世界上大概很少有哪種飲料有這樣大的力量了。中國的茶美、人更善，而中西大規模茶葉貿易又是伴隨西方大規模殖民掠奪的歷史開始的。西方只能吸取中國茶的物質力量，而很難吸收中國茶的精神。所以，我們只說有個「亞洲茶文化圈」，而不好將其概念隨意擴大，這是由歷史原因造成的。

然而，茶還是友好表徵，發揮溝通東西方文化的作用。

人們都知道中國古代有一條絲之路。其實，後期的茶葉貿易遠超過絲，所以不少學者認為，應稱為「絲茶之路」。

綜合第十八章和本章內容，我們可以看到茶的外傳路線有陸路和海路。

陸路有四條：

一條由中國產茶之地向長安集中，然後以新疆地區為中繼地，經天山南北路通向中亞、西亞和地中海地區及東歐。另一條由內蒙古、外蒙古作中繼地，通向俄國。第三條是由東北傳入朝鮮。第四條是直接由產茶地在邊疆地帶傳入南亞相鄰國家。海路古代主要有三條：

一條是由中國浙江直通日本。

另一條則是福建、廣州通向南洋諸國，然後經馬來半島、印度半島、地中海走向歐洲各國。

第三條則是從廣州直接越太平洋通往美洲各地。

除了文獻資料以外，人們還從語音學角度考察了茶的走向。結果發現，世界絕大多數國家「茶」字的發音都源於中國話。沿北線陸路而行的國家，「茶」字的發音大多與中國的普通話相近。而海路國家一種是粵語，另一部分是閩南語。這再次證明「茶之路」的源頭在中國。

二、英法諸國飲茶習俗

我們說有一個亞洲茶文化圈,並不是說西方人飲茶全無情趣,而只是說他們並沒有形成什麼真正的茶文化體系。實際上,西方人的飲茶風俗還是饒有趣味的。

若說中國茶文化對西方一點也沒有影響是不對的。在茶的流傳過程中,很自然地流傳了中國人飲茶的各種傳說。據說著名的法國小說家巴爾扎克曾得到一些珍貴的中國名茶,他說這茶是中國皇帝送給俄國沙皇,沙皇賞賜於駐法使節,這使節又轉送餘他的。所以他格外珍惜,非至友不能與之共用清福。每有好友到來,他總是非常認真地沖上一杯中國茶,然後講上一個美麗動聽的中國故事,說是最美麗的中國處女,在朝陽升起以前,如何唱著動人的歌,如何像舞蹈一般運用手足,方採製出這種茶。顯然,巴爾扎克憑著一個小說家特有的藝術嗅覺,捕捉到中國茶文化中關於人與自然相契合的思想蹤跡。可見,當時的法國人、俄國人對中國茶文化和飲茶技藝或許有所耳聞。所以,法國人很愛喝茶,尤其是法國姑娘愛喝中國紅茶,她們說喝了中國的茶,可以變得身材苗條。

首先用西方人自己的思想把茶用文化手段來表現的大概是英國人。這應歸功於凱薩琳皇后。17世紀60年代,葡萄牙的卡特琳娜公主嫁給了英國國王查理二世。她在出嫁時把已傳到葡萄牙的中國紅茶帶到了英國。她不僅飲茶,還宣傳茶的功能,也說飲茶使她身材苗條起來。這消息引起了一位詩人艾德蒙·沃爾特的激情,便作了一首題名《飲茶皇后》的詩獻給查理二世,這大概是第一首外國的「茶詩」。詩曰:

花神寵秋色,嫦娥矜月桂。
月桂與秋色,美難與茶比。
一為後中英,一為群芳最。
物阜稱東土,攜來感勇士。
助我清明思,湛然去煩累。

第二十章　　中國茶向西方的傳播與歐美非飲茶習俗
二、英法諸國飲茶習俗

欣逢後誕辰，祝壽介以此。

這詩經過翻譯者的加工，顯然加上了不少中國味，但起碼大意不會錯，說明英國人確實把茶與最美好的事物關聯到一起了。所以，至今英國仍是一個十分講究飲茶的國家。英國人愛喝下午茶，請客人喝下午茶，也是一種禮節的表現。英國人不僅愛中國的茶，也十分喜愛中國的茶具。

1851年，英國海德公園大型國際展覽會上曾展出了一隻大茶壺（據說近年又在香港展出過），據有關資料考證是英國女王維多利亞時代曾用過的中國茶具。此壺高約一米，重二十七公斤，容量為五十七點三公斤，可泡二點三公斤茶葉，能斟出一千二百杯茶，可算目前世界上的巨型茶壺了。這個大茶壺如何傳到英國已無法可考，但從其釉彩和畫的中國人種茶、採茶、焙茶及海路運茶出口圖畫來分析，可能是清代專門製造，隨同茶葉一同出口的，現藏於倫敦川寧茶葉公司茶葉博物館。中國人雖愛飲茶，據說還比不上英國人的平均用量，有人統計，世界上飲茶最多的是愛爾蘭人，每年平均每人飲茶在十公斤以上。英國人愛喝紅茶，飲茶方式也比歐洲其他國家講究。紅茶有冷熱之分。熱飲加奶，冷飲加冰或放入冰櫃。冰茶必須相當濃釅，才能飄香可口，有滋味。茶具儘量模仿中國，講究用上釉的陶器或瓷茶具，不喜歡金屬茶具。煮茶也頗有些講究。水，要以生水現燒，不能用落滾水再燒泡茶。沖泡先以水燙壺，再投入茶葉，每人一茶匙，沖泡時間又有細茶、粗茶之分。中國古代茶人以茶助文思的影響在英國也表現出來。據說18世紀的大作家撒母耳・詹森，每日要飲茶四十杯以助文思。茶在英國可以說影響到每個社會階層。上層社會有早餐茶、午後茶。火車、輪船，甚至飛機場都以茶供應過客，一些賓館也以午後茶招待住客。甚至在劇場、影院休息時也借飲茶言歡。普通家庭也把客來泡茶作為見面禮，和中國一樣把茶稱為「國飲」。據說到18世紀末，倫敦有兩千個茶館，還有許多「茶園」，是名流論事、青年交際的場所。所以有人認為中國近代的茶園是學習英國而來。從中，可以發現東西文化交流的軌跡。

荷蘭是西方最早飲茶的國度之一，早在17世紀便憑藉航海優勢從爪哇運中

國綠茶回國。開始,主要用於宮廷和豪門世家,用於養生和社會交往的高層禮儀。所以,當時飲茶是上層社會炫耀闊氣、附庸風雅的方式。這時,中國的茶室也傳入荷蘭,只不過不是由茶人或茶童操持,而是作為家庭主婦表現禮節的手段。此後,茶從上層社會進入一般家庭,也像中國南方習俗,有早茶、午茶、晚茶之分,而且十分講究。有客來,主婦要以禮迎客入座、敬茶、品茶,熱情寒暄,直到辭別,整個過程都相當嚴謹。雖不能與東方的茶道相比,但也稱得上西方茶文化的典型表現了。18 世紀荷蘭曾上演一齣戲叫作《茶迷貴婦人》,不僅反映了當時荷蘭本身的飲茶風尚,對整個歐洲飲茶之風也推動很大。

三、蘇聯各民族飲茶習俗

蘇聯地跨歐、亞兩洲,所以在飲茶方式與習俗上也兼有歐洲和亞洲的不同特點。先說亞洲。從烹調方法上區別,蘇聯的亞洲境內各民族

大體有三種飲茶方式:

第一種方法是格魯吉亞式。

這種烹茶方式近似歐洲,但又不完全與歐洲其他國家相同。格魯吉亞式屬清飲系統,但做法有點類似中國雲南的烤茶。這種泡茶法須用金屬壺,飲茶時先把壺放在火上烤至一百度以上,然後按每杯水一匙半左右的用量將茶葉先投入炙熱的壺底,隨後倒溫開水沖泡幾分鐘,一壺香茶便沖好了。這種泡法要求色、香、聲俱佳,不但要看著紅豔可愛,而且在烹調時聞得到幽香,還要在倒水沖茶時發出劈啪的爆響。所以,要求在炙壺的火候、操作的手法上都十分精巧熟練方能取得最佳效果。這在蘇聯亞洲地區一些民族中很流行。

第二種方法是蒙古式,但與我們現在見到的熬蒙古奶茶方式又不相同。

蘇聯的蒙古式奶茶,是典型的調飲系統。這種烹茶方式須用綠茶磚。先將

第二十章　　中國茶向西方的傳播與歐美非飲茶習俗

三、蘇聯各民族飲茶習俗

茶粉碎研細，每升水放二至三大匙茶，加水煮滾。然後添加約水量四分之一的奶，牛奶、羊奶、駱駝奶都可以。再加一湯匙動物油，如牛油之類。與我們常見的蒙古奶茶不同的是，還要加入一些大米、小麥和鹽。這些東西放在一起煮，大約二十分鐘可以飲用。談到這種奶茶，就使我們想起中國遼金時期契丹等北方民族所流行的「茶粥」。看來，這很可能是「茶粥」的淡化轉變而來。遼朝有五京，其中的上京地區一直延伸到蘇聯境內亞洲地區很多地方。這種蘇式蒙古奶茶大體流行在伏爾加河、頓河以東的地域，與遼代北部邊地相交錯。後來，遼朝滅亡，王室後裔耶律大石又率部到中國新疆及蘇聯境內一部分地區建立西遼國。所以，蘇聯東南部各民族對契丹人印象很深，至今在俄語中稱中國仍叫「契丹」（КИТАЙ）。所以，我們把蘇式蒙古奶茶與契丹人的「茶粥」關聯起來考慮是有道理的。如果這種推論無誤，那麼蘇聯亞洲地區飲茶的歷史將向前推進數百年。

第三種方法是卡爾梅克族的飲法。

這種方法實際也是奶茶，但添加物沒有那麼多。這種茶通常不用磚茶而用散茶。先要把水煮開，然後投入茶葉，每升水約用茶五十克，然後倒入大量動物奶共同燒煮，分兩次攪拌均勻，煮好濾去渣子，即可飲用。其實，這種煮茶方法才和今之蒙古奶茶更為相像。不過，蒙古奶茶是用茶磚，而卡爾梅克族是用散茶。

至於俄羅斯帝國，是從16世紀開始傳入中國飲茶法，到17世紀後期，飲茶之風已普及到各個階層。19世紀，一些記載俄國茶俗、茶禮、茶會的文學作品也一再出現。如普希金就曾記述俄國「鄉間茶會」的情形。還有些作家記載了貴族們的茶儀。俄羅斯貴族社會飲茶是十分考究的。有十分漂亮的茶具，茶炊叫「沙瑪瓦特」，是相當精緻的銅製品。茶碟也很別致，俄羅斯人習慣將茶倒入茶碟再放到嘴邊。玻璃杯也很多。有些人家則喜歡中國的陶瓷茶具。筆者藏有一瓷壺，即清代由日本仿中國茶壺向俄國出口的瓷茶壺。式樣與中國壺相仿，花色亦為中國式人物、樹木、花草，但壺身有歐洲特色，瘦頸、高身，流線型紋路帶有金道，是典型的中西合璧的作品，雖不十分精緻，但很能說明中西文化交融的歷

史。俄羅斯上層飲茶禮儀也很講究。這種茶儀絕不同於普希金筆下的「鄉間茶會」那樣悠閒自在，而是相當拘謹，有許多浮華做作的禮儀。但這些禮儀，無疑對俄羅斯人產生了重大影響。俄羅斯民族在蘇聯各民族中向以「禮儀之邦」而自豪，他們學習歐洲其他國家貴族們附庸風雅的派頭，也對中國的茶禮、茶儀十分有興趣。所以在俄羅斯，「茶」字成了許多文物的代名詞。有些經濟、文化活動中也用「茶」字，如給小費便叫「給茶錢」，許多家庭也同樣有來客敬香茶的習慣。

四、美洲、非洲國家飲茶習俗

　　美國人飲茶的習慣是由歐洲移民帶去的，所以飲茶方法也與歐洲大體相仿。美國人飲茶屬清飲與調飲之間，喜歡在茶內加入檸檬、糖及冰塊等添加物。不過，美國畢竟是個相當年輕的國家，所以飲茶沒有歐洲貴族那麼多禮數。美國人很喜歡中國茶，中美之間茶的貿易幾乎是伴隨美國這個國家的誕生而同步開始的。美國人也很喜歡中國的茶具。有位中國畫家畫了幅畫，畫面上是教師正在向小學生發問，先問學生南北極在哪裡，小學生準確地指出地圖上的方位。再問中國在哪裡，小學生卻說：「在瓷器店裡。」可見，美國連兒童對中國的瓷器都十分熟悉，而瓷器中茶具占很大數量。

　　非洲國家對茶的需求是很大的，飲茶風俗也很有意思。

　　埃及在非洲是用茶大國，據說茶的進口量曾僅次於英國、蘇聯、美國、巴基斯坦而居第五位，人均年消費量為 1.44 公斤。埃及人喜歡味道濃釅的紅茶，他們常用小玻璃杯泡茶喝，既聞其香、嘗其味，又觀其色。埃及人喝茶不加牛奶，而喜歡加一勺蔗糖。茶在埃及人生活中很重要，從早到晚都要喝茶。茶在埃及人社交中更重要，不論一兩個朋友見面或是集體聚會，飲茶是必不可少的。雖然埃及人也喝咖啡等其他飲料，但都不可以與茶競爭。埃及政府非常支持人們喝茶，

第二十章　　中國茶向西方的傳播與歐美非飲茶習俗

四、美洲、非洲國家飲茶習俗

對民間飲茶常進行補貼。

地處非洲西北部的摩洛哥，是世界上綠茶進口最多的國家。人均年消費量也在一公斤以上。摩洛哥西臨大西洋，北臨直布羅陀海峽與西班牙相望，東南是阿爾及利亞，與撒哈拉大沙漠相接。既多食牛羊肉，又喜甜食，還有炎熱的氣候，都要求飲許多茶。摩洛哥人喜歡在茶中加糖，另加新鮮薄荷共飲，茶要非常濃釅，甜中帶苦。由於長期飲茶，摩洛哥人對茶具十分講究，而且有自己的創造。他們有一套精美的銅製茶具，有的還塗上銀。尖嘴紅帽或白色的茶壺，花紋精緻的大茶盤，香爐式的糖缸，配在一起和諧悅目，別具非洲風格。一套茶具，既可飲茶，又可作為工藝品來觀賞，使飲茶作為精神享受，這一點與東方人的觀點很接近。

在摩洛哥，用茶待友是一種禮遇，走親訪友如果能送上一包茶葉，那是相當高尚的敬意。有的還用紅紙包上，作為新年禮物送人。除家庭外，摩洛哥的茶肆也十分熱鬧，在爐火熊熊的灶上有大茶壺。老闆娘總是帶著笑容，用黑紅粗大的手從麻袋裡抓一把茶葉，又從另一袋中砸一塊白糖，順手揪一把新鮮薄荷，便熬起茶來。這些東西要先放在小錫壺裡，用大壺中的水沖泡，然後把小壺放到火上再煮，兩滾之後小錫壺便端到你的桌上。桌旁的客人便可就著夾肉面餅飲茶進餐。

談起摩洛哥人飲茶，不能不說一說摩洛哥人民對中國的友好情誼和對中國茶的特別愛好。該國人民對中國綠茶評價很高，認為是最理想、最美好的飲料。上至國家元首，下至一般居民，都十分喜愛中國綠茶。「茶辦主任」在摩洛哥有很高的地位，有一位茶辦主任建造了一幢別墅，用中國綠茶「珍眉」命名。有經驗的茶客用手一摸，鼻一聞，便知中國綠茶的品質高低，可算「茶行家」。按當地風俗，每逢大的國宴、招待會、婚喪喜事，都必須有中國的茶。許多家庭把大部分收入用於茶的消費中。除綠茶外，他們也進口一部分紅茶，主要供應旅館、飯店裡的歐洲人或歐化了的本地人。還有花茶，則主要供應宮廷貴族。至於地道的當地居民，還是喜歡中國綠茶。北部人喜歡秀眉之類綠茶，稱之為「小螞蟻」；中部人喜歡珍眉綠茶，取了個當地名字，意為「纖細的頭髮」；南部人喜歡珠茶

類,有一個城市便以「珠茶」為代名。在摩洛哥人看來,茶是中摩友好的象徵,它代表著和平與友誼。我想,隨著整個世界形勢的發展,茶作為和平友誼的使者,將更會香溢五洲!

君不可一日無茶
中國茶文化史

作　者：王玲　著	
發 行 人：黃振庭	
出 版 者：崧燁文化事業有限公司	
發 行 者：崧燁文化事業有限公司	
E-mail：sonbookservice@gmail.com	
粉 絲 頁：https://www.facebook.com/sonbookss/	
網　　址：https://sonbook.net/	
地　　址：台北市中正區重慶南路一段六十一號八樓 815 室	

Rm. 815, 8F., No.61, Sec. 1, Chongqing S. Rd., Zhongzheng Dist., Taipei City 100, Taiwan (R.O.C)

電　　話：(02)2370-3310
傳　　真：(02) 2388-1990
總 經 銷：紅螞蟻圖書有限公司
地　　址：台北市內湖區舊宗路二段 121 巷 19 號
電　　話：02-2795-3656
傳　　真：02-2795-4100
印　　刷：京峯彩色印刷有限公司（京峰數位）

國家圖書館出版品預行編目資料

君不可一日無茶：中國茶文化史 / 王玲著. -- 第一版. -- 臺北市：崧燁文化, 2020.09
　面；　公分
POD 版
ISBN 978-986-516-467-6(平裝)
1. 茶葉 2. 文化 3. 歷史 4. 中國
481.609　109012711

官網

臉書

─ 版權聲明 ─

本書版權為九州出版社所有授權崧博出版事業有限公司獨家發行電子書及繁體書繁體字版。若有其他相關權利及授權需求請與本公司聯繫。

定　　價：420 元
發行日期：2020 年 9 月第一版
◎本書以 POD 印製